"十二五"职业教育国家规划教材
经全国职业教育教材审定委员会审定

PLC程序设计与调试
——项目化教程

第三版

新世纪高职高专教材编审委员会 / 组　编

张永飞　姜秀玲 / 主　编

何　强　刘　光　杨　文 / 副主编

大连理工大学出版社

图书在版编目(CIP)数据

PLC 程序设计与调试：项目化教程 / 张永飞,姜秀玲主编. -- 3 版. -- 大连：大连理工大学出版社，2019.9

新世纪高职高专电气自动化技术类课程规划教材
ISBN 978-7-5685-2316-5

Ⅰ．①P… Ⅱ．①张… ②姜… Ⅲ．①PLC 技术－程序设计－高等职业教育－教材 Ⅳ．①TM571.61

中国版本图书馆 CIP 数据核字(2019)第 240112 号

大连理工大学出版社出版

地址：大连市软件园路 80 号　邮政编码：116023
发行：0411-84708842　邮购：0411-84708943　传真：0411-84701466
E-mail:dutp@dutp.cn　URL:http://dutp.dlut.edu.cn
大连永盛印业有限公司印刷　　　　大连理工大学出版社发行

幅面尺寸：185mm×260mm　　印张：17.75　　字数：432 千字
2013 年 1 月第 1 版　　　　　　　　2019 年 9 月第 3 版
2019 年 9 月第 1 次印刷

责任编辑：唐　爽　　　　　　　　责任校对：吴媛媛
封面设计：张　莹

ISBN 978-7-5685-2316-5　　　　　　定　价：49.80 元

我们已经进入了一个新的充满机遇与挑战的时代,我们已经跨入了 21 世纪的门槛。

　　20 世纪与 21 世纪之交的中国,高等教育体制正经历着一场缓慢而深刻的革命,我们正在对传统的普通高等教育的培养目标与社会发展的现实需要不相适应的现状做历史性的反思与变革的尝试。

　　20 世纪最后的几年里,高等职业教育的迅速崛起,是影响高等教育体制变革的一件大事。在短短的几年时间里,普通中专教育、普通高专教育全面转轨,以高等职业教育为主导的各种形式的培养应用型人才的教育发展到与普通高等教育等量齐观的地步,其来势之迅猛,发人深思。

　　无论是正在缓慢变革着的普通高等教育,还是迅速推进着的培养应用型人才的高职教育,都向我们提出了一个同样的严肃问题:中国的高等教育为谁服务,是为教育发展自身,还是为包括教育在内的大千社会? 答案肯定而且唯一,那就是教育也置身于其中的现实社会。

　　由此又引发出高等教育的目的问题。既然教育必须服务于社会,它就必须按照不同领域的社会需要来完成自己的教育过程。换言之,教育资源必须按照社会划分的各个专业(行业)领域(岗位群)的需要实施配置,这就是我们长期以来明乎其理而疏于力行的学以致用的问题,这就是我们长期以来未能给予足够关注的教育目的问题。

　　众所周知,整个社会由其发展所需要的不同部门构成,包括公共管理部门如国家机构、基础建设部门如教育研究机构和各种实业部门如工业部门、商业部门等等。每一个部门又可做更为具体的划分,直至同它所需要的各种专门人才相对应。教育如果不能按照实际需要完成各种专门人才培养的目标,就不能很好地完成社会分工所赋予它的使命,而教育作为社会分工的一种独立存在就应受到质疑(在市场经济条件下尤其如此)。可以断言,按照社会的各种不同需要培养各种直接有用人才,是教育体制变革的终极目的。

随着教育体制变革的进一步深入,高等院校的设置是否会同社会对人才类型的不同需要一一对应,我们姑且不论,但高等教育走应用型人才培养的道路和走研究型(也是一种特殊应用)人才培养的道路,学生们根据自己的偏好各取所需,始终是一个理性运行的社会状态下高等教育正常发展的途径。

高等职业教育的崛起,既是高等教育体制变革的结果,也是高等教育体制变革的一个阶段性表征。它的进一步发展,必将极大地推进中国教育体制变革的进程。作为一种应用型人才培养的教育,它从专科层次起步,进而应用本科教育、应用硕士教育、应用博士教育……当应用型人才培养的渠道贯通之时,也许就是我们迎接中国教育体制变革的成功之日。从这一意义上说,高等职业教育的崛起,正是在为必然会取得最后成功的教育体制变革奠基。

高等职业教育才刚刚开始自己发展道路的探索过程,它要全面达到应用型人才培养的正常理性发展状态,直至可以和现存的(同时也正处在变革分化过程中的)研究型人才培养的教育并驾齐驱,还需要假以时日,还需要政府教育主管部门的大力推进,需要人才需求市场的进一步完善,尤其需要高职教学单位及其直接相关部门肯于做长期的坚韧不拔的努力。新世纪高职高专教材编审委员会就是由全国100余所高职高专院校和出版单位组成的、旨在以推动高职高专教材建设来推进高等职业教育这一变革过程的联盟共同体。

在宏观层面上,这个联盟始终会以推动高职高专教材的特色建设为己任,始终会从高职高专教学单位实际教学需要出发,以其对高职教育发展的前瞻性的总体把握,以其纵览全国高职高专教材市场需求的广阔视野,以其创新的理念与创新的运作模式,通过不断深化的教材建设过程,总结高职高专教学成果,探索高职高专教材建设规律。

在微观层面上,我们将充分依托众多高职高专院校联盟的互补优势和丰裕的人才资源优势,从每一个专业领域、每一种教材入手,突破传统的片面追求理论体系严整性的意识限制,努力凸现高职教育职业能力培养的本质特征,在不断构建特色教材建设体系的过程中,逐步形成自己的品牌优势。

新世纪高职高专教材编审委员会在推进高职高专教材建设事业的过程中,始终得到了各级教育主管部门以及各相关院校相关部门的热忱支持和积极参与,对此我们谨致深深谢意,也希望一切关注、参与高职教育发展的同道朋友,在共同推动高职教育发展、进而推动高等教育体制变革的进程中,和我们携手并肩,共同担负起这一具有开拓性挑战意义的历史重任。

新世纪高职高专教材编审委员会
2001 年 8 月 18 日

《PLC 程序设计与调试——项目化教程》(第三版)是"十二五"职业教育国家规划教材,也是新世纪高职高专教材编审委员会组编的电气自动化技术类课程规划教材之一。

　　本教材结合作者多年的教学和实践经验编写而成,充分考虑电气自动化专业对可编程序控制器课程的定位,按照专业教学改革的思想,力求展现工程实践,体现通俗易懂、循序渐进、实用性强等特点。

　　根据课程本身的特点和专业对课程设置及改革的要求,为实现教、学、做一体化的教学模式,本教材打破以往教材传统的、按章节组织内容的方法,以项目导向、任务驱动的方式构建课程内容,将 PLC 的发展、结构原理、指令系统、编程方法、典型应用等内容分别融入到 8 个具有代表性的具体项目中,每个项目根据实现目标要求的难易程度划分为多个任务,这样就将学生应知应会的知识融入到具体任务中。每个任务由"任务目标""知识梳理""任务实施""计划总结"和"巩固练习"构成。任务中涉及的内容重点讲解,与任务无直接关系的内容安排在拓展练习中,学生可通过各种方式自学。这样,通过完成任务不仅可以使学生学有所用、学以致用,还能保证可编程序控制器知识体系的完整性。

　　本教材在编写中以行动为导向,以人才培养模式改革和实践为基础,遵循高职学生职业能力培养的基本规律构建课程内容,由低级到高级、由简单到复杂、由单一到综合,形成能力阶梯。本教材共编排了 8 个典型项目,分别为:认识西门子 S7-200 PLC;PLC 三相异步电动机运动控制系统安装调试;显示与循环控制实现;机械手控制实现;四层楼电梯控制实现;组合机床 PLC 控制实现;恒定液位控制系统设计实现;S7-200 PLC 的网络通信实现。

本教材是按照项目教学的思路进行编排的,建议具备一定实训条件的学校在实训室进行一体化教学,边讲边做,随时解答学生的疑问。通过 8 个项目的教学实施,真正实现做中学(学生)和做中教(教师)。同时建议采用一次 4 学时连排的方式,以保证项目实施的完整性。

本教材具有很强的实用性,可作为高职高专院校工业自动化、机电一体化、机械设备及自动化、电气技术及其他相关专业的教材,也可供广大工程技术人员参考。

本教材由天津职业大学张永飞、大连海洋大学应用技术学院姜秀玲任主编,安徽水利水电职业技术学院何强、驻马店职业技术学院刘光、东莞市泰壹机电有限公司杨文任副主编。具体编写分工如下:刘光编写项目 1;何强编写项目 2;杨文编写项目 3;姜秀玲编写项目 4、5、6;张永飞编写项目 7、8。张永飞提出全书整体构思,并负责统稿和定稿。在本教材编写过程中,天津市源峰科技发展有限责任公司方强工程师、天津市先导倍尔电气有限公司刘雅丽工程师、上海欧桥电子科技发展有限公司杨俊工程师和上海西门子工业自动化有限公司袁海嵘工程师提供了技术支持,并提出了许多宝贵的意见和建议,在此深表感谢!

在编写本教材的过程中,我们参考、引用和改编了国内外出版物中的相关资料以及网络资源,在此对这些资料的作者表示诚挚的谢意!请相关著作权人看到本教材后与出版社联系,出版社将按照相关法律的规定支付稿酬。

恳请使用本教材的广大读者在使用过程中,对书中的错误和不足予以关注,并将意见和建议及时反馈给我们,以便修订时完善。

编　者

2019 年 9 月

所有意见和建议请发往:dutpgz@163.com

欢迎访问教材服务网站:http://www.dutpbook.com

联系电话:0411-84707424　84706676

目 录

PLC 程序设计与调试——项目化教程

项目 1
认识西门子S7-200 PLC

项目描述

本项目主要以西门子 S7-200 PLC 为实例,介绍 PLC 的基本组成、工作原理以及发展与应用等情况。通过本项目的学习,让学习者初步了解 PLC 并掌握实际接线和简单操作;理解 PLC 的工作过程并学会 STEP 7-Micro/WIN 编程软件的安装以及使用方法。

项目目标

■ 能力目标

● 合理选用 S7-200 系列 PLC;

● 熟练使用 STEP7-Micro/WIN 编程软件;

● 能进行接线及面板操作;

● 具有一定的自学能力。

■ 知识目标

● PLC 的基本组成和工作原理;

● PLC 的发展与应用。

■ 素质目标

● 培养学生职业兴趣;

● 培养学生吃苦耐劳的精神;

● 提高学生沟通能力与团队协作精神;

● 培养文献检索能力;

任务 1 S7-200 PLC 的结构与接线

任务目标

了解可编程序控制器(PLC)的定义、特点和一般构成,理解其工作原理,并通过学习西门子 S7-200 PLC,掌握 PLC 的基本使用方法。

知识梳理

可编程序控制器(Programmable Controller)简称 PLC,是在电气控制技术和计算机技术的基础上开发出来的,并逐渐发展成为以微处理器为核心,将自动化技术、计算机技术和通信技术融为一体的一种新型工业自动化控制装置。它具有结构简单、性能优越和可靠性高等优点,在工业自动化控制领域得到了广泛的应用,被公认为现代工业自动化的三大支柱(PLC、机器人、CAD/CAM)之一。

1. PLC 的产生与定义

在可编程序控制器出现前,在工业电气控制领域中,继电器控制占主导地位,应用广泛。1968 年,美国通用汽车公司(GM),为了适应汽车型号的不断更新和生产工艺不断变化的需要,实现小批量、多品种生产,希望能有一种新型工业控制器来降低成本和缩短生产周期。这种新型工业控制器要能符合以下 10 项指标:

- 编程简单,可在现场修改程序;
- 维修方便,最好是插件式;
- 可靠性高于继电器控制装置;
- 数据可直接输入管理计算机中;
- 输入电源可为市电 115 V;
- 输出电源可为市电 115 V,负载电流要求 2 A 以上,可直接驱动电磁阀和接触器等;
- 用户存储器容量大于 4 KB;
- 体积小于继电器控制装置;
- 扩展时原系统变更最少;
- 成本与继电器控制装置相比,有一定竞争力。

1969 年,美国数字设备公司(DEC)按照这 10 项指标研制出了世界上第一台可编程序逻辑控制器 PDP-14,用它来代替传统的继电器控制系统,在美国通用汽车公司生产线上应用并取得了成功,从此开创了可编程序逻辑控制器的时代。仅仅几十年的时间,PLC 生产便发展成了一个巨大的产业,据不完全统计,现在世界上生产 PLC 的厂家有 200 多家,生产大约有 400 多个品种的 PLC 产品。

为使 PLC 生产和发展标准化,1987 年国际电工委员会(International Electrotechnical Commission)颁布了可编程序控制器标准草案第三稿,对可编程序控制器定义如下:"可编程序控制器是一种数字运算操作的电子系统,专为在工业环境下应用而设计。它采用可编程序的存储器,用来在其内部存储执行逻辑运算、顺序控制、定时、计数和算术运算等操作的指令,并通过数字式和模拟式的输入和输出,控制各种类型的机械或生产过程。可编程序控制器及其有关外围设备,都应按易于与工业系统联成一个整体,易于扩充其功能的原则设计"。定义强调了 PLC 应用于工业环境,必须具有很强的抗干扰能力、广泛的适应能力和广阔的应用范围,这是区别于一般微机控制系统的重要特征。

总之,可编程序控制器是专为工业环境应用而设计制造的计算机。它具有丰富的输入/输出接口,并具有较强的驱动能力。但可编程序控制器产品并不针对某一具体工业应用,在实际应用时,其硬件需根据实际需要进行选用配置,其软件需根据控制要求进行设计编制。

2. PLC 的发展历史与展望

(1)PLC 发展历史

PLC 问世时间虽然不长,但是随着微处理器的出现,大规模、超大规模集成电路技术的迅速发展和数据通信技术、自动控制技术、网络技术的不断进步,PLC 也在迅速发展,其发展过程大致可分五个阶段:

①1969 年到 20 世纪 70 年代初期。主要特点:CPU 由中、小规模数字集成电路组成,存储器为磁芯存储器;控制功能比较简单,主要用于定时、计数及逻辑控制。产品没有形成系列,应用范围不是很广泛,与继电器控制装置比较,可靠性有一定的提高,但仅仅是其替代产品。

②20 世纪 70 年代中期。主要特点:采用微处理器 CPU、半导体存储器,使整机的体积减小,而且数据处理能力获得很大提高,增加了数据运算、传送、比较、模拟量运算等功能。产品已初步实现了系列化,并具备软件自诊断功能。

③20 世纪 70 年代末期到 20 世纪 80 年代中期。主要特点:由于大规模集成电路的发展,PLC 开始采用 8 位和 16 位微处理器,使数据处理能力和速度大大提高;PLC 开始具有了一定的通信能力,为实现 PLC 分散控制、集中管理奠定了重要基础;软件上开发出了面向过程的梯形图语言及助记符语言,为 PLC 的普及提供了必要条件。在这一时期,发达的工业化国家在多种工业控制领域开始应用 PLC 控制。

④20 世纪 80 年代中期到 20 世纪 90 年代中期。主要特点:超大规模集成电路促使 PLC 完全计算机化,CPU 已经开始采用 32 位微处理器;数学运算、数据处理能力大大提高,增加了运动控制、模拟量 PID 控制等,通信联网能力进一步加强;PLC 功能在不断增加的同时,体积不断减小,可靠性更高。在此期间,国际电工委员会(IEC)颁布了 PLC 标准,使 PLC 向标准化、系列化发展。

⑤20 世纪 90 年代中期至今。主要特点:实现了特殊算术运算的指令化,通信能力进一步加强。

(2)PLC 发展展望

随着计算机技术的发展,可编程序控制器也同时得到迅速发展。计算机技术的新成果会更多地应用于可编程序控制器的设计和制造上,会有运算速度更快、存储容量更大、智能更强的品种出现。

从产品规模上看,会进一步向超小型及超大型方向发展;从产品的配套性上看,产品的品种会更丰富,功能将不断增强,各种应用模块也将不断推出,规格更齐全,完美的人机界面、完备的通信设备会更好地适应各种工业控制场合的需求,产品将更加规范化和标准化,会出现国际通用的编程语言;从网络的发展情况来看,可编程序控制器和其他工业控制计算机组网构成大型的控制系统是可编程序控制器技术的发展方向。目前的计算机集散控制系统(DCS)中已有大量的可编程序控制器应用。

伴随着新技术的发展,可编程序控制器作为自动化控制网络和国际通用网络的重要组成部分,将在众多领域发挥越来越大的作用。

3. PLC 的特点

PLC 之所以能成为当今增长速度最快的工业自动控制设备,是由于它具备了许多独特的优点,较好地解决了工业控制领域普遍关心的可靠、安全、灵活、方便、经济等问题。PLC主要特点有:

(1)可靠性高,抗干扰能力强

可靠性高、抗干扰能力强是 PLC 最重要的特点之一。由于工业生产过程往往是连续的,工业现场环境恶劣,各种电磁干扰特别严重,因此 PLC 采用了一系列的硬件和软件的抗干扰措施,使得 PLC 的平均无故障时间可达几十万个小时。

①硬件方面 I/O 通道采用光电隔离,有效地抑制了外部干扰源对 PLC 的影响;对供电电源及线路采用多种形式的滤波,从而消除或抑制了高频干扰;对 CPU 等重要部件采用良好的导电、导磁材料进行屏蔽,以减少空间电磁干扰;对有些模块设置了联锁保护、自诊断电路等。

②软件方面 PLC 采用扫描工作方式,减少了由于外界环境干扰引起的故障;在 PLC系统程序中设有故障检测和自诊断程序,能对系统硬件电路等故障实现检测和判断;当由外界干扰引起故障时,能立即将当前重要信息加以封存,禁止任何不稳定的读写操作,一旦外界环境正常后,便可恢复到故障发生前的状态,继续原来的工作。

(2)编程简单易学

PLC 的编程大多采用类似于继电器控制电路的梯形图形式,对使用者来说,不需要具备计算机的专门知识。梯形图编程方式继承了传统的继电器控制电路的清晰直观感,并且考虑了大多数技术人员的读图习惯,因此很容易被一般工程技术人员所理解和掌握。

(3)配套齐全,功能完善,适用性强

PLC 发展到今天,已经形成了大、中、小各种规模的系列化产品,可以用于各种规模的工业控制场合。除了逻辑处理功能以外,现代 PLC 大多具有完善的数据运算能力,可用于各种数字控制领域。近年来 PLC 的功能单元大量涌现,使 PLC 渗透到了位置控制、温度控

制、CNC等各种工业控制中。加上PLC通信能力的增强及人机界面技术的发展,使用PLC组成各种控制系统变得非常容易。

(4)控制系统的设计、安装工作量小,维护方便,容易改造

PLC用存储逻辑代替接线逻辑,大大减少了控制设备外部的接线,使控制系统设计及安装的周期大为缩短,同时维护也变得容易起来。更重要的是使同一设备通过改变程序改变生产过程成为可能。这很适合多品种、小批量的生产场合。

(5)体积小,质量轻,能耗低

由于PLC是专为工业控制而设计的,其结构紧凑、坚固、体积小巧。以超小型PLC为例,新近出产的品种底部尺寸小于100 mm,质量小于150 g,功耗仅数瓦。由于体积小,很容易装入机械内部,因而是实现机电一体化的理想控制设备。

4. PLC的分类

目前,PLC的品种很多,性能和型号规格也不统一,结构形式、功能范围各不相同,一般按外部特性进行如下分类:

(1)按结构形式分

根据结构形式的不同,PLC可分为整体式和模块式两种,如图1-1所示。

①整体式PLC 将I/O接口电路、CPU、存储器、稳压电源封装在一个机壳内,通常称为主机。主机两侧分别装有输入、输出接线端子和电源进线端子,并有相应的发光二极管指示输入/输出的状态。通常小型或超小型PLC常采用这种结构,适用于简单控制的场合。如西门子的S7-200系列产品、松下电工的FP1系列产品、三菱公司的FX系列产品。

②模块式PLC 模块式PLC也称积木式,采用总线结构,在总线板上有若干个总线插槽,每个插槽上可安装一个PLC模块。不同的模块实现不同的功能,根据控制系统的要求配置相应的模块,如CPU模块(包括存储器)、电源模块、输入模块、输出模块以及其他高级模块、特殊功能模块等。大型的PLC通常采用这种结构,一般用于比较复杂的控制场合。此类PLC如西门子公司的S7-300、S7-400系列PLC和三菱公司的QnA/AnA等系列产品。

(a) 整体式　　　　　　　　　　　(b) 模块式

图1-1　PLC按结构形式分类

(2)按I/O点数分

①小型PLC 小型PLC的I/O点数一般在128点以下,其中I/O点数小于64点的为

超小型或微型 PLC。其特点是体积小、结构紧凑,整个硬件融为一体,除了开关量 I/O 以外,还可以连接模拟量 I/O 以及其他各种特殊功能模块。它能执行包括逻辑运算、计时、计数、算术运算、数据处理和传送、通信联网以及各种应用指令。结构形式多为整体式。小型机是 PLC 中应用最多的产品。

②中型 PLC 中型 PLC 多采用模块化结构,其 I/O 点数一般为 128～2 048 点。程序存储容量小于 13 KB,它可完成较为复杂的系统控制。I/O 的处理方式除了采用一般 PLC 通用的扫描处理方式外,还能采用直接处理方式,通信联网功能更强,指令系统更丰富,内存容量更大,扫描速度更快。

③大型 PLC 一般 I/O 点数在 2 048 点以上,程序存储容量大于 13 KB 的称为大型 PLC。大型 PLC 的软、硬件功能极强,具有极强的自诊断功能。通信联网功能强,强大的通信联网功能可与计算机构成集散型控制系统以及更大规模的过程控制,形成整个工厂的自动化网络,实现工厂生产管理自动化。大型机结构形式为模块式。

(3)按功能分

①低档 PLC 低档 PLC 主要以逻辑运算为主,具有逻辑运算、定时、计数、移位以及自诊断、监控等基本功能,还可有少量模拟量输入/输出、算术运算、数据传送和比较、通信等功能。一般用于单机或小规模生产过程。

②中档 PLC 与低档 PLC 功能相比较,中档 PLC 加强了对开关量、模拟量的控制,提高了数字运算能力,如算术运算、数据传送和比较、数制转换、远程 I/O、子程序等,而且加强了通信联网功能。可用于小型连续生产过程的复杂逻辑控制和闭环调节控制。

③高档 PLC 高档 PLC 除具有中档机功能外,增加了带符号算术运算、矩阵运算、位逻辑运算、平方根运算及其他特殊功能函数运算、制表及表格传送等功能,进一步加强了通信联网功能,适用于大规模的过程控制。

5. 可编程序控制器的组成

PLC 生产厂家很多,产品的结构也各不相同,从结构上可分为整体式和模块式两种,但其内部组成基本相似,都采用计算机结构,如图 1-2 所示。由图 1-2 可见,PLC 主要由六个部分组成,包括 CPU(中央处理器)、存储器、输入/输出接口模块、电源、外设 I/O 接口、I/O 扩展接口。

(1)中央处理器

CPU 是中央处理器(Central Processing Unit)的英文缩写。它是 PLC 的核心,主要由控制电路、运算器和寄存器组成。由它实现逻辑运算,协调控制系统内部各部分的工作。它的运行是按照系统程序所赋予的任务进行的。PLC 在 CPU 的控制下使整机有条不紊地协调工作,实现对现场各个设备的控制。

在 PLC 中 CPU 按系统程序赋予的功能,指挥 PLC 有条不紊地进行工作,归纳起来主要有以下几个方面:

①接收从编程器或计算机中下载的用户程序和数据,并送入存储器存储起来;

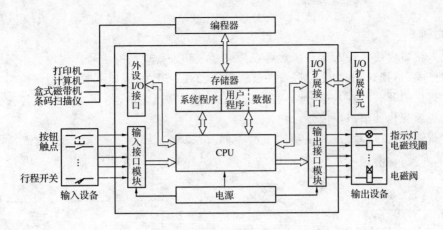

图 1-2　PLC 系统结构

②按存入指令的顺序,从存储器中取出用户指令进行编译;

③执行指令规定的操作,并将结果输出;

④接收输入、输出接口发来的中断请求,并进行中断处理,然后再返回主程序继续顺序执行。

(2)存储器

存储器主要功能是存放程序和数据。常用的存储器主要有 PROM、EPROM、EEPROM、RAM 等几种,多数都直接集成在 CPU 单元内部。根据存储器在系统中的作用,可分为系统程序存储器和用户程序存储器。

①系统程序存储器　系统程序是指对整个 PLC 系统进行调度、管理、监视及服务的程序,它决定了 PLC 的基本智能,使 PLC 能完成设计者要求的各项任务。系统程序存储器用来存放这部分程序。系统程序由 PLC 制造厂商将其固化在 EPROM 中,用户不能直接存取、修改。它和硬件一起决定了该 PLC 的各项性能。

②用户程序存储器　用户程序是用户在各自的控制系统中开发的程序,是针对具体问题编制的。用户程序存储器用来存放用户程序,以及存放输入/输出状态、计数/定时的值、中间结果等,由于这些程序或数据需要经常改变、调试,故用户程序存储器多为随机存储器(RAM)。为保证掉电时不会丢失存储的信息,一般用锂电池作为备用电源。当用户程序确定不变后,可将其写入可擦除可编程只读存储器(EPROM)中。

PLC 具备了系统程序,才能使用户有效地使用 PLC;PLC 系统具备了用户程序,通过运行才能发挥 PLC 的功能。

(3)输入/输出接口模块

PLC 主要是通过各类接口模块的外接线,实现对工业设备和生产过程的检测与控制。输入、输出接口电路是 PLC 与现场 I/O 设备相连接的部件。它的作用是将输入信号转换为 CPU 能够接收和处理的信号,将 CPU 送出的弱电信号转换为外部设备所需的强电信号。因此,它不仅能完成输入、输出接口电路信号传递和转换,而且有效地抑制了干扰,起到了与外部电的隔离作用。并在接口上通常还有状态指示,工作状况直观,便于维护。

PLC 提供了多种操作电平和带驱动能力的 I/O 接口,有各种各样功能的 I/O 接口供用户选用,主要类型有开关量输入(DI)、开关量输出(DO)、模拟量输入(AI)、模拟量输出(AO)等模块。

①输入接口模块 输入接口模块可以用来接收和采集现场的信号。现场的信号一种是指由按钮开关、选择开关、数字拨码开关、限位开关、接近开关、光电开关、压力继电器或速度继电器等提供的开关量输入信号;另一种是指由电位器、热电偶、测速发电机或各种变送器等提供的连续变化的模拟量信号。

开关量输入接口模块按其使用的电源不同有三种类型,即直流输入型、交流输入型和交/直流输入型,如图 1-3 所示,当外部某个开关闭合后,就会有相应的发光二极管(LED)点亮。

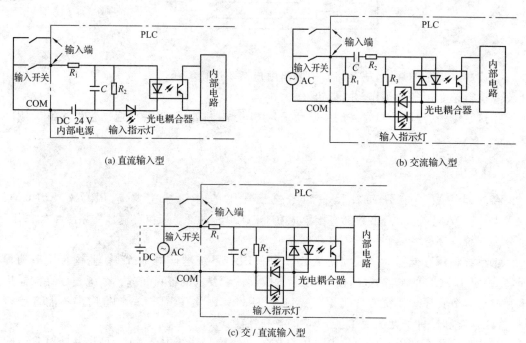

图 1-3 开关量输入接口模块的类型

②输出接口模块 输出接口模块用来连接被控对象中各种执行元件,如接触器、电磁阀、指示灯、调节阀(模拟量)、调速装置(模拟量)等。它的作用是把 PLC 的内部信号转换成现场执行机构的各种开关量信号或模拟量信号。

开关量输出接口模块按输出开关器件不同有三种类型,即继电器输出型、晶体管输出型和晶闸管输出型,如图 1-4 所示。

● 继电器输出型 在继电器输出型中,继电器作为开关器件,同时又是隔离器件,电路如图 1-4(a)所示。图 1-4(a)中只画出对应于一个输出点的输出电路,各输出点所对应的输出电路相同。电阻 R_1 和发光二极管 VD 组成输出状态显示器。KA 为一小型直流继电器。当 PLC 输出一个接通信号时,内部电路使继电器线圈通电,继电器常开触点闭合使负载回路接通;同时发光二极管 VD 点亮,指示该点有输出。根据负载要求可选用直流电源或交流电源。一般负载电流大于 2 A,响应时间为 8~10 ms,机械寿命大于 $1×10^6$ 次。由于继电器从线圈得电到触点动作,需要一定的时间,因此不适宜使用在工作频率高的场合。

● 晶体管输出型 在晶体管输出型中,输出回路的三极管工作在开关状态,电路如

图 1-4(b)所示。图 1-4(b)中只画出对应于一个输出点的输出电路,各输出点所对应的输出电路相同。电阻 R_1 和发光二极管 VD 组成输出状态显示器。当 PLC 输出一个接通信号时,内部电路通过光电耦合器使三极管 VT 导通,负载得电,同时发光二极管 VD 点亮,指示该点有输出。稳压管 VS 用于输出端的过压保护。晶体管输出型要求带直流负载。由于是无触点输出,因此寿命长,响应速度快,响应时间小于 1 ms,负载电流约为 0.5 A。

• 晶闸管输出型 在晶闸管输出型中光控双向晶闸管为输出开关器件,电路如图 1-4(c)所示。每一个输出点都对应一个这样的输出电路。电阻 R_1 和发光二极管 VD 组成输出状态显示器。当 CPU 发出一个接通信号时,通过光电耦合器使双向晶闸管导通,负载得电;同时发光二极管 VD 点亮,表明该点有输出。R_3、C 组成高频滤波电路,以减少高频信号干扰。双向晶闸管是交流大功率半导体器件,负载能力强,响应速度快(μs 级)。

继电器输出接口可驱动交流或直流负载,但其响应时间长,动作频率低;而晶体管输出接口和双向晶闸管输出接口的响应速度快,动作频率高,但前者只能用于驱动直流负载,后者只能用于驱动交流负载。

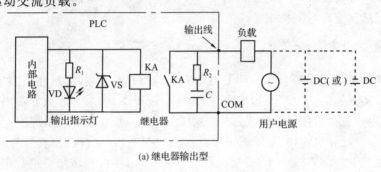

(a) 继电器输出型

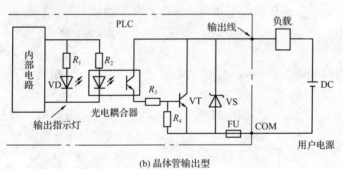

(b) 晶体管输出型

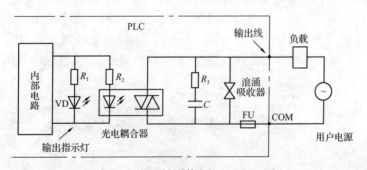

(c) 晶闸管输出型

图 1-4 开关量输出接口模块的类型

(4)电源

PLC 一般使用 220 V 的交流电源。PLC 本身配有开关电源，以供内部电路使用。与普通电源相比，PLC 电源的稳定性好、抗干扰能力强。对电网提供的电源稳定度要求不高，一般允许电源电压在其额定值±15％的范围内波动。许多 PLC 还向外提供 DC 24 V 稳压电源，用于对外部传感器供电。但要注意的是 S7-200 PLC 的 DC 24 V 电源不能与外部的 DC 24 V 电源并联使用。

(5)I/O 扩展接口

I/O 扩展接口是 PLC 主机为了扩展输入/输出点数和类型的部件，输入/输出扩展单元、远程输入/输出扩展单元、智能输入/输出单元等都通过它与主机相连。I/O 扩展接口有并行接口、串行接口等多种形式。当用户所需的输入、输出点数超过主机（控制单元）的输入、输出点数时，可通过 I/O 扩展接口与 I/O 扩展单元相接，以扩充 I/O 点数。A/D、D/A 单元一般都通过该接口与主机相接。

(6)外设 I/O 接口

PLC 配有各种外设 I/O 接口。PLC 通过这些接口可与监视器、打印机、其他 PLC、上位计算机等设备实现通信。PLC 与打印机连接，可将过程信息、系统参数等输出打印；与监视器连接，可将控制过程图像显示出来；与其他 PLC 连接，可组成多机系统或连成网络，实现更大规模控制；与计算机连接，可组成多级分布式控制系统，实现控制与管理相结合。外设 I/O 接口一般是 RS-232C 或 RS-422A 串行通信接口，该接口的功能是进行串行/并行数据的转换、通信格式的识别、数据传输的出错检验及信号电平的转换等。

(7)其他外设

除了以上所述的部件和设备外，PLC 还有许多外部设备，如编程器、EPROM 写入器、外存储器、人/机接口装置等。

编程器是编制、调试 PLC 用户程序的外部设备，是人机交互的窗口。通过编程器可以把新的用户程序输入到 PLC 的 RAM 中，或者对 RAM 中已有程序进行编辑。通过编程器还可以对 PLC 的工作状态进行监视和跟踪。

PLC 还可以配置其他外部设备。例如，配置存储器卡、盒式磁带机或磁盘驱动器，用于存储用户的应用程序和数据。配置 EPROM 写入器，用来将用户程序固化到 EPROM 存储器中。为了使调试好的用户程序不易丢失，经常用 EPROM 写入器将 PLC 内 RAM 保存到 EPROM 中。配置打印机等外部设备，用以打印记录过程参数、系统参数以及报警事故记录表等。

6. PLC 工作原理

(1)PLC 的扫描工作方式

当 PLC 运行时，是通过执行反映控制要求的用户程序来完成控制任务的，需要执行众多的操作,但 CPU 不可能同时去执行多个操作,它只能按分时操作(串行工作)的方式,一次执行一个操作,按顺序逐个执行。由于 CPU 的运算处理速度很快,所以从宏观上来看,PLC 外部出现的结果似乎是同时(并行)完成的。这种串行工作过程称为 PLC 的扫描工作方式。

用扫描工作方式执行用户程序时,扫描是从第一条程序开始,在无中断或跳转控制的情况下,按程序存储顺序的先后,逐条执行用户程序,直到程序结束。然后再从头开始扫描执行,周而复始重复运行。

PLC 控制系统的工作原理与继电器控制系统的工作原理明显不同。继电器控制装置采用硬逻辑的并行工作方式,如果某个继电器的线圈通电或断电,那么该继电器的所有常开和常闭触点不论处在控制电路的哪个位置上,都会立即同时动作;而 PLC 采用扫描工作方式(串行工作方式),如果某个软继电器的线圈被接通或断开,其所有的触点不会立即动作,必须等扫描到该触点时才会动作。但由于 PLC 的扫描速度快,通常 PLC 控制系统与继电器控制系统在 I/O 的处理结果上并没有什么差别。

(2)PLC 扫描工作过程

PLC 的扫描工作过程中除了执行用户程序外,在每次扫描工作过程中还要完成自诊断、通信服务等工作。如图 1-5 所示,整个扫描工作过程包括自诊断、通信服务、输入采样、程序执行、输出刷新五个阶段。整个扫描工作过程执行一遍所需的时间称为扫描周期。扫描周期与 CPU 运行速度、PLC 硬件配置及用户程序长短有关,典型值为 1~100 ms。

图 1-5　PLC 的扫描工作过程

在自诊断阶段,PLC 进行自检,检查内部硬件是否正常,对监视定时器(WDT)复位以及完成其他一些内部处理工作。

在通信服务阶段,PLC 与其他智能装置实现通信,响应编程器键入的命令,更新编程器的显示内容等。

当 PLC 处于停止(STOP)状态时,只完成自诊断和通信服务工作。当 PLC 处于运行(RUN)状态时,除完成内部处理和通信服务工作外,还要完成输入采样、程序执行、输出刷新工作。

PLC 的扫描工作方式简单直观,便于程序的设计,并为可靠运行提供了保障。当 PLC 扫描到的指令被执行后,其结果马上就被后面将要扫描到的指令所利用,而且还可通过 CPU 内部设置的监视定时器来监视每次扫描是否超过规定时间,避免由于 CPU 内部故障使程序执行进入死循环。

(3)PLC 执行程序的过程

PLC 执行程序的过程分为三个阶段,即输入采样阶段、程序执行阶段和输出刷新阶段,如图 1-6 所示。

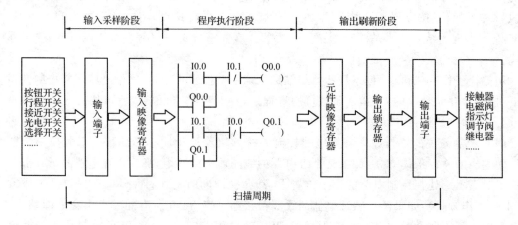

图 1-6　PLC 执行程序的过程

①输入采样阶段　在输入采样阶段,CPU 以扫描工作方式按顺序对所有输入端口进行采样,读取其状态并写入输入映像寄存器中,此时输入映像寄存器被刷新。完成输入采样工作后,将关闭输入端口,接着进入程序执行阶段,在程序执行阶段或其他阶段,即使输入状态发生变化,输入映像寄存器的内容也不会改变,这些变化必须等到下一扫描周期的输入采样阶段才能被读入。

②程序执行阶段　在程序执行阶段,PLC 根据用户输入的控制程序,从第一条开始按顺序进行扫描执行,即按先上后下、先左后右的顺序进行。当指令中涉及输入、输出状态时,PLC 从输入映像寄存器和元件映像寄存器中读出,按程序要求进行运算,并将运算结果存入相关的元件映像寄存器中。当最后一条控制程序执行完毕后,即转入输出刷新阶段。

③输出刷新阶段　当所有指令执行完毕后,进入输出刷新阶段。在这一阶段里,PLC 将元件映像寄存器中与输出有关的状态(输出寄电器状态)送到输出锁存器中,并通过一定输出方式输出,驱动外部相应执行元件工作,这才形成 PLC 的实际输出。

因此,输入采样、程序执行和输出刷新三个阶段构成 PLC 一个扫描周期,由此循环往复,因此称为循环扫描工作方式。由于输入采样阶段是紧接输出刷新阶段后马上进行的,所以亦将这两个阶段统称为 I/O 刷新阶段。实际上,除了执行程序和 I/O 刷新外,PLC 还要进行各种错误检测(自诊断功能)并与编程工具通信,这些操作统称为"监视服务",一般在程序执行之后进行。

(4)PLC 的 I/O 滞后现象

从以上分析可知,由于每个扫描周期只进行一次 I/O 刷新,即每一个扫描周期 PLC 只对输入、输出状态寄存器更新一次,所以系统存在输入、输出滞后现象。我们把从 PLC 的输入端信号发生变化到 PLC 的输出端对该变化做出反应所需的时间称为滞后时间或响应时间。对一般的开关量控制系统,这种滞后是完全允许的。应该注意的是,这种响应滞后不仅是由于 PLC 扫描工作方式造成的,更主要是 PLC 输入接口的滤波环节带来的输入延迟,以及输出接口中驱动器件的动作时间带来的输出延迟,同时还与程序设计有关。滞后时间是设计 PLC 应用系统时应注意把握的一个参数,其长短与以下因素有关:

①输入滤波器对信号的延迟作用　PLC 的输入电路中设置了滤波器。滤波器的时间常数越大,对输入信号的延迟作用越强。从输入端 ON 到输入滤波器输出所经历的时间称为输入 ON 延时。

②输出继电器的动作延迟　对继电器输出型的 PLC,把从锁存器 ON 到输出触点 ON 所经历的时间称为输出 ON 延时,一般需十几毫秒。所以在要求输入/输出有较快响应的场合,最好不要使用继电器输出型的 PLC。

③PLC 的循环扫描工作方式　扫描周期越长,滞后现象越严重。扫描周期的长短主要取决于程序的长短,一般扫描周期只有十几毫秒,最多几十毫秒,因此在慢速控制系统中可以认为输入信号一旦变化就立即能进入输入映像寄存器中。

在需要快速响应时,可采用高速计数模块、中断处理等措施来减少滞后时间。

7. 认识 S7-200 PLC

S7-200 PLC 是德国西门子公司生产的一种超小型、紧凑型的可编程序控制器,可以满足各种设备的自动化控制的需求。整个系统的硬件架构主要由整体式加积木式组成,即主机包含一定量的输入、输出点,同时可以根据需要扩展 I/O 模块和各种功能模块。一个完整的 PLC 系统由主机、扩展单元、功能模块、编程设备、相关软件等组成。S7-200 系列 PLC 有 CPU21X 和 CPU22X 两个系列,其中 CPU22X 系列是 CPU21X 系列的后续产品,常见的有 CPU221、CPU222、CPU224、CPU226 和 CPU226XM 等几种基本型号。

(1)S7-200 基本单元

S7-200 CPU 的外形如图 1-7 所示。S7-200 CPU 又称为 PLC 系统的主机或主单元,是将一个中央处理单元、集成电源和数字量 I/O 点集成在一个紧凑、独立的封装中,可以构成一个独立的控制系统。在下载了程序之后,S7-200 的输入部分从现场设备中采集信号传送给 CPU,输出部分将按照 CPU 的运算结果输出控制信号,以控制生产中的设备。

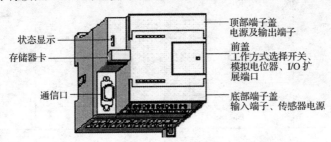

图 1-7　S7-200 CPU 的外形

在图 1-7 中,前盖板下的工作方式选择开关用于选择 PLC 的 RUN、TERM 和 STOP 工作方式。RUN(运行):S7-200 执行用户的程序。STOP(停止):S7-200 不执行程序,此时可以下载程序、数据和进行 CPU 系统设置。在程序编辑、上载、下载时必须把 CPU 置于 STOP 方式。

PLC 的工作状态由状态 LED 显示。其中,SF/DIAG 状态 LED 亮表示系统出现故障,PLC 停止工作;RUN 状态 LED 亮(绿色指示灯)表示系统处于运行工作模式;STOP 状态

LED 亮(红色指示灯)表示系统处于停止工作模式。

前盖 CPU 下还有模拟电位器和 I/O 扩展端口。除 CPU221、CPU222 只有一个模拟电位器外,CPU224 和 CPU226 均有两个模拟电位器 0 和 1。模拟电位器可以用小型旋具进行调节,从而将 0~255 的数值存入特殊标志存储器字节 SMB28 和 SMB29 中。该功能可用于程序调试中,例如将模拟电位器调节值作为定时器、计数器的预置值,过程量的控制参数。扩展端口通过扁平电缆连接 PLC 的各种扩展模块。

通信口用于 PLC 与个人计算机或手持编程器进行通信连接,除 CPU 226 和 CPU 226XM 有两个 RS-485 通信口(PORT0、PORT1)外, CPU221、CPU222、CPU224 只有一个 RS-485 通信口。

各输入/输出点的状态由输入/输出状态 LED 显示,外部接线在输入/输出接线端子板上进行。另外,主机提供了一个卡插槽,可根据需要插入 EEPROM 卡、电池卡、时钟卡中的一种。

(2)扩展单元

S7-200 CPU 为了扩展 I/O 点和执行特殊的功能,可以连接扩展单元。主要有如下几类:数字量 I/O 扩展模块 EM221、EM222、EM223,模拟量 I/O 扩展模块 EM231、EM232、EM235,通信模块 EM277、EM241、CP243-1、CP243-1IT、CP243-2,此外,S7-200 还提供了一些特殊模块,用以完成特殊的任务,如 SM253 位置控制模块、EM241 调制解调器模块等。在系统进行扩展时,可以在导轨的最左边安装 CPU 单元,在 CPU 单元的右边依次连接多个扩展模块。如果 S7-200 CPU 和扩展模块不能安装在一条导轨上,可以选用总线延长电缆,分两条导轨安装,但一个 S7-200 系统只能安装一条总线延长电缆。S7-200 系列 PLC 部分扩展单元型号及输入、输出点数的分配见表 1-1。

表 1-1　　　　　S7-200 系列 PLC 部分扩展单元型号及输入、输出点数的分配

类 型	型 号	输入点	输出点
数字量扩展模块	EM221	8	无
	EM222	无	8
	EM223	4/8/16	4/8/16
模拟量扩展模块	EM231	3	无
	EM232	无	2
	EM235	3	1

(3)编程器和编程软件

编程器主要用来进行用户程序的编制、存储和管理等,在调试过程中,还可以进行监控和故障检测。S7-200 系列 PLC 的编程器可分为简易型和智能型两种。简易型编程器是袖珍型的,简单实用,价格低廉,是一种很好的现场编程及监测工具,但显示功能较差,只能用指令表方式输入,使用不够方便。智能型编程器就是安装所有需要软件的现场用计算机,可直接采用梯形图语言编程,实现在线监测、调试及管理,非常直观,且功能强大。西门子公司还专门为 S7-200 系列 PLC 研制开发了编程软件 STEP7-Micro/WIN。

(4)程序存储卡

一般小型 PLC 均设有外接 EEPROM 卡盒接口,通过该接口可以将卡盒的内容写入 PLC,也可将 PLC 内的程序及重要参数传到外接 EEPROM 卡盒内作为备份,以保证程序及重要参数的安全。S7-200 系列 PLC 的程序存储卡 EEPROM 有 6ES 7291-8GC00-0XA0 和 6ES 7291-8GD00-0XA0 两种型号,程序容量分别为 8 KB 和 16 KB。

(5)文本显示器 TD200

TD200 是用来显示系统信息的显示设备,也可作为操作控制单元,还可在程序运行时对某个量的数值进行修改,或直接设置输入/输出量。文本信息的显示用选择/确认的方法,最多可显示 80 条信息,每条信息最多 4 个状态。TD200 面板上的 8 个可编程序的功能键,每个都分配了一个存储器位,这些功能键在启动和测试系统时,可以进行参数设置和诊断。

8. PLC 的安装与拆卸

(1)安装环境条件

PLC 是为适应工业现场而设计的,为了保证工作的可靠性,延长 PLC 的使用寿命,安装时要注意周围环境条件:环境温度为 0~55 ℃;相对湿度为 35%~85%(无结霜),周围无易燃或腐蚀性气体、过量的灰尘和金属颗粒;避免过度的振动和冲击;避免太阳光的直射和水的溅射。

(2)安装方式

S7-200 既可以安装在控制柜背板上,也可以安装在标准导轨上;既可以水平安装,也可以垂直安装。利用总线连接电缆,可以把 CPU 模块和扩展模块连接在一起。需要连接的扩展模块较多时,将模块安装成两排,如图 1-8 所示。

控制柜背板安装:按照 PLC 的尺寸进行定位、钻安装孔,用合适的螺钉将模块固定在背板上。若使用了扩展模块,将扩展模块的扁平电缆连到前盖板下面的扩展口。如果系统处于高振动环境中,使用背板安装方式可以得到较高的振动保护等级。

DIN 导轨安装:打开模块底部的 DIN 夹子,将模块背部卡在 DIN 导轨上,合上 DIN 夹子。仔细检查模块上 DIN 夹子与 DIN 导轨是否紧密固定好。如果使用了扩展模块,应放在 CPU 模块的右侧,固定好各模块后将扩展模块的扁平电缆连到前盖板下面的扩展口。当 S7-200 的使用环境振动比较大或者采用垂直安装方式时,应该使用 DIN 导轨挡块。

(3)拆卸 CPU 或扩展模块

拆卸前先拆除 S7-200 的电源,再拆除模块上的所有连线和电缆,如果有其他扩展模块连接在所拆卸的模块上,请打开前盖,拔掉相邻模块的扩展扁平电缆。拆掉安装螺钉或者打

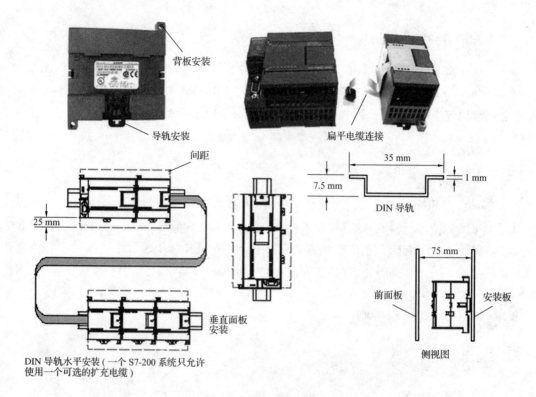

图 1-8　PLC 安装的方式、方向和间距

开 DIN 夹子,最后拆下模块。

(4)端子排的安装与拆卸

为了安装和替换模块方便,大多数的 S7-200 模块都有可拆卸的端子排。

在拆卸端子排时,打开端子排安装位置的上盖,以便可以接近端子排。把螺丝刀插入端子块中央的槽口中,用力下压并撬出端子排,如图 1-9 所示。

端子排在安装时,打开端子排的上盖,确保模块上的插针与端子排边缘的小孔对正,将端子排向下压入模块,保证端子块对准了位置并锁住。

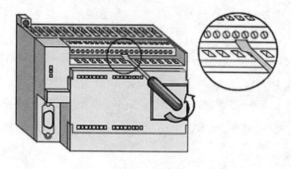

图 1-9　拆卸端子排

（5）PLC 安装、拆卸注意事项

①在安装和拆卸 PLC 之前，要保证该设备的供电已被切断。同样，也要确保与该设备相关联的设备的供电已被切断。

②将 S7-200 与加热装置、高电压和电子噪声隔离开。

③为接线和散热留出适当的空间。

S7-200 设备的设计采用自然对流散热方式，在器件的上方和下方都必须留有至少25 mm 的空间，以便于正常的散热。前盖板与背板的板间距离也应保持至少 75 mm。在垂直安装时，其允许的最高环境温度要比水平安装时低 10 ℃，而且 CPU 应安装在所有扩展模块的下方。

在安排 S7-200 设备时，应留出接线和连接通信电缆的足够空间。

④切勿将导线头、金属屑等杂物落入机体内。

9. PLC 的接线安装

（1）接线的要求

在设计 S7-200 的接线时，应该提供一个单独的开关，能够同时切断 S7-200 CPU、输入电路和输出电路的所有供电。提供熔断器或断路器等过流保护装置来限制供电线路中的电流。当输入电路由一个外部电源供电时，要在电路中添加过流保护器件；每一输出电路都可以使用熔断器或其他限流设备作为额外的保护。

S7-200 采用横截面积为 $0.5 \sim 1.5 \text{ mm}^2$ 的导线，应避免将低压信号线和通信电缆与交流供电线和高能量、开关频率很高的直流信号线布置在一个线槽中，使用双绞线并且用中性线或者公共线与能量线或者信号线相配对。导线尽量短并且保证线径能够满足电流要求，端子排合适的横截面积为 $0.3 \sim 2.0 \text{ mm}^2$，使用屏蔽电缆可以得到最佳的抗电子噪声特性。干扰比较严重时应设置浪涌抑制设备。

（2）S7-200 接地

良好的接地是抑制噪声干扰和电压冲击、保证 PLC 可靠工作的重要条件。在实际的应用中，应该确保 S7-200 及其相关设备的所有接地点在一点接地。这个单独的接地点应该直接连接到系统地上。将直流电源的公共点连接到同一个单一接地点上，将 DC 24 V 传感器供电的公共点（M）接地，可以提高抗电子噪声的能力。

所有的接地线应该尽量短，并且用较粗的导线（横截面积为 2 mm^2）。当选择接地点时，使接地点尽量靠近 PLC。

（3）电源接线

给 S7-200 的 CPU 供电，有直流供电和交流供电两种。CPU 模块的接线方式如图 1-10所示。

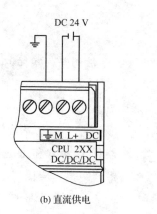 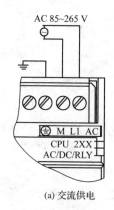

(b) 直流供电　　　(a) 交流供电

图 1-10　S7-200 CPU 的供电方式

PLC 的工作电源有单相交流电源和直流电源两种。系统的大多数干扰往往通过电源进入 PLC，在干扰强或可靠性要求高的场合，动力部分、控制部分、PLC 自身电源及 I/O 回路的电源应分开配线，用带屏蔽层的隔离变压器给 PLC 供电。隔离变压器的一次侧最好接 380 V，这样可以避免接地电流的干扰。输入用的外接直流电源最好采用稳压电源，因为整流滤波电源有较大的波纹，容易引起误动作。

①交流电源系统接线　交流电源系统的接线如图 1-11 所示。

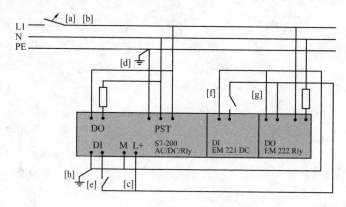

图 1-11　交流电源系统的接线

[a]用一个单极开关将电源与 CPU 所有的输入电路和输出(负载)电路隔开。

[b]用一台过流保护设备以保护 CPU 的电源输出点以及输入点，也可以为每个输出点加上保险丝。

[c]当使用 Micro PLC DC 24 V 传感器电源时可以取消输入点的外部过流保护，因为该传感器电源具有短路保护功能。

[d]将 S7-200 的所有接地端子同最近接地点相连接以提高抗干扰能力。所有的接地端子都使用 1.5 mm² 的电线连接到独立接地点上。

[e]本机单元的直流传感器电源可用来为本机单元的直流输入。

[f]DC 输入扩展模块以及[g]DC 输出扩展模块供电，传感器电源具有短路保护功能。

[h]在安装中如果把传感器的供电 M 端子接到地上，可以抑制噪声。

②直流电源系统接线　直流电源系统的接线如图 1-12 所示。

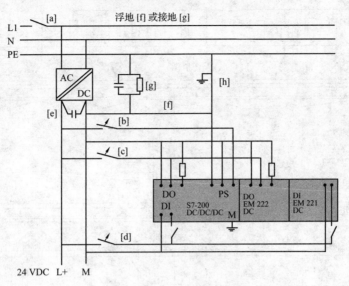

图 1-12　直流电源系统的接线

[a]用一个单极开关,将电源同 CPU 所有的输入电路和输出(负载)电路隔开。

[b]用过流保护设备来保护 CPU 电源、[c]输出点以及[d]输入点,或在每个输出点加上保险丝进行过流保护。当使用 Micro PLC DC 24 V 传感器电源时,不用输入点的外部过流保护。因为传感器电源内部具有限流功能。

[e]用外部电容来保证在负载突变时得到一个稳定的直流电压。

[f]在应用中把所有的 DC 电源接地或浮地(即把全机浮空,整个系统与大地的绝缘电阻不能小于 50 MΩ)可以抑制噪声,在未接地 DC 电源的公共端与保护线 PE 之间串联电阻与电容的并联回路[g],电阻提供了静电释放通路,电容提供了高频噪声通路。常取 $R=1$ MΩ, $C=4\ 700$ pf。

[h]将 S7-200 所有的接地端子同最近接地点[h]连接,采用一点接地,以提高抗干扰能力。24 V 直流电源回路与设备之间,以及 120 V/230 V 交流电源与危险环境之间,必须进行电气隔离。

③I/O 端子接线和对扩展单元的接线　PLC 的输入接线是指外部开关设备 PLC 的输入端口的连接线。输出接线是指将输出信号通过输出端子送到受控负载的外部接线。S7-200 CPU226 的端子连接如图 1-13、图 1-14 所示。

I/O 接线时 I/O 线与动力线、电源线应分开布线,并保持一定的距离,如果需在一个线槽中布线时,须使用屏蔽电缆;I/O 线的距离一般不超过 300 m;交流线与直流线,输入线与输出线应分别使用不同的电缆;数字量和模拟量 I/O 应分开走线,传送模拟量 I/O 线应使用屏蔽线,且屏蔽层应一端接地。

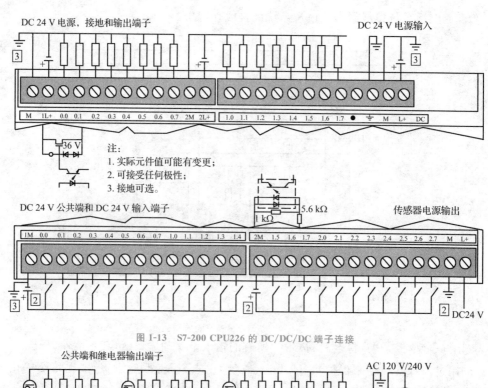

图 1-13 S7-200 CPU226 的 DC/DC/DC 端子连接

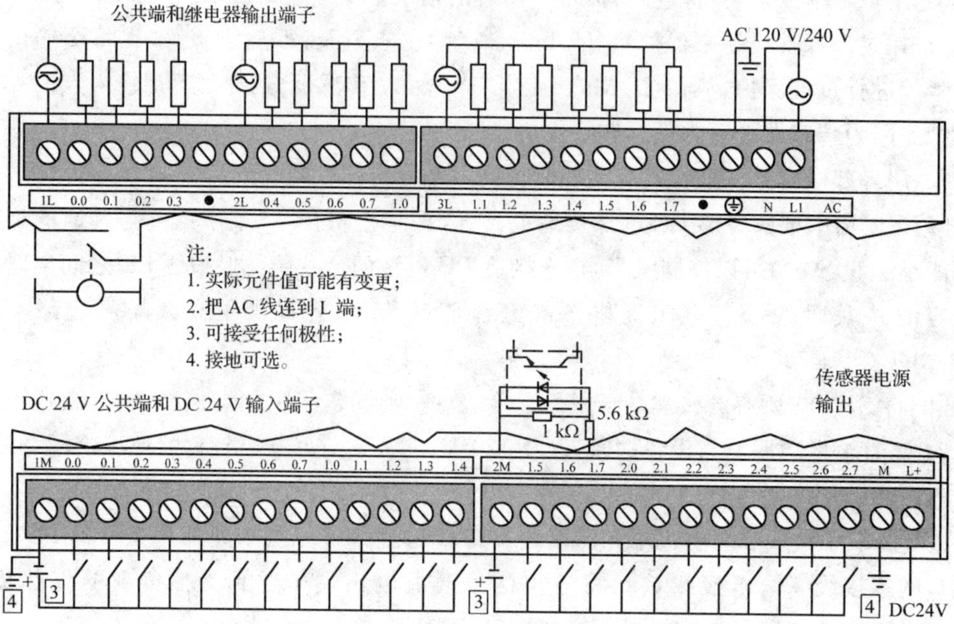

图 1-14 S7-200 CPU226 的 AC/DC/继电器端子连接

　　进行 PLC 的 CPU 单元与各扩展单元的接线时,应先断开电源,将扁平电缆的一端插入对应的插口即可。PLC 的 CPU 单元与各扩展单元之间电缆传送的信号小,频率高,易受干扰,所以不能与其他连线敷设在同一线槽内。

任务实施

1. PLC 硬件观察

(1)熟悉实验室中的 PLC 具体型号,了解型号具体含义。
(2)了解模块化 PLC 各模块的名称及作用。
(3)熟悉 PLC 控制系统的各个部件并描述其具体作用。

2. 布置各电气元件的位置

根据图 1-15 所给的自动装箱生产线工作示意和 PLC 接线,以及实验场所所给的电气元件,在安装板上合理布置各电气元件的位置。

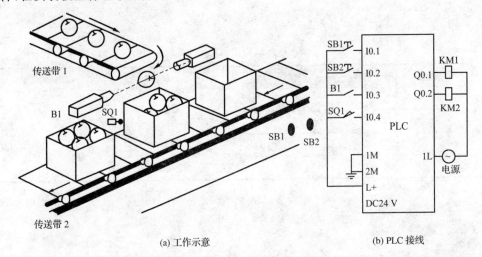

(a) 工作示意　　　　(b) PLC 接线

图 1-15　自动装箱生产线工作示意和 PLC 接线

该自动装箱生产线的基本控制要求如下:按下 SB1 启动系统,传送带 2 启动运行,当箱子进入定位位置,SQ1 动作,传送带 2 停止。当 SQ1 动作后延时 1 s,启动传送带 1,物品逐一落入箱内,由 B1 检测物品,在物品通过时发出脉冲信号。在落入箱内物品达到 10 个时,传送带 1 停止,同时启动传送带 2。再按下停止按钮,传送带 1、2 均停止运行。

PLC 用于自动装箱生产线的 I/O 分配见表 1-2。

表 1-2　　　　　　　　　PLC 用于自动装箱生产线的 I/O 分配

输入信号		输出信号	
元件名称	I/O 地址	元件名称	I/O 地址
启动按钮 SB1	I0.1	传送带 1 电动机驱动 KM1	Q0.1
停止按钮 SB2	I0.2	传送带 2 电动机驱动 KM2	Q0.2
光电开关 B1	I0.3		
位置开关 SQ1	I0.4		

PLC 程序设计与调试——项目化教程

计划总结

1. 工作计划(表 1-3)

表 1-3 工作计划

序　号	工作内容	计划完成时间	实际完成情况自评	教师评价

2. 材料领用清算(表 1-4)

表 1-4 材料领用清算

序　号	元器件名称	数　量	设备故障记录	负责人签字

3. 项目实施记录与改善意见

巩固练习

熟悉三菱 FX_{2N}-64MR PLC 主机,了解其输入、输出接线。

FX_{2N}-64MR PLC 的外形如图 1-16 所示。FX_{2N} 为系列名称;数字 64 为输入、输出点数和;M 表示基本单元;R 表示继电器输出。

图中各部分的名称如下:

①PLC 的安装孔,4 个(ϕ4.5 mm)。

②PLC 的供电电源、辅助电源、输入信号用的装卸式端子台。其中"L、N"为 PLC 的供电电源端子,接交流 220 V;"24+、COM"端子为 PLC 对外提供的 DC 24 V 电源;"●"端子为空端子,不能使用;"COM"端子输入继电器的公共端,相当于直流电源的负极;输入继电器 X 有两排端子,与上面的两排符号对应。

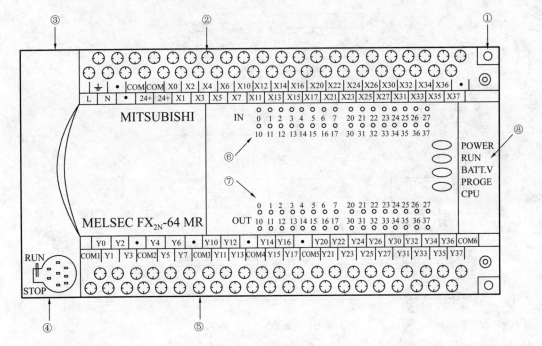

图 1-16　FX₂ₙ-64MR PLC 的外形

③PLC 的面盖板。

④PLC 的外围设备接线插座（如连接编程器）。

⑤PLC 的输出信号用的装卸式端子台。

其中"COM1、COM2、COM3、COM4、COM5"为输出继电器 Y 的公共端子，依次为 Y0～Y3、Y4～Y7、Y10～Y13、Y14～Y17、Y20～Y37 的公共端。

⑥PLC 的输入动作指示灯。

⑦PLC 的输出动作指示灯。

⑧PLC 的运行状态指示灯。其中，POWER 为电源指示灯；RUN 为运行指示灯；BATT. V 为锂电池电压下降指示灯；PROGE CPU 为出错指示灯，该灯闪烁为程序出错，该灯常亮为 CPU 出错。

输入/输出接口是 PLC 与外界连接的接口。输入接口用来接收和采集两种类型的输入信号：一类是由按钮、选择开关、行程开关、继电器触点、接近开关、光电开关、数字拨码开关等传来的开关量输入信号；另一类是由电位器、测速发电机和各种变送器等传来的模拟量输入信号。输出接口用来连接被控对象中的各种执行元件，如接触器、电磁阀、指示灯、调节阀（模拟量）、调速装置（模拟量）等。输入回路的连接如图 1-17 所示，输出回路的连接如图 1-18 所示。

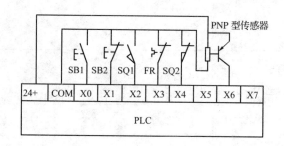

图 1-17　输入回路的连接

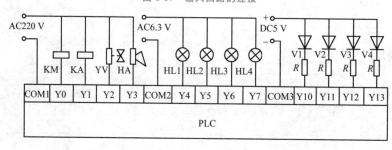

图 1-18　输出回路的连接

任务2　S7-200 PLC 的选用

任务目标

掌握 PLC 的主要性能指标,掌握 PLC 选型的基本原则,从而合理地选择 PLC 型号,以达到经济实用的目的。

知识梳理

目前,国内外众多的生产厂家提供了多种系列功能各异的 PLC 产品,用户在选用 PLC 时要先了解被选用的 PLC 的性能指标能否满足系统功能需要,不要盲目贪大求全,以免造成资源浪费。全面权衡利弊,合理地选择机型,以达到经济实用的目的。

1. PLC 的主要性能指标

用来衡量 PLC 性能的指标有很多,在这只介绍其中主要的几种指标。

（1）存储容量

存储容量是指用户程序存储器容量,它决定了存放用户程序的大小。一般小型 PLC 的用户程序存储器容量为几千字,大型 PLC 的用户程序存储器容量为几万字。用户程序存储器的容量越大,存放的程序就可以越多。

（2）I/O 点数

I/O 点数即 PLC 可以接受的输入信号和输出信号端子的个数总和,是 PLC 的主要指标。I/O 点数越多，表明可以与外部相连接的设备越多，控制规模越大。PLC 的 I/O 点数一般包括主机 I/O 点数和最大扩展 I/O 点数。一台主机 I/O 点数不够时，可外接I/O 扩展单元。一般扩展单元内只有 I/O 接口以及驱动电路，而没有 CPU。通过总线电缆与主机相接，由主机 CPU 进行统一寻址，因此最大扩展能力受主机最大扩展点数的限制。

（3）扫描速度

扫描速度是指 PLC 执行用户程序的速度，是衡量 PLC 性能的重要指标。一般以执行 1000 步指令所用的时间作为标准，即 ms/千步，有时也以执行 1 步所用的时间来衡量，即 μs/步。PLC 用户手册一般给出执行各条指令所用的时间，可以通过比较各种 PLC 执行相同的操作所用的时间，来衡量扫描速度的快慢。

（4）指令条数

不同的厂家生产的 PLC 指令条数是不同的。指令功能的强弱、数量的多少也是衡量 PLC 性能的重要指标。编程指令的功能越强、数量越多，PLC 的处理能力和控制能力也越强，用户编程也越简单和方便，越容易完成复杂的控制任务。

（5）内部元件的种类与数量

一个硬件功能较强的 PLC，内部继电器和寄存器的种类比较多，例如具有特殊功能的继电器可以为用户程序设计提供方便。因此内部继电器、寄存器的配置是 PLC 的一个主要指标。这些元件的种类与数量越多，表示 PLC 存储和处理各种信息的能力越强。

（6）特殊功能单元

特殊功能单元种类的多少与功能的强弱是衡量 PLC 产品的一个重要指标。近年来各 PLC 厂商非常重视特殊功能单元的开发，特殊功能单元种类日益增多，功能越来越强，如 A/D 和 D/A 转换模块、高级语言编辑模块等，使 PLC 的控制功能日益扩大。因此人们常常以一台 PLC 特殊功能的多少以及高级模块的种类去评价这台机器的水平。

（7）可扩展能力

PLC 的可扩展能力包括 I/O 点数的扩展、存储容量的扩展、联网功能的扩展、各种功能模块的扩展等。在选择 PLC 时，经常需要考虑 PLC 的可扩展能力。

2. PLC 选型的基本原则

（1）对输入/输出点的选择

盲目选择点数多的机型会造成浪费，使系统性价比低。所以要仔细分析要设计的系统，先弄清楚该控制系统所需要的总的 I/O 点数，再按实际所需总点数的 10% 左右留出备用量，之后确定所需 PLC 的点数。备用量的预留主要是考虑工艺的改进以及生产发展的需要。

另外，还要考虑选用的 PLC 输出点是采用何种接法的。PLC 的输出点可分为共点式、分组式和隔离式几种接法。隔离式的各组输出点之间可以采用不同的电压种类和电压等级,但这种 PLC 平均每点的价格较高。如果控制系统输出信号之间不需要隔离,从成本的角度考虑,就应优先选择前两种输出方式的 PLC。

(2)对存储容量的选择

对用户存储容量只能进行粗略地估算。在仅控制开关量的系统中,可以用输入总点数的 10 倍加上输出总点数的 5 倍来估算;计数器/定时器按 3~5 字/个估算;有运算处理时按 5~10 字/量估算;在有模拟量 I/O 的系统中,可以按每 I/O 一路模拟量约需 100 字的存储容量来估算;有通信处理时按每个接口 200 字以上的存储容量粗略估算。

最后,一般按估算的总容量的 25%左右留出备用量。

(3)对 I/O 响应时间的选择

PLC 的 I/O 响应时间包括输入电路延迟、输出电路延迟以及扫描工作方式引起的时间延迟等。对开关量控制的系统,PLC 和 I/O 响应时间一般都能满足实际工程的要求,可不必考虑 I/O 响应问题。但对模拟量控制的系统,特别是设计闭环系统就要考虑这个问题。

(4)根据输出负载的特点选型

PLC 根据输出负载的特点可分为继电器输出型、晶体管输出型以及晶闸管输出型几类。而不同的负载对 PLC 的输出方式有相应的要求。继电器输出型的 PLC 导通压降小,有隔离作用,价格相对较便宜,承受瞬时过电压和过电流的能力较强,其负载电压灵活且电压等级范围大等。所以动作不频繁的交、直流负载可以选择继电器输出型的 PLC,而频繁通断的感性负载应选择晶体管或晶闸管输出型的,而不应选用继电器输出型的。

(5)根据是否需要通信联网选型

若 PLC 控制的系统需要联入自动化网络,则 PLC 需要有通信联网功能,即要求 PLC 应具有连接其他设备的相应接口。一般情况下,大、中型机和大部分小型机都具有通信功能。

(6)对 PLC 结构形式的选择

PLC 按结构可分为整体式和模块式两类。在功能相似的前提下,整体式比模块式价格低。但模块式具有扩展灵活、维修方便、易判断故障点等优点。所以在选择 PLC 的结构形式时要按实际需要等各方面综合考虑。

3. S7-200 PLC 的基本技术指标

一般来说,PLC 的输出类型有晶体管、继电器、固态继电器(SSR)三种输出方式,而西门子 S7-200 PLC 只有前两种输出方式。型号为 DC/DC/DC 表示 CPU 直流供电,直流数字量输入,数字量输出点是晶体管直流电路类型;型号为 AC/DC/Relay 表示 CPU 采用交流供电,直流数字量输入,数字量输出点是继电器触点类型。

S7-200 CPU 基本技术指标见表 1-5。

表 1-5 　　　　　　　　　　S7-200 CPU 基本技术指标

型号 特性	CPU221	CPU222	CPU224	CPU226
外形尺寸/mm×mm×mm	90×80×62	90×80×62	120.5×80×62	190×80×62
用户程序存储区/字节	4096	4096	8192	8192
用户数据存储区/字节	2048	2048	5120	5120
掉电保持时间/h	50	50	190	190
本机 I/O	6 入/4 出	8 入/6 出	14 入/10 出	24 入/16 出
扩展模块数量	0	2	7	7
数字量 I/O 映像区大小	256	256	256	256
模拟量 I/O 映像区大小	0	16 入/16 出	32 入/32 出	32 入/32 出
高速计数器　单相/kHz	30(4 路)	30(4 路)	30(6 路)	30(6 路)
高速计数器　双相/kHz	20(2 路)	20(2 路)	20(4 路)	20(4 路)
脉冲输出(DC)/kHz	20(2 路)	20(2 路)	20(2 路)	20(2 路)
模拟电位器	1	1	2	2
实时时钟	配时钟卡	配时钟卡	内置	内置
通信口	1RS-485	1RS-485	1RS-485	2RS-485
浮点数运算	有			
布尔指令执行速度	0.37 μs/指令			
最大数字量 I/O 映像区	128 点入/128 点出			
最大模拟量 I/O 映像区	32 点入/32 点出			
内部标志位(M 寄存器) 掉电永久保存 超级电容或电池保存	256 位 112 位 256 位			
定时器总数 超级电容或电池保存 1 ms 定时器 10 ms 定时器 100 ms 定时器	256 个 64 个 4 个 16 个 236 个			
计数器总数 超级电容或电池保存	256 个 256 个			
顺序控制继电器	256 个			
定时中断 硬件输入边沿中断 可选滤波时间输入	2 个,1 ms 分辨率 4 个 7 个,0.2～12.8 ms			

任务实施

仔细阅读 S7-200 系统手册,学会性能指标对比和查阅,初步具有选型基础。

计划总结

计划总结内容同本项目任务 1。

巩固练习

查阅三菱 FX 系列(或欧姆龙 CPM1 系列)PLC 系统手册。

任务 3　STEP 7-Micro/WIN 的使用

任务目标

通过将仓库门自动开关控制系统的梯形图程序输入计算机的过程,掌握 STEP 7-Micro/WIN 编程软件的安装和基本使用方法。

知识梳理

STEP 7-Micro/WIN 是西门子公司专为 SIMATIC S7-200 系列 PLC 研制开发的编程软件,它是基于 Windows 的应用软件,功能强大,为用户开发、编辑和监控自己的应用程序提供了良好的编程环境。其基本功能有:

● STEP 7-Micro/WIN 是在 Windows 平台上运行的 SIMATIC S7-200 PLC 编程软件,简单、易学,能够解决复杂的自动化任务。

● 适用于所有 SIMATIC S7-200 PLC 机型软件编程。

● 支持 IL、LAD、FBD 三种编程语言,可以在三者之间随时切换。

● 具有密码保护功能。

● STEP 7-Micro/WIN 提供软件工具帮助您调试和测试您的程序。这些特征包括:监视 S7-200 正在执行的用户程序状态,为 S7-200 指定运行程序的扫描次数,强制变量值等。

● 指令向导功能:PID 自整定界面;PLC 内置脉冲串输出(PTO)和脉宽调制(PWM)指令向导;数据记录向导;配方向导。

● 支持 TD200 和 TD200C 文本显示界面(TD200 向导)。

下面将介绍该软件的安装、基本功能以及如何应用编程软件进行编程、调试和运行监控等内容。

1.　STEP 7-Micro/WIN 编程软件的安装

(1)安装运行环境

运行 STEP 7-Micro/WIN 编程软件的计算机系统要求见表 1-6。

表 1-6   运行 STEP 7-Micro/WIN 编程软件的计算机系统要求

CPU	80486 以上的微处理器
内存	8 MB 以上
硬盘	50 MB 以上
操作系统	Windows 95，Windows 98，Windows ME，Windows 2000
计算机	IBMPC 及兼容机

（2）软件的安装

STEP 7-Micro/WIN 编程软件安装步骤如下：

①关闭所有应用程序，双击 STEP 7-Micro/WIN 的安装程序 setup. exe，则系统自动进入安装向导。

②在安装向导的帮助下完成软件的安装。软件安装路径可以使用默认的子目录，也可以单击"浏览"按钮，在弹出的对话框中任意选择或新建一个新目录。

③在安装过程中，如果出现 PG/PC 接口对话框，可单击"取消"按钮进行下一步。

④软件安装结束后，会提示用户现在浏览 Readme 文件或进入 STEP 7-Micro/WIN，此时，用户可根据需要自行选择。

安装完毕可以用菜单命令"工具"→"选项"打开"选项"对话框，在"一般"选项卡中选择语言为中文，重启软件后，界面将变为中文。

2. PLC 与计算机通信的建立和设置

（1）PLC 与计算机的连接

为实现 PLC 与计算机之间的通信，需配备下列设备的一种：一根 PC/PPI 电缆、一块 MPI 卡和配套电缆、一个通信处理器（CP）卡和多点接口电缆。一般使用比较便宜的 PC/PPI电缆。如图 1-19 所示，将 PC 端与计算机的 RS-232 通信口（COM1 或 COM2）连接，将 PPI 端与 PLC 的 RS-485 通信口（PORT0 或 PORT1）连接即可。PC/PPI 电缆中间有通信模块，可以通过拨动 DIP 开关设置波特率，系统默认波特率为 9.6 kbps。

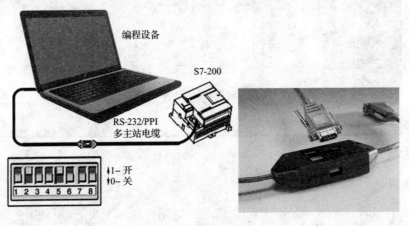

图 1-19   PLC 与计算机的连接

（2）通信参数的设置

为实现 PLC 与计算机的通信，需要完成下列设置，步骤如下：

①运行 STEP 7-Micro/WIN 编程软件，在浏览条的"检视"中单击"通信"图标，会出现"通信"对话框。

②在"通信"对话框中双击"PC/PPI 电缆"图标，将会出现 PC/PG 接口对话框。

③单击"属性（Properties）"按钮，出现接口属性对话框，检查各参数是否正确，系统默认参数的站地址为 2，波特率为 9.6 kbps。设置完成后需要把系统块下载到 PLC 后才会起作用。

（3）建立在线连接

建立与 S7-200 CPU 的在线联系，步骤如下：

①单击"通信"图标，出现一个通信建立结果对话框，显示是否连接了 CPU 主机。

②双击对话框中的"刷新"图标，编程软件将检查所连接的所有 S7-200 CPU 站。

③双击要进行通信的站，在通信建立对话框中可以显示所选的通信参数。

3. 编程软件的基本使用方法

（1）STEP 7-Micro/WIN 编程软件窗口组件

STEP 7-Micro/WIN 编程软件窗口，如图 1-20 所示。

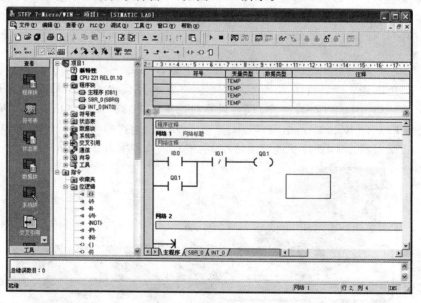

图 1-20　STEP 7-Micro/WIN 编程软件窗口

（2）项目及组件

STEP 7-Micro/WIN 为每个实际的 S7-200 应用生成一个项目，项目以扩展名为 .mwp 的文件格式保存。打开一个 .mwp 文件就打开了相应的工程项目。一个项目包括程序块、

图 1-21　项目组成

数据块、系统块、符号表、状态表、交叉引用等,如图 1-21 所示。其中程序块、数据块、系统块需下载到 PLC。

①程序块(Program Block)由可执行的程序代码和注释组成。程序代码由主程序(OB1)、可选的子程序(SBR0)和中断程序(INT0)组成。

②符号表(Symbol Table)是允许程序员使用符号编址的一种工具。它用来建立自定义符号与直接地址间的对应关系,并可附加注释,使得用户可以使用具有实际意义的符号作为编程元件,增加程序的可读性。例如,系统的停止按钮的输入地址是 I0.0,则可以在符号表中将 I0.0 的地址定义为 stop,这样梯形图中所有地址为 I0.0 的编程元件都由 stop 代替。当编译后,将程序下载到 PLC 中时,编译程序将所有的符号转换为绝对地址,符号表信息不下载至 PLC。

③状态表(Status Chart)用于联机调试时监视各变量的状态和当前值。只需要在地址栏中写入变量地址,在数据格式栏中标明变量的类型,就可以在运行时监视这些变量的状态和当前值。状态表不下载至 PLC;而仅是监控 PLC(或模拟 PLC)活动的一种工具。

④数据块(Data Block)由数据(初始内存值、常量值)和注释组成,可以对变量寄存器进行初始数据的赋值或修改,并可附加必要的注释。数据被编译并下载至 PLC,注释则不被编译或下载。

⑤系统块(System Block)由配置信息组成,主要用于系统组态。例如通信参数、保留数据范围、模拟和数字输入过滤程序、用于 STOP(停止)转换的输出值和密码信息。系统块信息被下载至 PLC。

⑥交叉引用(Cross Reference)可以提供交叉引用信息、字节使用情况和位使用情况信息,使得 PLC 资源的使用情况一目了然。只有在程序编辑完成后,才能看到交叉引用表的内容。在交叉引用表中双击某个操作数时,可以显示含有该操作数的那部分程序。

⑦通信(Communications)可用来建立计算机与 PLC 之间的通信连接,以及通信参数的设置和修改。

在对 STEP 7-Micro/WIN 项目进行修改后,必须将修改下载至 PLC 之后才会对程序产生影响。

(3)建立新项目或打开已有项目

①建立新项目　可以用"文件(File)"菜单中的"新建(New)"命令或工具条中的"新建(New)"按钮新建一个程序文件。

②打开已有项目　可选择以下三种方法。

方法一:"文件(File)"菜单→"打开(Open)"命令,在"打开(Open)"对话框选择项目的路径和名称,单击"确定(OK)"按钮。

方法二:直接双击要打开的.mwp 文件。

方法三:如果您最近在一项目中工作过,该项目在"文件(File)"菜单下列出,可直接选择,不必使用"打开(Open)"对话框。

(4)指令输入

在输入程序时每个网络从节点开始,以线圈或没有 ENO 输出的指令盒结束,线圈不允许串联使用。一个程序段中只能有一个"能流"通路,不能有两条互不联系的通路。

梯形图的编程元件有触点、线圈、指令盒、标号及连接线,可用两种方法输入。

方法一:用工具条上的一组编程按钮,如图 1-22 所示。单击"触点(Contact)"、"线圈(Coil)"或"指令盒(Box)"按钮,从弹出的窗口中选择要输入的指令,单击即可。工具条中的编程按钮有 9 个,"下行线"、"上行线"、"左行线"和"右行线"按钮用于输入连接线,形成复杂的梯形图;"触点"、"线圈"和"指令盒"按钮用于输入编程元件;"插入网络"和"删除网络"按钮用于编辑程序。

方法二:根据要输入的指令类别,双击图 1-23 所示放入指令树中该类别的图标,选择相应的指令,单击即可。

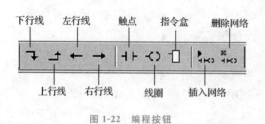

图 1-22　编程按钮

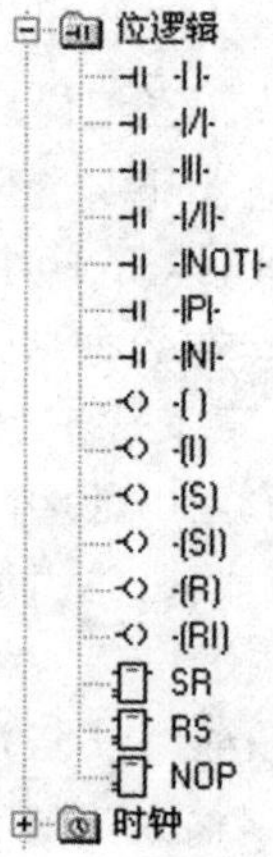

图 1-23　指令树中的位逻辑指令

(5)程序编辑

①插入和删除　编辑程序时,经常要进行插入或删除一行、一列、一个网络、一个字程序或一个中断程序的操作,实现上述操作的方法有两种。

方法一:右击程序编辑区中要进行插入(或删除)的位置,在弹出的菜单中选择"插入(Insert)"或"删除(Delete)"命令,如图 1-24 所示,继续在弹出的子菜单中单击要插入(或删除)的选项,如"行(Row)"、"列(Column)"、"竖线(Vertical)"、"网络(Network)"、"中断程序(Interrupt)"和"子程序(Subroutine)"选项。

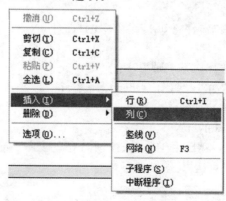

图 1-24　插入或删除操作

方法二:将光标移到要操作的位置,用"编辑(Edit)"菜单中"插入(Insert)"或"删除(Delete)"命令完成操作。

②复杂结构输入 如果想编辑如图 1-25(a)所示的梯形图,可单击图 1-25(b)中网络 1第一行的下方,然后在光标显示处输入触点,生成新的一行。输入完成后,将光标移回到刚输入的触点处,单击工具条中"上行线(Line Up)"按钮即可。如果要在一行的某个元件后向下分支,可将光标移到该元件处,单击"下行线(Line Down)"按钮即可。

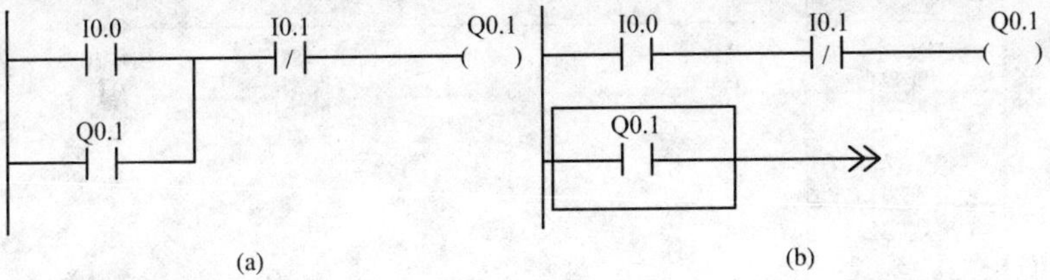

图 1-25 复杂结构输入

(6)项目的保存

使用工具条上的"保存"按钮保存,或从"文件"菜单选择"保存"和"另存为"命令保存。

(7)程序的编译

程序必须经过编译后方可下载到 PLC,编译的方法如下:程序文件编辑完成后,可用"PLC"菜单中的"编译(Compile)"命令,或工具条中的"编译(Compile)"按钮进行离线编译。编译完成后会在输出窗口显示编译结果。

(8)程序的下载和上载

①程序下载 程序只有在编译正确后才能下载到计算机中。下载前,PLC 必须处于"STOP"状态。如果不在 STOP 状态,可单击工具条中"停止(STOP)"按钮,或选择"PLC"菜单中的"停止(STOP)"命令,也可以将 CPU 模块上的方式选择开关直接扳到"停止(STOP)"位置。选择"文件"→"下载"命令,或单击"下载"按钮,出现"下载"对话框。单击"确定"按钮,开始下载程序。如果下载成功,会显示"下载成功"。下载成功后,如果要运行程序,必须将 PLC 从 STOP(停止)模式转换回 RUN(运行)模式,可通过单击工具条中的"运行"按钮,或选择"PLC"→"运行"命令实现。

②程序上载 上载是指将 PLC 中的程序上载到 STEP 7-Micro/WIN 程序编辑器中。方法有三种:单击"上载"按钮,或使用快捷键组合"Ctrl+U",或选择菜单命令"文件"→"上载"。

(9)监视程序

STEP 7-Micro/WIN 提供的三种程序编辑器(梯形图、语句表及功能表图)都可以在PLC 运行时监视各个编程元件的状态以及各操作数的数值。这里只介绍在梯形图编辑器中监视程序的运行状态。

PLC 处于运行方式并与计算机建立起通信后,用"工具(Tools)"菜单中的"选项(Options)"

命令打开"选项"对话框,选择"LAD 状态(LAD status)"选项,然后再选择一种梯形图样式,在打开梯形图窗口后,单击工具条中"程序状态(Program status)"按钮。

在"程序状态"下,梯形图编辑器窗口中被点亮的元件表示处于接通状态。梯形图程序的状态监视如图 1-26 所示。对于方框指令,在"程序状态"下,输入操作数和输出操作数不再是地址,而是具体的数值,定时器和计数器指令中的 Txx 或 Cxx 显示实际的定时值和计数值。

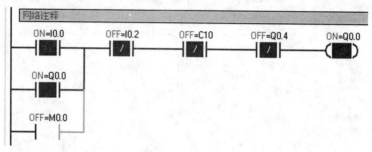

图 1-26　梯形图程序的状态监视

(10)打印程序文件

单击"文件"菜单中的"打印"命令,在弹出的如图 1-27 所示的对话框中可以选择打印的内容,如程序编辑器、符号表、状态表、数据块、交叉引用等。还可以选择程序编辑器打印的范围,如全部、主程序、子程序 SBR0 以及中断程序 INT0。

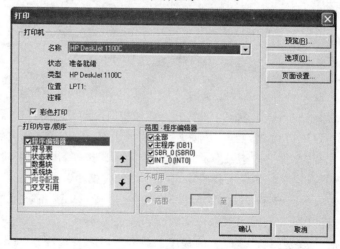

图 1-27　打印程序文件对话框

任务实施

将给出的仓库门自动开关控制系统的梯形图程序输入计算机。

仓库门自动开关示意图如图 1-28 所示,其控制要求如下:

(1)在操作面板上装有 SB1 和 SB2 两个按钮,其中 SB1 用来启用仓库门控制系统,SB2 用于停用仓库门控制系统。

(2)用超声波开关检测是否有车辆要进入仓库门。当本单位的车辆驶近仓库门时,车上

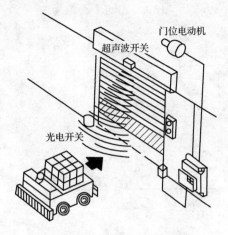

图 1-28　仓库门自动开关示意图

发出特定编码的超声波,被门上的超声波接收器识别出,输出逻辑信号"1",则开启仓库门。

(3)用光电开关检测车辆是否已进入仓库门。光电开关由发射头和接收头两部分组成,发射头发出特定频谱的红外光束,由接收头接收。当红外光束被车辆遮住时,接收头输出逻辑信号"1";当红外光束未被车辆遮住时,接收头输出逻辑信号"0"。当光电开关检测到车辆已进入仓库门时,则关闭仓库门。

(4)仓库门的上限装有上限位行程开关 SQ1,仓库门的下限装有下限位行程开关 SQ2。

(5)仓库门的上下运动由电动机驱动,开门接触器 KM1 闭合时门打开,关门接触器 KM2 闭合时门关闭。

分析工作原理,该系统的输入点为 6 点,输出点为 2 点,其 I/O 分配见表 1-7。该控制系统的参考梯形图如图 1-29 所示,按所示梯形图输入计算机并编译、下载至 PLC 中,观察并运行。

表 1-7　　　　　　　　　仓库门自动开关控制系统的 I/O 分配

输入信号		输出信号	
元件名称	I/O 地址	元件名称	I/O 地址
启用仓库门控制系统按钮 SB1	I0.0	开门接触器 KM1	Q0.1
停用仓库门控制系统按钮 SB2	I0.1	关门接触器 KM2	Q0.2
超声波开关 PH1	I0.2		
光电开关 PH2	I0.3		
上限位行程开关 SQ1	I0.4		
下限位行程开关 SQ2	I0.5		

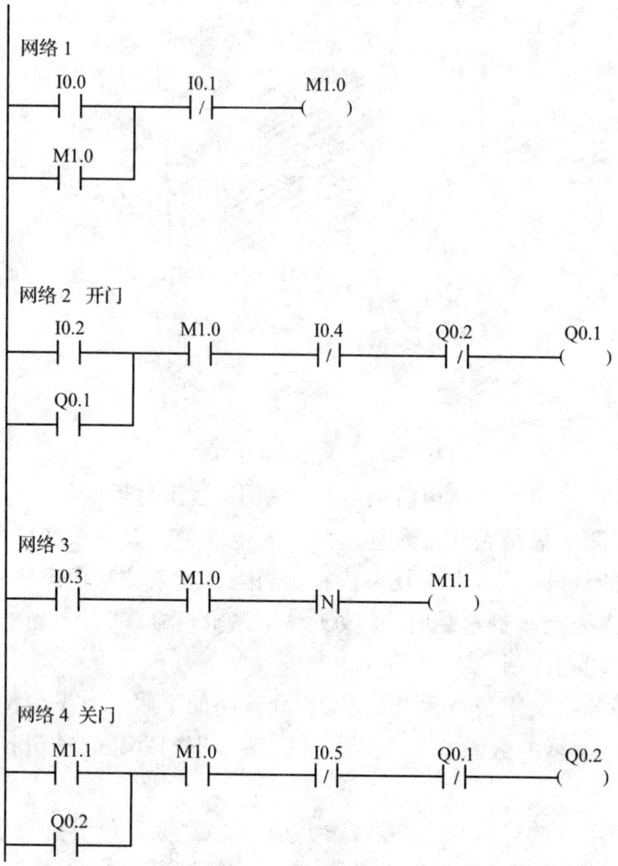

网络 1

```
      I0.0        I0.1        M1.0
   ---| |---+---|/|---------( )---
            |
      M1.0  |
   ---| |---+
```

网络 2 开门

```
      I0.2        M1.0    I0.4     Q0.2      Q0.1
   ---| |---+---| |---|/|-----|/|------( )---
            |
      Q0.1  |
   ---| |---+
```

网络 3

```
      I0.3        M1.0          M1.1
   ---| |---| |------|N|------( )---
```

网络 4 关门

```
      M1.1        M1.0    I0.5     Q0.1      Q0.2
   ---| |---+---| |---|/|-----|/|------( )---
            |
      Q0.2  |
   ---| |---+
```

图 1-29 仓库门自动开关控制程序梯形图

　　按下启用仓库门控制系统按钮 SB1，输入继电器 I0.0 接通，内部辅助继电器 M1.0 接通并自锁，其常开触点闭合，允许仓库门做升降运动。当有车辆驶近仓库门时，超声波开关 PH1 接通，输入继电器 I0.2 接通，输出继电器 Q0.1 接通并自锁，开门接触器 KM1 接通，电动机驱动仓库门打开。当门开启到顶碰到上限位行程开关 SQ1 时，SQ1 闭合，输入继电器 I0.4 常闭触点断开，输出继电器 Q0.1 断开，开门接触器 KM1 断开，仓库门停止运动。当车辆前端进入仓库门时，光电开关 PH2 输出逻辑信号"1"，输入继电器 I0.3 闭合。当车辆后端进入仓库门时，光电开关输出逻辑信号"0"，输入继电器 I0.3 断开，经下降沿微分后，内部辅助继电器 M1.1 接通一个扫描周期，使输出继电器 Q0.2 接通并自锁，关门接触器 KM2 接通，电动机驱动仓库门关闭。当门关闭到底碰下限位行程开关 SQ2 时，SQ2 闭合，输入继电器 I0.5 常闭触点断开，输出继电器 Q0.2 断开，关门接触器 KM2 断开，仓库门停止运动。当按下停止仓库门控制系统按钮 SB2，输入继电器 I0.1 常闭触点断开，内部辅助继电器 M1.0 断开，其常开触点均断开，从而阻止输出继电器 Q0.1 和 Q0.2 的接通。因此仓库门不会运动。

计划总结

　　计划总结内容同本项目任务 1。

巩固练习

将图 1-30 所示的梯形图输入计算机并下载至 PLC。

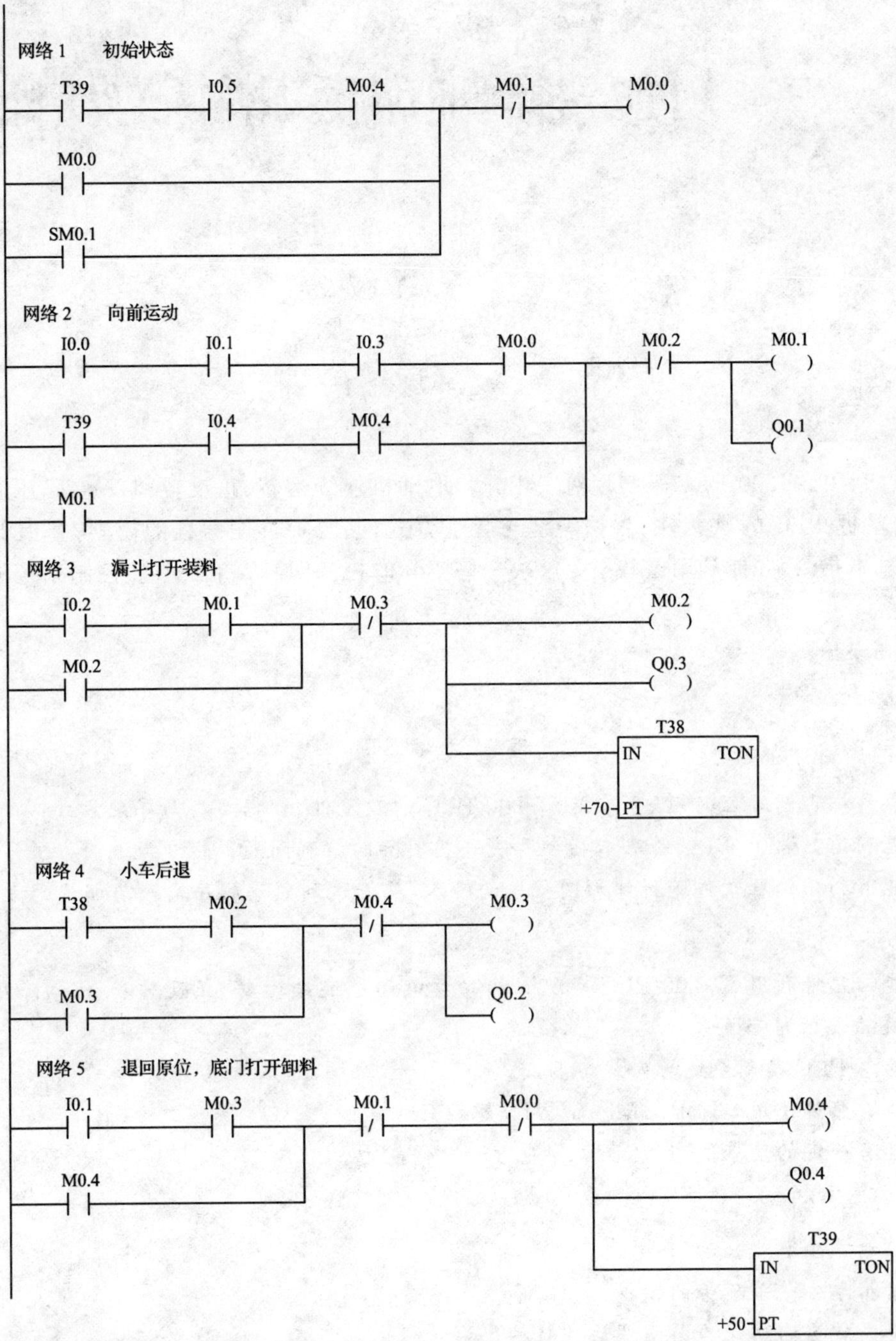

网络 1   初始状态

```
T39      I0.5      M0.4      M0.1         M0.0
─┤├──────┤├────────┤├───────┤/├──────────( )

M0.0
─┤├─────────────────────────┘

SM0.1
─┤├─────────────────────────┘
```

网络 2   向前运动

```
I0.0     I0.1      I0.3      M0.0      M0.2      M0.1
─┤├──────┤├────────┤├───────┤├───────┤/├────────( )

T39      I0.4      M0.4                          Q0.1
─┤├──────┤├────────┤├──────────────────┐        ( )

M0.1
─┤├────────────────────────────────────┘
```

网络 3   漏斗打开装料

```
I0.2     M0.1      M0.3                          M0.2
─┤├──────┤├────────┤/├───────┐                   ( )

M0.2                                             Q0.3
─┤├──────────────────────────┤                   ( )

                                          T38
                                         ┌──────────┐
                                         │IN     TON│
                                         │          │
                                    +70 ─┤PT        │
                                         └──────────┘
```

网络 4   小车后退

```
T38      M0.2      M0.4                           M0.3
─┤├──────┤├────────┤/├───────┐                    ( )

M0.3                                              Q0.2
─┤├──────────────────────────┘                    ( )
```

网络 5   退回原位，底门打开卸料

```
I0.1     M0.3      M0.1      M0.0                  M0.4
─┤├──────┤├────────┤/├───────┤/├──────┐            ( )

M0.4                                              Q0.4
─┤├──────────────────────────────────┤            ( )

                                           T39
                                          ┌──────────┐
                                          │IN     TON│
                                     +50 ─┤PT        │
                                          └──────────┘
```

图 1-30 拓展练习梯形图

项目 2
PLC三相异步电动机运动控制系统安装调试

项目描述

　　通过利用 S7-200 PLC 来实现对三相异步电动机连续运转、正反转和 Y-△降压启动控制，从而掌握 PLC 的软元件、数据类型与寻址方式；熟悉梯形图编程的规则；掌握 S7-200 PLC 的基本指令，并能利用这些指令解决一些实际的控制问题；熟悉 PLC 控制系统的安装与调试。

项目目标

能力目标

● 熟悉梯形图编程的规则，掌握 S7-200 PLC 的软元件、数据类型与寻址方式；

● 能利用 S7-200 PLC 的基本指令解决一些实际的控制问题；

● 能够利用编程软件进行梯形图程序的输入，从而达到熟悉程序输入与调试的方法。

知识目标

● 能够熟练利用 S7-200 PLC 实现三相异步电动机连续运转、正反转和 Y-△降压启动控制系统的设计与安装；

● 熟悉 PLC 控制系统的安装与调试；

● 能够熟练使用 STEP 7-Micro/WIN 编程软件；

● 具有一定的动手能力、观察事物能力和自学能力。

素质目标

● 培养学生职业兴趣；

● 培养学生吃苦耐劳的精神；

● 提高学生沟通能力与团队协作精神；

● 培养文献检索能力；

● 提高学生创新能力。

任务1 三相异步电动机连续运转控制实现

任务目标

用 PLC 实现三相异步电动机连续运转控制,要求按下启动按钮电动机连续运转,按下停止按钮电动机停止运转,并且要求有过载保护、短路保护。通过任务实现过程,可进一步熟悉编程软件的使用方法和 PLC 的操作方法;熟悉梯形图编程的规则,掌握 S7-200 PLC 的数据类型和寻址方式;掌握 S7-200 PLC 的位逻辑指令及其应用;学会利用位逻辑指令解决一些实际的控制问题。

知识梳理

1. S7-200 PLC 编址方式和内部元件

PLC 的每个输入/输出、内部存储单元、定时器和计数器等都称为内部元件或软元件。每种软元件都有其不同的功能和相应的地址。实际上这些软元件就是存储单元。下面简单介绍 S7-200 PLC 编址方式和内部元件的功能。

(1)编址方式

软元件的地址编号采用区域标志符加上区域内编号的方式,主要有输入/输出继电器区、定时器区、计数器区、通用辅助继电器区、特殊辅助继电器区等,这些区域分别用 I、Q、T、C、M、SM 字母来表示。其编址方式可分为位(bit)、字节(Byte)、字(Word)、双字(Double Word)编址。

位编址方式:(区域标志符)字节号. 位号,如 I0.0、Q0.0、M0.0。图 2-1 是一个位寻址的例子(也称为"字节. 位"寻址)。在这个例子中,存储器区和字节地址(I 代表输入,3 代表字节 3)与位地址(第 4 位)之间用点号"."隔开。

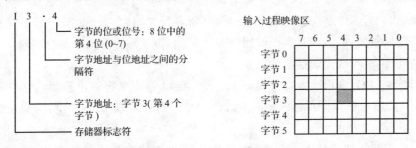

图 2-1 位寻址举例

字节编址方式:(区域标志符)B(字节号)。例如 IB1 表示由 I1.0~I1.7 这 8 位组成的字节,如图 2-2 中的 VB100。

字编址方式：(区域标志符)W(起始字节号)，最高有效字节为起始字节。例如 VW0 表示由 VB0 和 VB1 这两个字节组成的字，如图 2-2 中的 VW100。

双字编址方式：(区域标志符)D(起始字节号)，最高有效字节为起始字节。例如 VD10 表示由 VB10 到 VB13 这四个字节组成的双字，如图 2-2 中的 VD100。

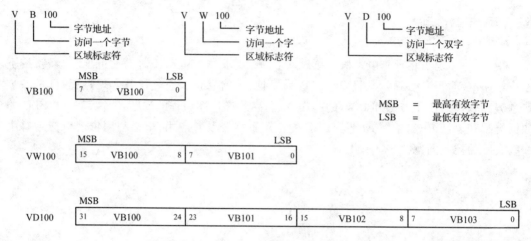

图 2-2　对同一地址进行字节、字和双字存取操作的比较

可以进行位操作的存储区有 I、Q、M、SM、L、V、S。可以进行字节操作的存储区有 I、Q、M、SM、L、V、AC(只用低 8 位)、常数。可以进行字操作的存储区有 I、Q、M、SM、T、C、L、V、AC(只用低 16 位)、常数。可以进行双字操作的存储区有 I、Q、M、SM、T、C、L、V、AC(32 位)、常数。

(2)S7-200 PLC 内部元件

①输入继电器 I(输入映像寄存器)　输入继电器 I 和 PLC 的输入端子相连，是用来接收用户设备输入信号的。S7-200 PLC 输入继电器有 I0.0～I15.7，是以字节(8 位)为单位进行地址分配的。

在每个扫描周期的开始，CPU 对输入点进行采样，并将采样结果存入输入映像寄存器中，外部输入电路接通时对应的映像寄存器为 ON(1 状态)，在程序中表现为其常开触点闭合，常闭触点断开。输入端可以外接常开触点或常闭触点，也可以接多个触点组成的串并联电路。在梯形图中，可以多次引用输入位的常开触点和常闭触点。注意 PLC 的输入继电器只能由外部信号驱动，不能在程序内部用指令来驱动，因此在梯形图中不能出现输入继电器的线圈，只能引用输入映像寄存器的触点。

②输出继电器 Q(输出映像寄存器)　出继电器 Q 是用来将输出信号传送到负载的接口，S7-200 PLC 输出映像寄存器区域有 Q0.0～Q15.7，也是以字节(8 位)为单位进行地址分配的。

在每一个扫描周期的最后一个阶段，CPU 将输出映像寄存器的数据传送给输出模块，再由后者驱动外部负载。如果梯形图中 Q0.0 的线圈"通电"，继电器型输出模块中对应的硬件继电器的常开触点闭合，使接在标号为 Q0.0 的端子的外部负载工作。输出模块中的每一个硬件继电器仅有一对常开触点，但是在梯形图中，每一个输出位的常开触点和常闭触点都可以多次使用。输出继电器线圈的通断状态只能在程序内部用指令驱动。

③通用辅助继电器 M(位存储器)　通用辅助继电器 M 用来保存控制继电器的中间操作状态,可采用位、字节、字或双字来存取。其地址范围为 M0.0～M31.7,共 32 个字节,其作用相当于继电器控制中的中间继电器,通用辅助继电器在 PLC 中没有输入/输出端与之对应,其线圈的通断状态只能在程序内部用指令驱动,其触点不能直接驱动外部负载,只能在程序内部驱动输出继电器的线圈,再用输出继电器的触点去驱动外部负载。

④特殊辅助继电器 SM(特殊标志存储器)　PLC 中还有若干特殊辅助继电器 SM,特殊辅助继电器提供大量的状态和控制功能,用来在 CPU 和用户程序之间交换信息,特殊辅助继电器能以位、字节、字或双字来存取,CPU226 的 SM 的位地址编号范围为 SM0.0～SM549.7,其中 SM0.0～SM29.7 的 30 个字节为只读型区域。例如,SM0.0 位总是为"ON";SM0.1 首次扫描循环时该位为"ON";SM0.4 提供 1 min 时钟脉冲;SM0.5 提供 1 s 时钟脉冲;SM1.0 是零标志位;SM1.1 是溢出标志位;SM1.2 是负数标志位。其他特殊标志存储器的用途可查阅相关手册。

⑤变量存储器 V　变量存储器 V 主要用于存储变量,可以存放数据运算的中间运算结果或设置参数,在进行数据处理时,变量存储器会被经常使用。变量存储器可以是位寻址,也可按字节、字、双字为单位寻址,其位存取的编号范围根据 CPU 的型号有所不同。例如,CPU221/222 为 V0.0～V2047.7 共 2 KB 存储容量,CPU224/226 为 V0.0～V5119.7 共 5 KB 存储容量。

⑥局部变量存储器 L　局部变量存储器 L 主要用来存放局部变量,它和变量存储器 V 十分相似,主要区别在于全局变量是全局有效,即同一个变量可以被任何程序(主程序、子程序和中断程序)访问。而局部变量只是局部有效,即变量只和特定的程序相关联。S7-200 有 L0.0～L63.7 共 64 个字节的局部变量存储器,其中,60 个字节可以作为暂时存储器,或给子程序传递参数,后 4 个字节作为系统的保留字节。局部变量存储器也可以作为地址指针使用。

⑦定时器 T　S7-200 PLC 所提供的定时器 T 作用相当于继电器控制系统中的时间继电器,用于时间累计。每个定时器可提供无数对常开和常闭触点供编程使用,其设定时间由程序设置(定时时间＝预置值(PT)×时基)。CPU222、CPU224 及 CPU226 的定时器地址编号为 T0～T255,其分辨率(时基增量)分为 1 ms、10 ms 和 100 ms 三种。

⑧计数器 C　计数器 C 用于累计计数输入端接收到的由断开到接通的脉冲个数。计数器可提供无数对常开和常闭触点供编程使用,结构与定时器基本相同,其设定值由程序设置,计数器的地址编号范围为 C0～C255。

⑨高速计数器 HC　一般计数器的计数频率受扫描周期的影响,不能太高。而高速计数器 HC 可用来累计比 CPU 的扫描速度更快的事件。高速计数器的当前值是一个双字长(32 位)的整数,且为只读值。CPU221/222 各有 4 个高速计数器,编号为 HC0～HC3,CPU224/226 各有 6 个高速计数器,编号为 HC0～HC5。

⑩累加器 AC　累加器 AC 是用来暂存数据的寄存器,它可以用来存放运算数据、中间数据和结果。CPU 提供了 4 个 32 位的累加器,其地址编号为 AC0～AC3。累加器的可用长度为 32 位,可采用字节、字、双字的存取方式,按字节、字只能存取累加器的低 8 位或低 16 位,双字可以存取累加器全部的 32 位。

⑪顺序控制继电器 顺序控制继电器是使用步进顺序控制指令编程时的重要状态元件,通常与步进指令一起使用以实现顺序功能流程图的编程。其地址编号范围为 S0.0~S31.7。

⑫模拟量输入/输出映像寄存器(AI/AQ) S7-200 PLC 的模拟量输入电路是将外部输入的模拟量信号转换成 1 个字长的数字量存入模拟量输入映像寄存器区域,区域标志符为 AI。

模拟量输出电路是将模拟量输出映像寄存器区域的 1 个字长的数值转换为模拟电流或电压的输出,区域标志符为 AQ。由于模拟量为一个字长 16 位,即两个字节,且从偶数字节开始,所以必须用偶数字节地址(如 AIW0、AQW2)来存取和改变这些值。对模拟量输入/输出是以 2 个字(W)为单位分配地址,每路模拟量输入/输出占用 1 个字(2 个字节)。如果有 2 路模拟量输入,需分配 3 个字(AIW0、AIW2、AIW4),其中 AIW4 没有被使用,但也不可被占用或分配给后续模块。如果有 1 路模拟量输出,需分配 2 个字(AQW0、AQW2),其中 AQW2 没有被使用,也不可被占用或分配给后续模块。

CPU222 的地址编号范围为 AIW0~AIW30、AQW0~AQW30;CPU224/226 的地址编号范围为 AIW0~AIW62、AQW0~AQW62。模拟量输入值为只读数据,模拟量输出值为只写数据,转换的精度是 12 位。

2. 寻址方式

(1)数值的表示方式

①数值的类型和范围 S7-200 PLC 在存储单元中可以存放的数据类型有布尔型(BOOL)、整数型(INT)和实数型(REAL)三种。布尔型数据指字节型无符号整数;整数型数包括 16 位符号整数(INT)和 32 位符号整数(DINT);实数型数据采用 32 位单精度数来表示。表 2-1 中给出了不同长度的数据表示的十进制和十六进制数范围。

表 2-1　　　　　　　　不同长度的数据表示的十进制和十六进制数范围

数　制	字节(B)	字(W)	双字(D)
无符号整数	0 到 255 0 到 FF	0 到 65535 0 到 FFFF	0 到 4294967295 0 到 FFFF FFFF
符号整数	−128 到 +127 80 到 7F	−32768 到 +32767 8000 到 7FFF	−2147483648 到 +2147483647 80000000 到 7FFFFFFF
实数 IEEE 32 位浮点数	不用	不用	+1.175495E−38 到 +3.402823E+38(正数) −1.175495E−38 到 −3.402823E+38(负数)

②常数 在 S7-200 PLC 的指令中可以使用常数(可以是字节、字或双字类型),常数的类型可指定为十进制(1122)、十六进制(16#7A4C)、二进制(2#10100100)或 ASCII 字符('SIMATIC')。要注意的是存储时均是用二进制的形式存储的。

(2)寻址方式

PLC 编程语言的基本单位是语句,而构成语句的是指令,每条指令由两部分组成:一部分是操作码,另一部分是操作数。操作码是指出这条指令的功能是什么,操作数则指明了操作码所需要的数据所在。S7-200 PLC 将信息存放于不同的存储单元,每个存储单元都有唯一确定的地址。通常我们把使用数据地址访问所有的数据称为寻址。它对数据的寻址方式可分为立即寻址、直接寻址和间接寻址三类。在数字量控制系统中一般采用直接寻址。S7-200 CPU 的寻址方式分三种:立即寻址、直接寻址和间接寻址。

①立即寻址 所谓立即寻址是指在一条指令中,如果操作码后面的操作数就是操作码所需要的具体数据,这种寻址方式就叫立即寻址。

例如传送指令 MOVD 100,VD0 的功能就是将十进制数 100 传送到 VD0 中,该指令的源操作数是 100,其值已经在指令中了,不用再去寻找,这种寻址方式就是立即寻址方式。

②直接寻址 所谓直接寻址是指在一条指令中,如果操作码后面的操作数是以操作数所在地址的形式出现的,这种寻址方式就叫直接寻址。

例如传送指令 MOVD VD40,VD50。

直接寻址可以采用按位编址或按字节编址的方式进行寻址。寻址时,数据地址以代表存储区类型的字母开始,随后是表示数据长度的标记,然后是存储单元的编号。例如传送指令 MOVD VD400,VD500,采用直接寻址方式将 VD400 中的双字数据传给 VD500。

③间接寻址 所谓间接寻址是指在一条指令中,如果操作码后面的操作数是以操作数所在地址的地址形式出现的,这种寻址方式就叫间接寻址。间接寻址时操作数并不提供直接数据位置,而是通过使用地址指针来存取存储器中的数据。

例如传送指令 MOVD 100,＊VD10,目的操作数就是采用间接寻址的。假设 VD10 中存放的是 VD0,其功能就是将十进制数 100 传送给 VD0 地址中。

在 S7-200 PLC 中允许使用指针对 I、Q、M、V、S、T、C(仅当前值)存储区进行间接寻址。使用间接寻址前,要先创建一指向该位置的指针。指针建立好后,利用指针存取数据。

3. S7-200 PLC 基本指令

S7-200 PLC 梯形图指令有触点和线圈两大类,触点又分常开触点和常闭触点两种形式;语句表指令有与、或以及输出等逻辑关系,位操作指令能够实现基本的位逻辑运算和控制。

(1)标准触点指令

标准触点指令有 LD、LDN、=、NOT、A、AN、O、ON 八条,这些指令对存储器位进行操作。如果有操作数,操作数为 BOOL 型,操作数范围是 I、Q、M、SM、T、C、S、V、L。图 2-3 和图 2-4 所示为标准触点指令的应用举例。

①LD bit 装载指令,以一常开触点来开始一逻辑运算,对应梯形图为在左侧母线或线路分支点处初始装载一个常开触点。

②LDN bit 取反后装载指令,以一常闭触点来开始一逻辑运算,对应梯形图为在左侧母线或线路分支点处初始装载一个常闭触点。

③=bit 输出指令,与梯形图中的线圈相对应。驱动线圈的触点电路接通时,有"能流"流过线圈,输出指令指定的位对应的映像寄存器的值为1,反之为0。被驱动的线圈在梯

形图中只能使用一次。"＝"可以任意并联使用,但不能串联。

④NOT　取反指令,将它左边电路的逻辑运算结果取反。结果若为 1 则变为 0,为 0 则变为 1。该指令没有操作数。

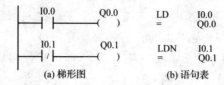

	LD	I0.0
	=	Q0.0
	LDN	I0.1
	=	Q0.1

图 2-3　标准触点指令的应用举例(1)

⑤A bit　与指令,在梯形图中表示串联一个常开触点。

⑥AN bit　与非指令,在梯形图中表示串联一个常闭触点。

⑦O bit　或指令,在梯形图中表示并联一个常开触点。

⑧ON bit　或非指令,在梯形图中表示并联一个常闭触点。

```
I0.0      I0.1      I0.2      Q0.0              LD    I0.0
 ┤├        ┤/├       ┤├        ( )               AN    I0.1
                                                 A     I0.2
I0.1      Q0.1                                    =     Q0.0
 ┤/├       ( )
                                                 LDN   I0.1
I0.3                                             O     I0.3
 ┤├                                              ON    I0.4
                                                 =     Q0.1
I0.4
 ┤/├
```

(a) 梯形图　　　　　　　　　　　　　　(b) 语句表

图 2-4　标准触点指令的应用举例(2)

(2)块操作指令

①ALD　块与指令,用于串联连接多个并联电路组成的电路块。分支的起点用 LD/LDN 指令,并联电路结束后使用 ALD 指令与前面电路串联。图 2-5 所示为块与指令的应用举例。

②OLD　块或指令,用于并联连接多个串联电路组成的电路块。分支的起点用 LD/LDN 指令,串联电路结束后使用 OLD 指令与前面电路并联。图 2-6 所示为块或指令的应用举例。

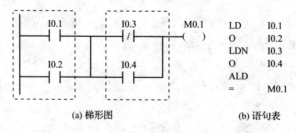

	LD	I0.1
	O	I0.2
	LDN	I0.3
	O	I0.4
	ALD	
	=	M0.1

(a) 梯形图　　　　　　　　(b) 语句表

图 2-5　块与指令的应用举例

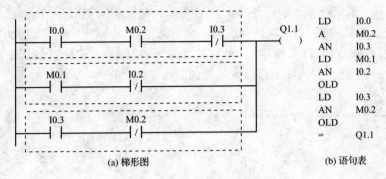

图 2-6　块或指令的应用举例

（3）逻辑堆栈指令

①LPS　入栈指令，LPS 指令把栈顶值复制后压入堆栈，栈中原来数据依次下移一层，栈底值压出丢失。

②LRD　读栈指令，LRD 指令把逻辑堆栈第二层的值复制到栈顶，2～9 层数据不变，堆栈没有压入和弹出，但原栈顶的值丢失。

③LPP　出栈指令，LPP 指令把堆栈弹出一级，原第二级的值变为新的栈顶值，原栈顶数据从栈内丢失。

逻辑堆栈指令可以嵌套使用，最多为 9 层。为保证程序地址指针不发生错误，入栈指令 LPS 和出栈指令 LPP 必须成对使用，最后一次读栈操作应使用出栈指令 LPP。图 2-7 所示为逻辑堆栈指令的应用举例。

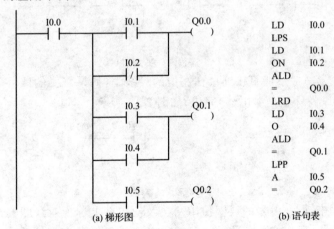

图 2-7　逻辑堆栈指令的应用举例

（4）置位、复位及边沿触发指令

置位指令 S、复位指令 R，在使能输入有效后，从指定的位地址开始的 N 个点的映像寄存器都被置“1”或清“0”并保持，$N=1～255$。对同一元件（同一寄存器的位）可以多次使用 S/R 指令；置位和复位指令通常成对使用，也可以单独使用或与指令盒配合使用。在使用复位指令时，如果被指定复位的是定时器或计数器，将清除定时器/计数器的当前值。

边沿触发指令也称为跳变触点检测指令，有正跳变触点检测指令 EU 和负跳变触点检测指令 ED 两条。当 EU 指令前的逻辑运算结果有一个上升沿（OFF→ON）时，后面的输出线圈将接通一个扫描周期；当 ED 指令前有一个下降沿（ON→OFF）时，后面的输出线圈将接通一个扫描周期。它们没有操作数，触点符号中间的"P"和"N"分别表示正跳变和负跳变。图 2-8 所示为置位、复位及边沿触发指令的应用举例。

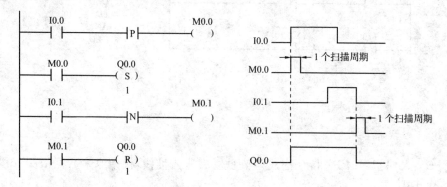

图 2-8　置位、复位及边沿触发指令的应用举例

4. 梯形图绘制的基本规则

①PLC 内部元器件触点的使用次数是无限制的。

②梯形图的每一行都是从左边母线开始，然后是各种触点的逻辑连接，最后以线圈或指令盒结束，如图 2-9 所示。

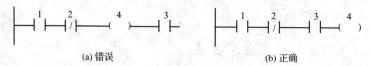

(a) 错误　　　　　　　　　　　　(b) 正确

图 2-9　梯形图绘制举例(1)

③线圈和指令盒一般不能直接连接在左边的母线上，如果需要的话可通过特殊辅助继电器 SM0.0（常 ON 特殊辅助继电器）完成，如图 2-10 所示。

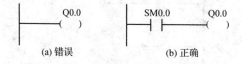

(a) 错误　　　　　　　　　　(b) 正确

图 2-10　梯形图绘制举例(2)

④在同一程序中，同一编号的线圈使用两次及两次以上称为双线圈输出。双线圈输出非常容易引起误动作，所以应避免使用。S7-200 PLC 中不允许双线圈输出。

⑤在手工编写梯形图程序时，触点应画在水平线上，从习惯和美观的角度来讲，不要画在垂直线上。使用编程软件则不可能把触点画在垂直线上，如图 2-11 所示。

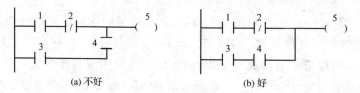

(a) 不好　　　　　　　　　　　　(b) 好

图 2-11　梯形图绘制举例(3)

⑥不包含触点的分支线条应放在垂直方向,不要放在水平方向,以便于读图和美观。使用编程软件则不可能出现这种情况,如图 2-12 所示。

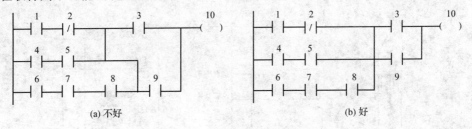

图 2-12　梯形图绘制举例(4)

⑦应把串联多的电路块尽量放在最上边,把并联多的电路块尽量放在最左边,这样一是节省指令,二是美观,如图 2-13 所示。

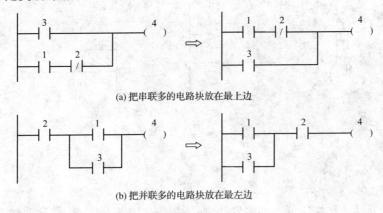

图 2-13　梯形图绘制举例(5)

任务实施

1. I/O 分配

　　根据任务要求,经分析:按钮 SB1 启动、SB2 停止应作为输入信号与 PLC 输入点连接;由于电动机的载荷比较大,一般不与 PLC 直接相连,而是通过接触器来控制,因此,接触器 KM 作为被控信号连接在 PLC 输出点上。在不考虑热继电器作用时,I/O 分配见表 2-2。

表 2-2　　　　　　　　　　　　　　　I/O 分配

输入信号		输出信号	
元件名称	I/O 地址	元件名称	I/O 地址
启动按钮 SB1	I0.0	接触器 KM	Q0.0
停止按钮 SB2	I0.1		

2. 绘制 PLC 硬件接线图及连接硬件

　　电动机连续运转控制主电路和 PLC 外部接线图如图 2-14 所示,输入端的电源可以利用 PLC 本身提供的 24 V 直流电源,也可以使用外接 24 V 直流电源。输出负载的电源为 AC 220 V。

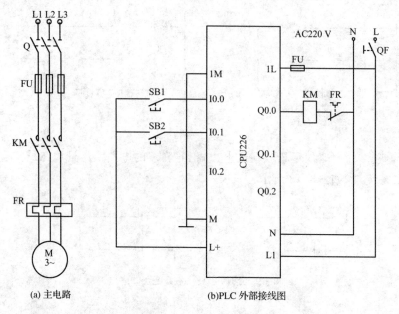

(a) 主电路 (b)PLC 外部接线图

图 2-14 电动机连续运转主电路和 PLC 外部接线图

3. 设计梯形图程序

电动机的连续运转控制可以利用启动、保持和停止电路来实现,梯形图如图 2-15(a)所示。由外部接线图可知,输入映像寄存器 I0.0 的状态与启动按钮 SB1 的状态相对应,输入映像寄存器 I0.1 的状态与停止按钮 SB2 的状态相对应。而程序运行结果写入输出映像寄存器 Q0.0,并通过输出电路控制负载,时序图如图 2-15(b)所示。另外也可以用 S、R 指令设计出电动机的连续运转控制梯形图。

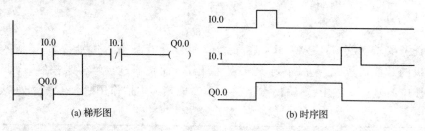

(a) 梯形图 (b) 时序图

图 2-15 电动机连续运转控制梯形图和时序图

4. 程序调试与运行

创建程序并下载,查看运行结果。

计划总结

1. 工作计划(表 2-3)

表 2-3 工作计划

序 号	工作内容	计划完成时间	实际完成情况自评	教师评价

2. 材料领用清算(表 2-4)

表 2-4 材料领用清算

序 号	元器件名称	数 量	设备故障记录	负责人签字

3. 项目实施记录与改善意见

_____

_____

_____

巩固练习

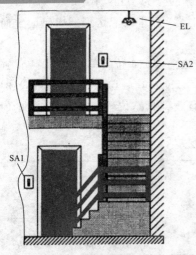

图 2-16 楼道灯的控制

楼道灯的控制如图 2-16 所示,试编程完成下述控制任务。

(1)要求用开关 SA1、SA2 分别可以控制楼道灯 EL 的接通和断开。

(2)要求用一只按钮 SB 控制楼道灯,当按下按钮松开楼道灯点亮,再按一次松开楼道灯熄灭。

电动机启停控制

任务2　三相异步电动机正反转控制实现

任务目标

在工业生产中,常利用电动机的正反转控制方向相反的两个运动,如小车的左行与右行、机械手的上升与下降等。试运用 PLC 来改造电动机的正反转控制,以熟悉S7-200 PLC 的逻辑指令,编制简单的 PLC 程序,进一步掌握编程软件的使用方法和调试程序的方法。

知识梳理

1. 电气控制系统转化成 PLC 控制系统的基本方法

(1)PLC 控制系统的硬件设计

①根据继电器控制电路,确定接在 PLC 输入、输出口上的电器,并列出电器与输入、输出继电器的对照表,即 I/O 分配表。

②绘制 PLC 的外部接线图。

(2)PLC 控制系统的软件设计

①根据 I/O 分配表将原继电器控制电路用 PLC 的输入、输出继电器和内部器件来替代,得到一个梯形图。

②对所得到的梯形图进行优化,使程序功能更加完善,结构更加合理。

2. 定时器指令

S7-200 CPU22X 系列 PLC 有 256 个定时器,按时基脉冲分为 1 ms、10 ms、100 ms 三种,按工作方式分有通电延时定时器(TON)、断电延时定时器(TOF)、记忆型通电延时定时器(TONR)。定时器编号决定了定时器的时基,见表 2-5。

每个定时器均有一个 16 位的当前值寄存器用以存放当前值(16 位符号整数);一个 16 位的预置值寄存器用以存放时间的设定值;还有一位状态位,反映其触点的状态。最小计时单位为时基脉冲的宽度,又称为定时精度;从定时器输入有效到状态位输出有效,经过的时间称为定时时间,即:定时时间=预置值(PT)×时基。

表 2-5　　　　　　　　　　定时器的种类及指令格式

工作方式	TON/TOF			TONR		
分辨率/ms	1	10	100	1	10	100
最大定时范围/s	32.767	327.67	3276.7	32.767	327.67	3276.7
定时器编号	T32,T96	T33~T36,T97~T100	T37~T63,T101~T255	T0,T64	T1~T4,T65~T68	T5~T31,T69~T95

(1)通电延时定时器(TON)

通电延时定时器(TON)用于单一间隔的定时。当 IN 端接通时,定时器开始定时,当前值从 0 开始递增,计时到设定值(PT)时,定时器状态位置 1,其常开触点接通,其后当前值仍增加,但不影响状态位。当前值的最大值为 32767。当 IN 端分断时,定时器复位,当前值清 0,状态位也清 0。若 IN 端接通时间未到设定值就断开,定时器则立即复位,如图 2-17 所示。

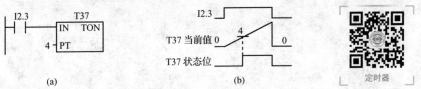

图 2-17　TON 定时器的工作原理

(2)断电延时定时器(TOF)

断电延时定时器(TOF)用来在输入(IN)电路断开后延时一段时间,再使定时器状态位变为 OFF。它用输入从 ON 到 OFF 的负跳变启动定时。

接在定时器 IN 端的输入电路接通时,定时器状态位变为 ON,当前值被清零。输入电路断开后,开始定时,当前值从 0 开始增大,当前值等于设定值时,定时器状态位变为 OFF,当前值保持不变,直到输入电路接通,如图 2-18 所示。

TOF 与 TON 不能共享相同的定时器编号,例如,不能同时使用 TON T32 和 TOF T32。

可用复位(R)指令复位定时器。复位指令使定时器位变为 OFF,定时器当前值被清 0。在第一个扫描周期,TON 和 TOF 被自动复位,定时器状态位为 OFF,当前值为 0。

图 2-18　TOF 定时器的工作原理

(3)记忆型通电延时定时器(TONR)

记忆型通电延时定时器(TONR)从输入电路接通时开始定时。当前值大于等于 PT 端指定的设定值时,定时器状态位变为 ON。达到设定值后,当前值仍继续计数,直到最大值为 32767。

输入电路断开时,当前值保持不变。可用 TONR 来累计输入电路接通的若干个时间间隔。复位(R)指令用来清除它的当前值,同时使定时器状态位为 OFF。图 2-19 中的时间间隔 $t_1 + t_2 \geqslant 100$ ms 时,10 ms 定时器 T2 的状态位变为 ON。输入电路断开时,当前值保持不变。在第一个扫描周期,定时器状态位为 OFF。可以在系统块中设置 TONR 的当前值,有断电保持功能。

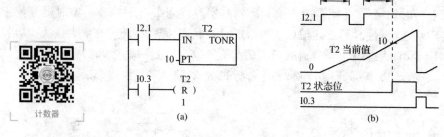

图 2-19　TONR 定时器的工作原理

3. 计数器指令

计数器用来累计输入脉冲的个数,主要由一个 16 位的预置值寄存器、一个 16 位的当前值寄存器和一位状态位组成。当前值寄存器用以累计脉冲个数,计数器当前值大于或等于预置值时,状态位置 1。S7-200 系列 PLC 有三类计数器:CTU-加计数器、CTD-减计数器和CTUD-加/减计数器。

(1)加计数器指令(CTU)

当复位输入(R)电路断开时,加计数脉冲输入(CU)电路由断开变为接通(即 CU 信号的上升沿),计数器的当前值加 1,直至计数最大值为 32767。当前值大于等于设定值(PV)时,该计数器状态位被置 1。当复位输入(R)为 ON 时,计数器被复位,计数器状态位变为OFF,当前值被清零,如图 2-20 所示。

在语句表中,栈顶值是复位输入值(R),加计数脉冲输入值(CU)放在栈顶下面一层。

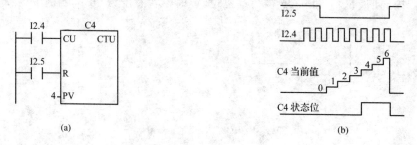

图 2-20　加计数器的工作原理

(2)减计数器指令(CTD)

在减计数脉冲输入(CD)的上升沿(从 OFF 到 ON),从设定值开始,计数器的当前值减1,减至 0 时,停止计数,计数器状态位被置 1。装载输入(LD)为 ON 时,计数器被复位,计数器状态位变为 OFF,并把设定值装入当前值,如图 2-21 所示。

在语句表中,栈顶值是装载输入值(LD),减计数脉冲输入值(CD)放在栈顶下面一层。

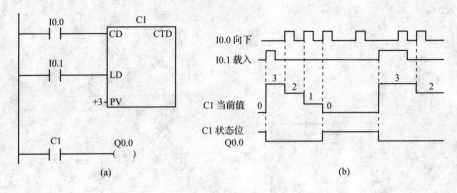

图 2-21　减计数器的工作原理

（3）加/减计数器指令（CTUD）

在加计数脉冲输入（CU）的上升沿，计数器的当前值加 1，在减计数脉冲输入（CD）的上升沿，计数器的当前值减 1，当前值大于等于设定值（PV）时，计数器状态位被置位。复位输入（R）为 ON，或对计数器执行复位（R）指令时，计数器被复位，如图 2-22 所示。当前值为最大值 32767 时，下一个输入（CU）的上升沿使当前值变为最小值－32768。当前值为－32768 时，下一个输入（CD）的上升沿使当前值变为最大值 32767。

在语句表中，栈顶值是复位输入值（R），加计数脉冲输入值（CU）放在堆栈的第二层，减计数脉冲输入值（CD）放在堆栈的第三层。

计数器的编号范围为 C0～C255。不同类型的计数器不能共用同一计数器编号。

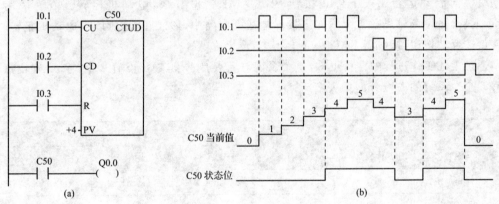

图 2-22　加/减计数器的工作原理

任务实施

1. 根据控制要求分配 I/O

首先分析电动机的正反转控制工作过程。图 2-23 所示为三相异步电动机正反转双重联锁控制电路原理。

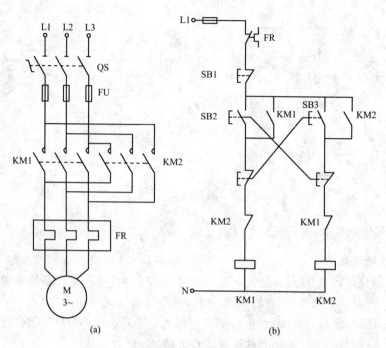

图 2-23　三相异步电动机正反转双重联锁控制电路原理

按下正转按钮 SB2，接触器 KM1 线圈得电，使动合触点闭合，电动机正向启动运行。按下停止按钮 SB1，KM1 失电释放，电动机停转。按下反转按钮 SB3，接触器 KM2 线圈得电，电动机反向启动运行。按下停止按钮 SB1，KM2 失电释放，电动机停转。因为采用了 KM1、KM2 的动断辅助触点串入对方接触器线圈电路中，形成互锁，所以当电动机正转时，即使误按反转按钮，接触器 KM2 也不会得电，反之亦然。

通过上述工作过程的分析可知，这个系统输入点有 4 个，输出点有 2 个，输入、输出点数共有 6 个。系统的 I/O 分配见表 2-6。

表 2-6　　　　　　　　　　　　　　I/O 分配

输入信号			输出信号		
元件名称	元件代号	I/O 地址	元件名称	元件代号	I/O 地址
停止按钮	SB1	I0.0	正转	KM1	Q0.0
正转按钮	SB2	I0.1	反转	KM2	Q0.1
反转按钮	SB3	I0.2			
热继电器	FR	I0.3			

2. 系统接线

PLC 外部接线如图 2-24 所示。

0 V
DC+24 V
L+
SB1
SB2
SB3
FR
M
I0.0
I0.1
I0.2
I0.3
S7-200
L
Q0.0
Q0.1
Q0.2
QI0.3
KM1
KM2
L
AC220 V
N

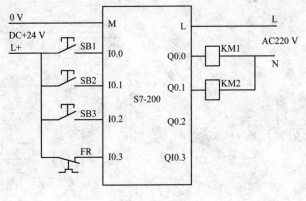

图 2-24 PLC 外部接线

3. 编写程序

参考程序如图 2-25 所示。

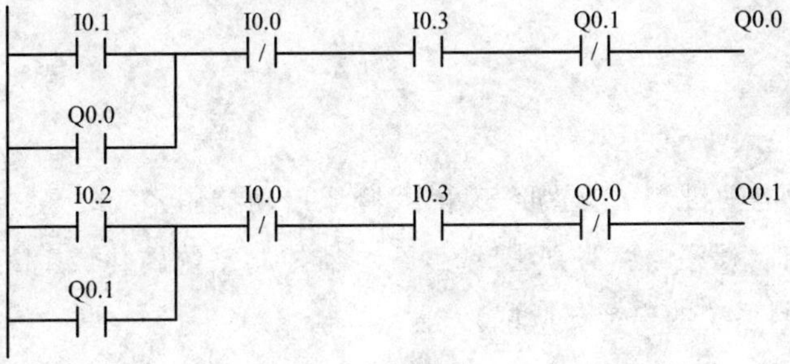

I0.1
I0.0
I0.3
Q0.1
Q0.0
Q0.0
I0.2
I0.0
I0.3
Q0.0
Q0.1
Q0.1

图 2-25 参考程序

4. 程序调试与运行

创建程序并下载，查看运行结果。

计划总结

计划总结内容同本项目任务 1。

巩固练习

完成传送带正、次品分拣系统的设计。控制要求如下：

(1)使用启动和停止按钮控制传送带电动机 M 的运行和停止。在电动机运行时，被检测的产品(包括正、次品)在传送带上运行。

(2)如图 2-26 所示，产品(包括正、次品)在传送带上运行时，检测器 S1 检测到的次品经过 5 s 传送，到达次品剔除位置时，启动电磁铁 Y 驱动剔除装置，剔除次品，电磁铁 Y 通电 1 s；检测器 S2 检测到的次品经过 3 s 传送，到达次品剔除位置时，启动 Y 驱动剔除装置，剔除次品；正品继续向前输送。传送带正、次品分拣流程如图 2-27 所示。

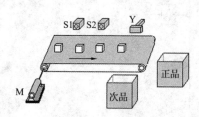

图 2-26 正、次品分拣系统

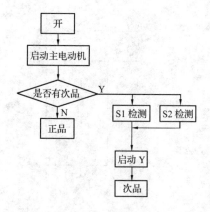

图 2-27 传送带正、次品分拣流程

任务3 三相异步电动机 Y-△降压启动控制实现

任务目标

利用 PLC 实现电动机 Y-△(星形-三角形)降压启动控制系统,以进一步熟悉编程软件的使用;掌握时间控制程序的编写方法;掌握继电器控制系统转化成 PLC 控制系统的基本方法;熟悉 PLC 控制系统的安装与调试。

知识梳理

1. 经验设计法简介

经验设计法也叫试凑法。在掌握了一些典型的控制环节和电路设计的基础上,根据被控对象对控制系统的具体要求,凭经验进行选择、组合。有时为了得到一个满意的设计结果,需要进行多次反复地调试和修改,增加一些辅助触点和中间编程环节。这种设计方法没有一个普遍的规律可遵循,具有一定的试探性和随意性,而设计所用的时间、设计的质量与设计者经验的多少有关。

经验设计法对于一些比较简单的控制系统的设计是比较奏效的,可以收到快速、简单的效果。但是,由于这种方法主要是依靠设计人员的经验进行设计,所以对设计人员的要求也比较高,特别是要求设计者有一定的实践经验,对工业控制系统和工业上常用的各种典型环节比较熟悉。对于较复杂的系统,经验法一般设计周期长,不易掌握,系统交付使用后维护困难。所以,经验法一般只适合于较简单的或与某些典型系统相类似的控制系统的设计。

2. 基本环节编程举例

(1)启动、保持、停止程序

启动、保持、停止程序是电动机等电气设备控制中常用的控制程序，常称为启保停电路。其最主要的特点是具有“记忆”功能，常见的电路如图 2-28 所示。

I0.0
I0.1
Q0.0
Q0.0
(a) 关断从优
I0.0
Q0.0
Q0.0
I0.1
(b) 开启从优

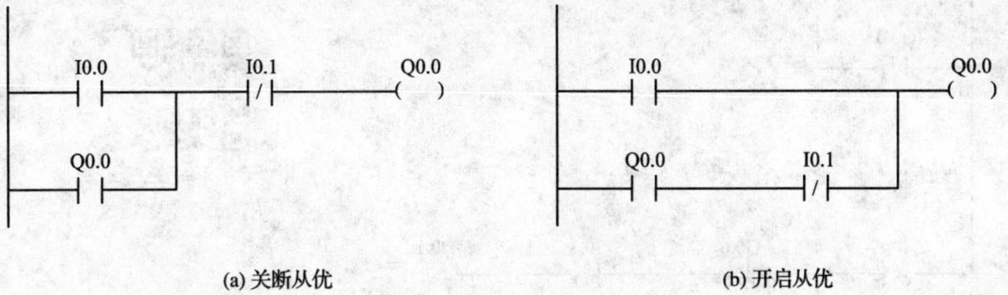

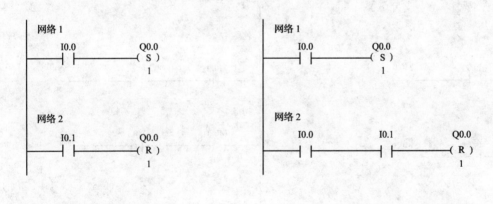

图 2-28 启动、保持、停止电路

在实际应用中该程序还有许多联锁条件，满足联锁条件后，才允许启动或停止。同时也可以用置位、复位指令来等效启保停电路的功能，如图 2-29 所示。

网络 1
I0.0
Q0.0
S
1
网络 2
I0.1
Q0.0
R
1
(a) 关断从优 (S、R) 等效电路
网络 1
I0.0
Q0.0
S
1
网络 2
I0.0
I0.1
Q0.0
R
1
(b) 开启从优 (S、R) 等效电路

图 2-29 启动、保持、停止等效电路

(2)互锁电路

不能同时动作的互锁电路如图2-30所示。在此控制电路中，无论先接通哪一个输出继电器后，另外一个输出继电器都将不能接通，也就是说两者之中任何一个启动之后都把另一个的启动控制回路断开，从而保证了任何时候两者都不能同时启动。因此在控制环节中，该电路可实现信号互锁。例如电动机正反转控制、Y-△控制、抢答器控制等。

另外，在多个故障检测系统中，有时可能当一个故障产生后，会引起其他多个故障，这时如果能准确地判断哪一个故障是最先出现的，则对于分析和处理故障是极为有利的。

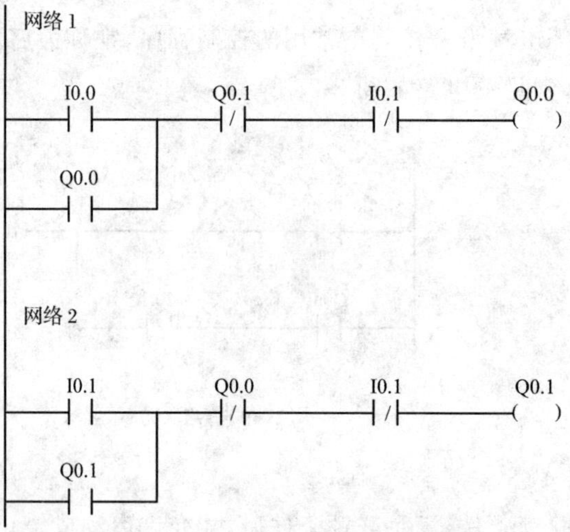

（3）组合输出电路

如图 2-31 所示为组合输出电路，该电路按预先设定的输出要求，根据对两个输入信号的组合，决定某一输出。

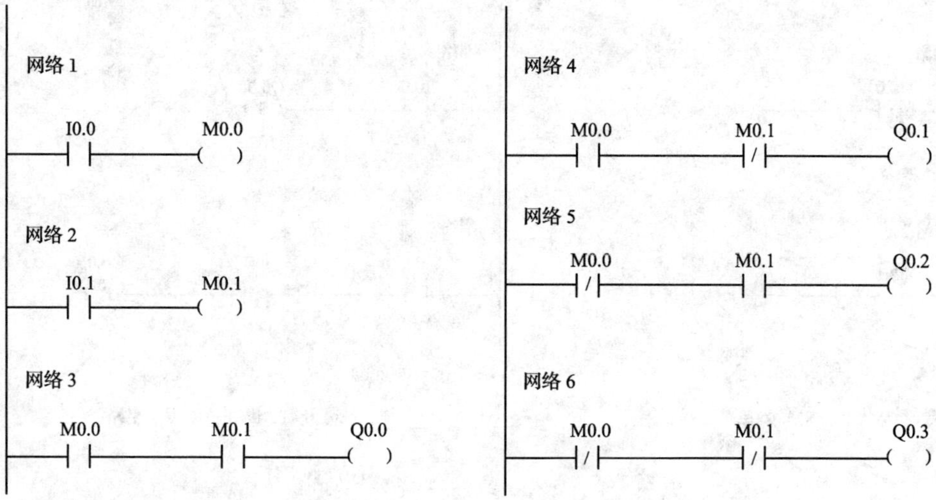

图 2-30　互锁电路

图 2-31　组合输出电路

（4）分频电路

用 PLC 可以实现对输入信号的任意分频。如图 2-32 所示是一个二分频电路，输出信号 Q0.0 是输入信号 I0.0 的二分频。

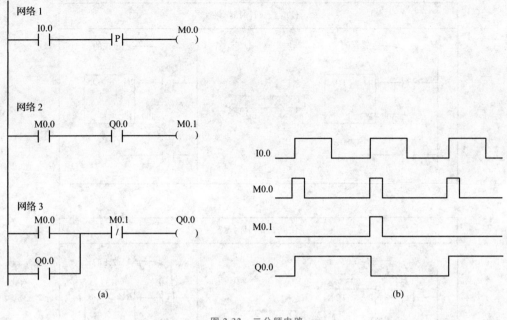

图 2-32　二分频电路

（5）定时器的基本应用

①一个扫描周期宽度的时钟脉冲产生器　一般使用定时器本身的常闭触点作定时器的使能输入，定时器的状态位置 1 时，依靠本身的常闭触点的断开使定时器复位，并重新开始定时，进行循环工作，可以产生一个扫描周期宽度的时钟脉冲。但是由于不同时基的定时器的刷新方式不同，会使得有些情况下使用上述方法不能实现这种功能，因此为保证可靠地产生一个扫描周期宽度的时钟脉冲，可以将输出线圈的常闭触点作为定时器的使能输入，如图 2-33 所示，则无论何种时基都能正常工作。

②延时断开电路　延时断开电路如图 2-34 所示，当 I0.0 接通时，Q0.0 接通并保持，当 I0.0 断开后，经 4 s 延时后，Q0.0 断开，T37 同时被复位。

③延时接通、断开电路　延时接通、断开电路如图 2-35 所示，I0.0 的常开触点接通后，T37 开始定时，9 s 后 T37 的常开触点接通，使 Q0.1 变为 ON，I0.0 为 ON 时其常闭触点断开，使 T38 复位。I0.0 变为 OFF 后 T38 开始定时，7 s 后 T38 的常闭触点断开，使 Q0.1 变为 OFF，T38 亦被复位。

④闪烁电路　闪烁电路实际上是一个具有正反馈的振荡电路。如图 2-36 所示，T37 和 T38 的输出信号通过它们的触点分别控制对方的线圈，形成正反馈。I0.0 的常开触点接通后，T37 的 IN 输入端为 1 状态，T37 开始定时。2 s 后定时时间到，T37 的常开触点接通，使 Q0.0 变为 ON，同时 T38 开始计时。3 s 后 T38 的定时时间到，它的常闭触点断开，使 T37 的 IN 输入端变为 0 状态，T37 的常开触点断开，Q0.0 变为 OFF，同时使 T38 的 IN 输入端

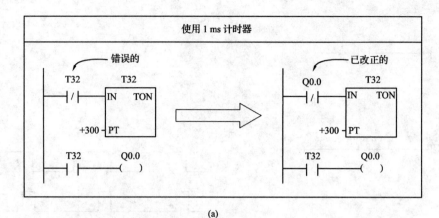

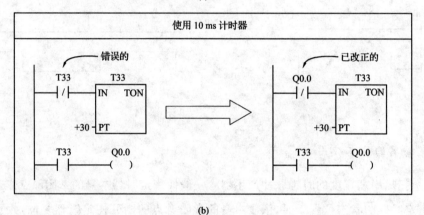

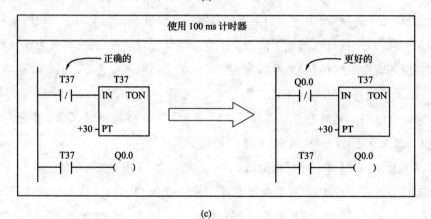

图 2-33　一个扫描周期宽度的时钟脉冲产生器

变为 0 状态,其常闭触点接通,T37 又开始定时,以后 Q0.0 的线圈将这样周期性地"通电"和"断电",直到 I0.0 变为 OFF。Q0.0 线圈"通电"时间等于 T38 的设定值,"断电"时间等于 T37 的设定值。

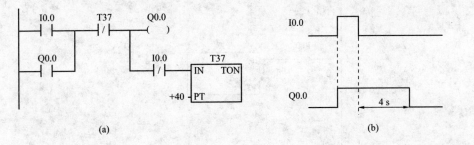

图 2-34 延时断开电路

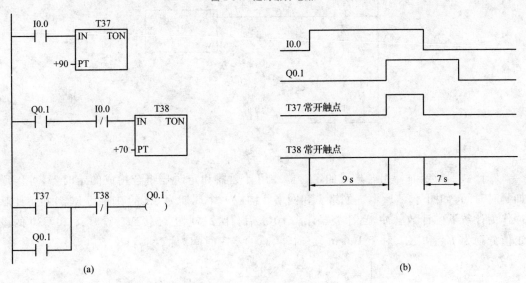

图 2-35 延时接通、断开电路

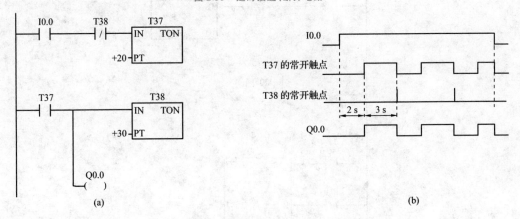

图 2-36 闪烁电路

⑤定时器组合的扩展电路 S7-200 PLC 的定时器的最长定时时间为 3276.7 s,如果需要更长的时间,可以使用多个定时器串联的方法实现,具体方法是把前一个定时器的常开触点作为后一个定时器的使能输入。如图 2-37 所示,当 I0.0 接通时,T37 开始定时,2 s 后 T37 常开触点接通 T38 的使能端;此时 T38 开始定时,3 s 后 T38 常开触点闭合使得 Q0.0 接通。总的定时时间 $T = T37 + T38$。

网络 1

```
    I0.0           T37
    ─┤ ├──      ┌──────────┐
               │IN     TON│
               │          │
      +20──────┤PT        │
               └──────────┘
```

网络 2

```
    T37                    T38
    ─┤ ├──          ┌──────────┐
                   │IN     TON│
                   │          │
          +30──────┤PT        │
                   └──────────┘
```

网络 3

```
    T38           Q0.0
    ─┤ ├──────────( )
```

图 2-37 定时器组合的扩展电路

⑥计数器与定时器组合构成的定时器 用计数器和定时器组合构成的定时器,可以增加延时时间,如图 2-38 所示。网络 1 和网络 2 构成一个周期为 6 s 的脉冲发生器,并将此脉冲作为计数器的计数脉冲,当计数器计满 10 次后,计数器状态位接通。设 T38 和 C30 的设定值分别为 K_T 和 K_C,对于 100 ms 定时器,总的定时时间为:$T=0.1K_T K_C(s)$。

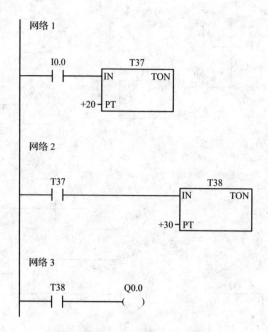

网络 1

```
    I0.0    M0.0           T38
    ─┤ ├──  ─┤/├──  ┌──────────┐
                   │IN     TON│
          +60──────┤PT        │
                   └──────────┘
```

网络 2

```
    T38           M0.0
    ─┤ ├──────────( )
```

网络 3

```
    M0.0           C30
    ─┤ ├──      ┌──────────┐
               │CU     CTU│
    I0.0       │          │
    ─┤/├───────┤R         │
               │          │
      +10──────┤PV        │
               └──────────┘
```

网络 4

```
    C30           Q0.1
    ─┤ ├──────────( )
```

图 2-38 计数器与定时器组合构成的定时器

1. 根据星形-三角形降压启动控制要求分配 I/O

三相异步电动机全压直接启动时,启动电流是正常工作电流的 5～7 倍,当电动机功率较大时,较大的启动电流会对电网造成冲击。对于正常运转时定子绕组作三角形(△)连接的电动机,启动时先使定子绕组接成星形(Y),电动机开始转动,待电动机达到一定转速时,再把定子绕组改成三角形连接,使电动机正常运行。

根据如图 2-39 所示的三相异步电动机星形-三角形降压启动的继电器控制电路图,分析该电路的工作原理。

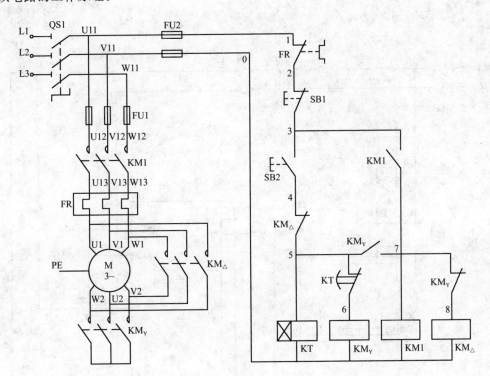

图 2-39 三相异步电动机星形-三角形降压启动的继电器控制电路

具体控制要求如下:

(1)电源接通后,首先让电动机接成星形,实现降压启动。然后经过延时,电动机从星形转换成三角形,电动机此时全压运行。

(2)在电动机从星形转换成三角形的过程中,为保证主电路可靠工作,避免发生主电路短路故障,应有相应的联锁环节和延时保护。

(3)系统具备必要的诊断、开机复位、报警等功能。

根据图 2-39 所示的继电器控制电路图,列出 I/O 分配,见表 2-7。

表 2-7　　　　　　　　三相异步电动机星形-三角形降压启动的 I/O 分配

输入信号			输出信号		
名　称	代　号	I/O 地址	名　称	代　号	I/O 地址
停止按钮	SB1	I0.0	主接触器	KM1	Q0.0
启动按钮	SB2	I0.1	星形控制接触器	KM$_Y$	Q0.2
星形启动确认	KM$_Y$	I0.3	反转控制接触器	KM$_\triangle$	Q0.4
			报警指示灯	HL	Q0.6

2. 系统接线(图 2-40)

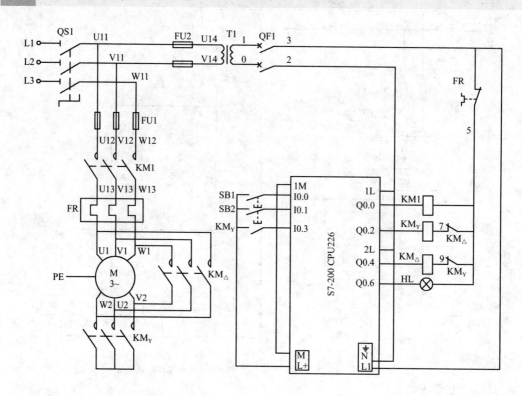

图 2-40　星形-三角形降压启动 PLC 接线

3. 编写控制程序

　　三相异步电动机星形-三角形降压启动控制的参考程序如图 2-41 所示。

　　在图 2-41 中,除实现了三相异步电动机星形-三角形降压启动控制外,还具备了星形接触器动作确认功能、报警功能以及系统上电复位等功能。

网络 1
系统启动复位
```
SM0.1        M1.0
─┤├──────────( R )
              2
              T38
            ─( R )
              6
              Q0.0
            ─( R )
              6
```

网络 2
启动停止
```
I0.1      I0.0      M1.0
─┤├───────┤/├──────( )
M1.0
─┤├──
```

网络 3
将电动机接成星形
```
M1.0    T33     Q0.4    Q0.2
─┤├─────┤/├─────┤/├─────( )
```

网络 4
星形－三角形转换延时
```
M1.0                    T37
─┤├──────────────────[IN  TON]
              +100─PT
```

网络 5
防短路延时
```
Q0.2                  T32
─┤├────────────────[IN  TON]
              +100─PT
```

网络 6
KM1 在电动机接成星形后才工作，电动机降压启动
```
T32      T38      Q0.0
─┤├──────┤/├──────( )
T96
─┤├──
```

网络 7
```
M1.0    Q0.0         T33
─┤├─────┤/├───────[IN  TON]
              +100─PT
```

网络 8
防短路锁定延时时间
```
T38      I0.0              T34
─┤├──────┤/├───────────[IN  TON]
              +100─PT
```

网络 9　星形接触器动作确认程序
KMy 接触器动作确认
```
I0.3      M1.2
─┤├──────( S )
          1
```

网络 10
KM2 将电动机接成三角形
```
I0.0    M1.2    T34            Q0.4
─┤/├────┤├──────┤├─────────────( )
                              T96
                          [IN  TON]
              +100─PT
```

网络 11　报警电路
系统启动 30 秒内不能转换到三角形报警
```
M1.0    Q0.4           T42
─┤├─────┤/├─────────[IN  TON]
              +300─PT
```

网络 12
设定报警继电器
```
T42      P        M1.1
─┤├─────┤P├──────( S )
                  1
```

网络 13
报警指示灯闪烁
```
M1.1    T44            T43
─┤├─────┤/├─────────[IN  TON]
              +5─PT
```

网络 14
```
T43              T44
─┤├───────────[IN  TON]
        +5─PT
```

网络 15
```
M1.1    T43      Q0.6
─┤├─────┤/├──────( )
```

图 2-41　三相异步电动机星形-三角形降压启动控制的参考程序

网络 1，系统上电复位的实现，为防止系统在断电后重新上电产生误动作，系统一般都要有上电复位的功能，可以利用特殊辅助继电器 SM0.1 作为上电脉冲，利用复位指令 R 将需要复位的元件进行复位操作。

网络 9～网络 10,星形接触器动作确认功能的实现,KM_Y 因故没有动作,那么在延时后电动机将全压运行,这种情况是不允许的。因此为了防止上述现象发生,在 PLC 的输入端 I0.3 加入 KM_Y 的常开触点作为确认信号。

网络 11～网络 15,报警功能的实现,可以保证系统在启动后 30 s 内无法切换到三角形接法时产生报警信号,驱动报警指示灯。

计划总结

计划总结内容同本项目任务 1。

巩固练习

如图 2-42 所示为某卧式镗床的继电器控制电路,包括主电路、控制电路、照明电路和指示电路四部分。

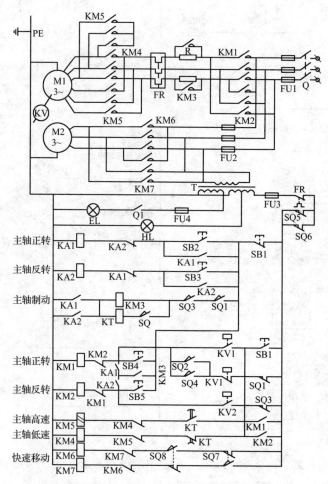

图 2-42　某卧式镗床的继电器控制电路

该卧式镗床的主轴电动机 M1 是采用双速异步电动机，KA1 和 KA2 两个中间继电器分别控制主轴电动机 M1 的启动和停止，KM1 和 KM2 接触器分别控制主轴电动机 M1 的正、反转，KM4、KM5 接触器和时间继电器 KT 用来控制主轴电动机 M1 的变速，KM3 接触器用来短接串在定子回路的制动电阻。SQ1、SQ2、SQ3 和 SQ4 是变速操纵盘上的限位开关，SQ5 和 SQ6 是主轴进刀与工作台移动互锁限位开关，SQ7 和 SQ8 是镗头架和工作台的正、反向快速移动开关。

现要求对该继电器控制系统利用 PLC 进行改造。要求改造后的 PLC 控制系统的外部接线图中，主电路、照明电路和指示电路同原电路不变，控制电路的功能由西门子 S7-200 PLC 实现。

项目 3
显示与循环控制实现

项目描述

　　显示与循环控制在工业生产及日常生活中比较常见,它们是如何实现的呢?本项目将通过四个典型任务(彩灯循环闪烁控制、电子密码锁控制、十字路口交通灯控制、四组抢答器控制)的设计实施,结合可编程序控制器的计数器指令、定时器指令、高速计数器指令、传送指令、移位指令、比较指令、数据编码译码指令等的学习与应用,以达到对可编程序控制器显示与循环控制类项目的掌握和应用。

项目目标

■ 能力目标

● 能进行显示与循环控制类相关程序设计与调试;

● 能根据实际应用需要选择合适的硬件设备与器件;

● 能根据用户需求进行基本系统方案的设计、实施、调试。

■ 知识目标

● 计数器指令功能与应用;

● 高速计数器指令功能与应用;

● 传送指令功能与应用;

● 移位指令功能与应用;

● 比较指令功能与应用;

● 循环指令功能与应用;

● 数据编码译码指令功能与应用。

■ 素质目标

● 培养团队协作能力和交流沟通能力;

● 培养实训室 5S（整理 SEIRI、整顿 SEITON、清扫 SEISO、清洁 SEIKETSU、素养 SHITSUKE 等五个项目）操作素养；

● 培养自学能力及独立工作能力；

● 培养工作责任感；

● 培养文献检索能力。

任务 1　彩灯循环闪烁控制实现

任务目标

设计实现彩灯循环闪烁控制装置，要求如下：按下启动按钮后，隔灯闪烁，L1 亮 0.5 s 后灭，接着 L2 亮 0.5 s 后灭，接着 L3 亮 0.5 s 后灭，接着 L4 亮 0.5 s 后灭，接着 L5、L9 亮 0.5 s 后灭，接着 L6、L10 亮 0.5 s 后灭，接着 L7、L11 亮 0.5 s 后灭，接着 L8、L12 亮 0.5 s 后灭，接着 L1 亮 0.5 s 后灭……如此循环下去，直至按下停止按钮。

知识梳理

1. 数据传送指令应用

数据传送指令用于机内数据流的流转与生成，可用于存储单元的清零、程序初始化等场合。

(1)字节、字、双字和实数的传送指令

指令助记符 MOV 用来传送单个的字节、字、双字、实数。指令助记符后的 B、W、DW(D) 和 R 分别表示操作数为字节(Byte)、字(Word)、双字(Double Word)和实数(Real)。数据传送指令如图 3-1 所示。

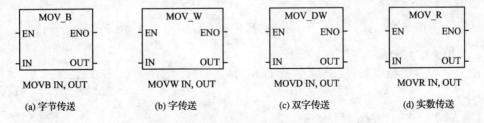

图 3-1　数据传送指令

使 ENO＝0 的错误条件：SM4.3(运行时间)，0006(间接地址)。

【例 3-1】 数据传送指令用法举例如图 3-2 所示。

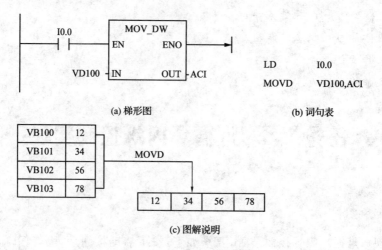

(a) 梯形图　　　　　　　　　　　　(b) 词句表

(c) 图解说明

图 3-2　数据传送指令用法举例

(2)字节、字、双字的块传送指令

块传送指令将从输入地址(IN)开始的 N 个数据传送到输出地址(OUT)开始的 N 个单元,$N=1\sim255$,N 为字节变量,如图 3-3 所示。

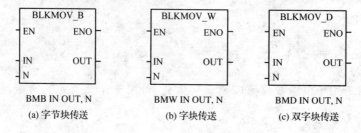

(a) 字节块传送　　　　　　(b) 字块传送　　　　　　(c) 双字块传送

图 3-3　数据块传送指令

使 ENO=0 的错误条件:SM4.3(运行时间),0091(操作数超出范围)。

【例 3-2】 数据块传送指令用法举例如图 3-4 所示。

(3)字节交换指令

字节交换指令 SWAP(Swap Bytes) 交换输入(IN)的高字节与低字节,如图 3-5 所示。

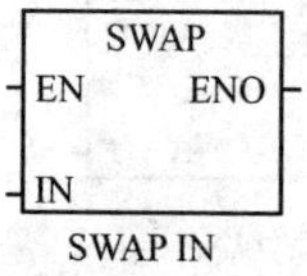

使 ENO=0 的错误条件:SM4.3(运行时间),0006(间接地址)。

图 3-5　字节交换指令

【例 3-3】 SWAP 指令用法举例如图 3-6 所示。

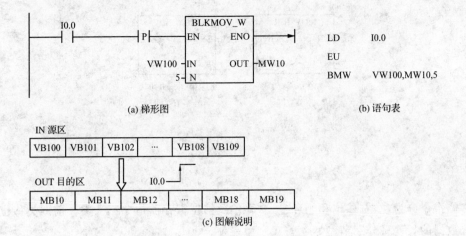

(a) 梯形图   (b) 语句表

图 3-4　数据块传送指令用法举例

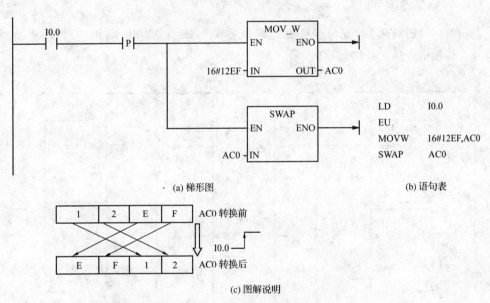

(a) 梯形图   (b) 语句表

图 3-6　SWAP 指令用法举例

(4)字节立即读/写指令

字节立即读指令 MOV_BIR(Move Byte immediate Read)读取 IN 输入端给出的1个字节的物理输入点(IB),并将结果写入 OUT 所指定的存储单元,如图 3-7(a)所示。

字节立即写指令 MOV_BIW(Move Byte immediate Write)将 IN 输入端给出的1个字节的数值写入 OUT 输出端给出的物理输出点(QB),如图 3-7(b)所示。两条指令的 IN 和 OUT 都是字节变量。

使 ENO=0 的错误条件:SM4.3(运行时间),0006(间接地址)。

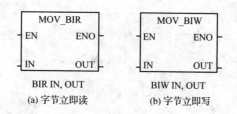

图 3-7 字节立即读/写指令

2. 移位、循环移位指令应用

移位指令分为左、右移位和循环左、右移位及移位寄存器指令三大类。前两类移位指令按移位数据的长度又分字节型、字型、双字型三种。

(1)左、右移位指令

左、右移位数据存储单元与特殊标志存储器位 SM1.1(溢出)端相连,移出位被放到 SM1.1。移位指令格式及功能见表 3-1。

表 3-1   移位指令格式及功能

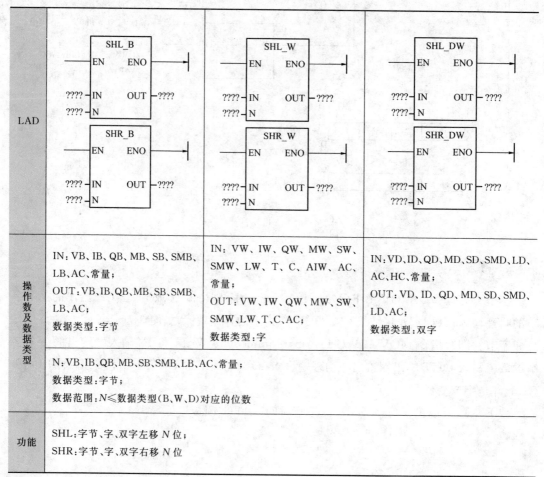

LAD	SHL_B / SHR_B	SHL_W / SHR_W	SHL_DW / SHR_DW
操作数及数据类型	IN:VB、IB、QB、MB、SB、SMB、LB、AC、常量; OUT:VB、IB、QB、MB、SB、SMB、LB、AC; 数据类型:字节	IN:VW、IW、QW、MW、SW、SMW、LW、T、C、AIW、AC、常量; OUT:VW、IW、QW、MW、SW、SMW、LW、T、C、AC; 数据类型:字	IN:VD、ID、QD、MD、SD、SMD、LD、AC、HC、常量; OUT:VD、ID、QD、MD、SD、SMD、LD、AC; 数据类型:双字
	N:VB、IB、QB、MB、SB、SMB、LB、AC、常量; 数据类型:字节; 数据范围:$N \leqslant$ 数据类型(B、W、D)对应的位数		
功能	SHL:字节、字、双字左移 N 位; SHR:字节、字、双字右移 N 位		

①左移位指令(SHL) 使能输入有效时,将输入 IN 的无符号数(字节、字或双字)中的各位向左移 N 位(右端补 0)后,将结果输出到 OUT 所指定的存储单元中,最后一个移出位保存在溢出标志位 SM1.1。如果移位结果为 0,零标志位 SM1.0 置 1。

②右移位指令(SHR) 使能输入有效时,将输入 IN 的无符号数(字节、字或双字)中的各位向右移 N 位后,将结果输出到 OUT 所指定的存储单元中,移出位补 0,最后一个移出位保存在 SM1.1。如果移位结果为 0,零标志位 SM1.0 置 1。

使 ENO=0 的错误条件:SM4.3(运行时间),0006(间接地址)。

(2)循环移位指令

循环移位将移位数据存储单元的首尾相连,同时又与溢出标志位 SM1.1 连接,SM1.1 用来存放被移出的位。循环移位指令格式及功能见表 3-2。

表 3-2   循环移位指令格式及功能

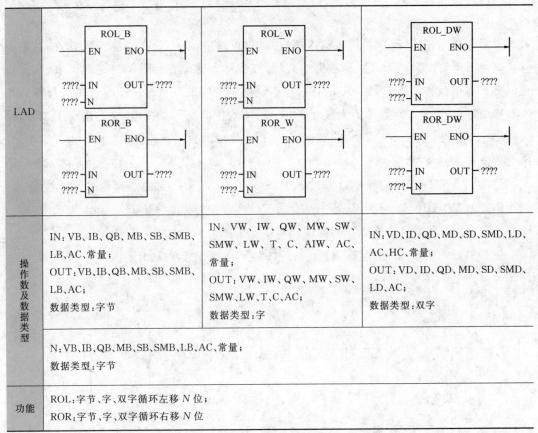

LAD	(ROL_B / ROR_B 指令框图)	(ROL_W / ROR_W 指令框图)	(ROL_DW / ROR_DW 指令框图)
操作数及数据类型	IN:VB、IB、QB、MB、SB、SMB、LB、AC、常量; OUT:VB、IB、QB、MB、SB、SMB、LB、AC; 数据类型:字节	IN:VW、IW、QW、MW、SW、SMW、LW、T、C、AIW、AC、常量; OUT:VW、IW、QW、MW、SW、SMW、LW、T、C、AC; 数据类型:字	IN:VD、ID、QD、MD、SD、SMD、LD、AC、HC、常量; OUT:VD、ID、QD、MD、SD、SMD、LD、AC; 数据类型:双字
	N:VB、IB、QB、MB、SB、SMB、LB、AC、常量; 数据类型:字节		
功能	ROL:字节、字、双字循环左移 N 位; ROR:字节、字、双字循环右移 N 位		

①循环左移位指令(ROL) 使能输入有效时,将输入 IN 的无符号数(字节、字或双字)循环左移 N 位后,将结果输出到 OUT 所指定的存储单元中,移出的最后一位的数值送溢出标志位 SM1.1。当需要移位的数值是零时,零标志位 SM1.0 为 1。

②循环右移位指令(ROR) 使能输入有效时,将 IN 输入的无符号数(字节、字或双字)循环右移 N 位后,将结果输出到 OUT 所指定的存储单元中,移出的最后一位的数值送溢

出标志位 SM1.1。当需要移位的数值是零时,零标志位 SM1.0 为 1。

③移位次数 $N \geqslant$ 输入端数据类型(B、W、D)时的移位位数的处理 分几种情况。

如果操作数是字节,当移位次数 $N \geqslant 8$ 时,则在执行循环移位前,先对 N 进行模 8 操作(N 除以 8 后取余数),其结果 0~7 为实际移动位数。

如果操作数是字,当移位次数 $N \geqslant 16$ 时,则在执行循环移位前,先对 N 进行模 16 操作(N 除以 16 后取余数),其结果 0~15 为实际移动位数。

如果操作数是双字,当移位次数 $N \geqslant 32$ 时,则在执行循环移位前,先对 N 进行模 32 操作(N 除以 32 后取余数),其结果 0~31 为实际移动位数。

使 ENO=0 的错误条件:SM4.3(运行时间),0006(间接地址)。

(3)移位寄存器指令(SHRB)

移位寄存器指令是可以指定移位寄存器的长度和移位方向的移位指令。其指令格式如图 3-8 所示。

说明:①梯形图中,EN 为使能输入端,连接移位脉冲信号,每次使能输入有效时,整个移位寄存器移动 1 位。DATA 为数据输入端,连接移入移位寄存器的二进制数值,执行指令时将该位的值移入寄存器。S_BIT 指定移位寄存器的最低位。N 指定移位寄存器的长度和移位方向,移位寄存器的最大长度为 64 位,N 为正值表示左移位,输入数据(DATA)移入移位寄存器的最高位中,并移出最低位(S_BIT)。移出的数据被放置在溢出标志位 SM1.1。N 为负值时,表示右移位。

②DATA 和 S_BIT 的操作数为 I、Q、M、SM、T、C、V、S、L;数据类型为 BOOL 变量。N 的操作数为 VB、IB、QB、MB、SB、SMB、LB、AC、常量;数据类型为字节。

③移位指令影响特殊标志存储器位:SM1.1。

使 ENO=0 的错误条件:SM4.3(运行时间),0091(操作数超出范围),0092(计数区错误)。

移位寄存器应用举例如图 3-9 所示。

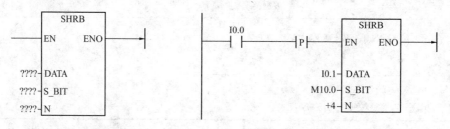

图 3-8 移位寄存器指令格式   图 3-9 移位寄存器应用举例

图 3-9 所示程序的时序图与运行结果如图 3-10 所示。

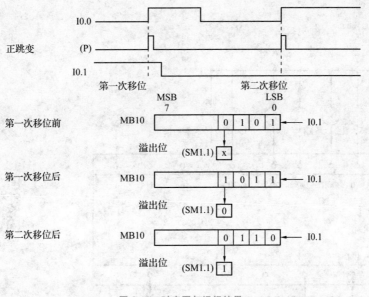

图 3-10 时序图与运行结果

任务实施

简单分析:若能够通过程序控制,使"1"状态在某存储空间自动连续移位,即可完成彩灯的顺序点亮。

1. 根据控制要求确定 I/O 点数,进行 I/O 分配(表 3-3)

表 3-3   彩灯循环闪烁控制系统 I/O 分配

序号	I/O 地址(PLC 端子)	电气符号(面板端子)	功能说明
1	I0.0	启动按钮 SB1	启动
2	I0.1	停止按钮 SB2	停止
3	Q0.0	L1	1 号灯
4	Q0.1	L2	2 号灯
5	Q0.2	L3	3 号灯
6	Q0.3	L4	4 号灯
7	Q0.4	L5、L9	5、9 号灯
8	Q0.5	L6、L10	6、10 号灯
9	Q0.6	L7、L11	7、11 号灯
10	Q0.7	L8、L12	8、12 号灯

2. 画出 PLC 外部接线(图 3-11)

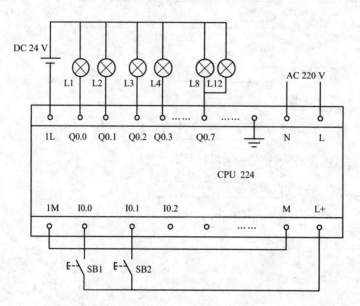

图 3-11　彩灯循环闪烁控制外部接线

3. 程序设计

应用移位寄存器控制,根据彩灯模拟控制的 8 位输出(Q0.0~Q0.7),指定一个 8 位的移位寄存器(M10.1~M11.0),移位寄存器的每一位对应一个输出,如图 3-12 所示。

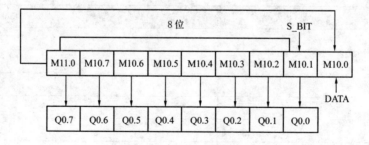

图 3-12　移位寄存器执行过程

在移位过程中,设计一个 0.5 s 的时钟脉冲(由 T38 构成),由这个时钟脉冲控制彩灯点亮的时间(即移位的触发信号)。

M10.0 为数据补入端,根据控制要求,每次只有一个输出,因此只需要在第一个移位脉冲到来时送入 M10.1 位一个"1",第二个移位脉冲至第八个移位脉冲到来时由 M10.0 送入 M10.1 的值均为"0"。当第八个移位脉冲到来再次将"1"送入 M10.1,即可实现彩灯的循环点亮。

设计梯形图程序，如图 3-13 所示。

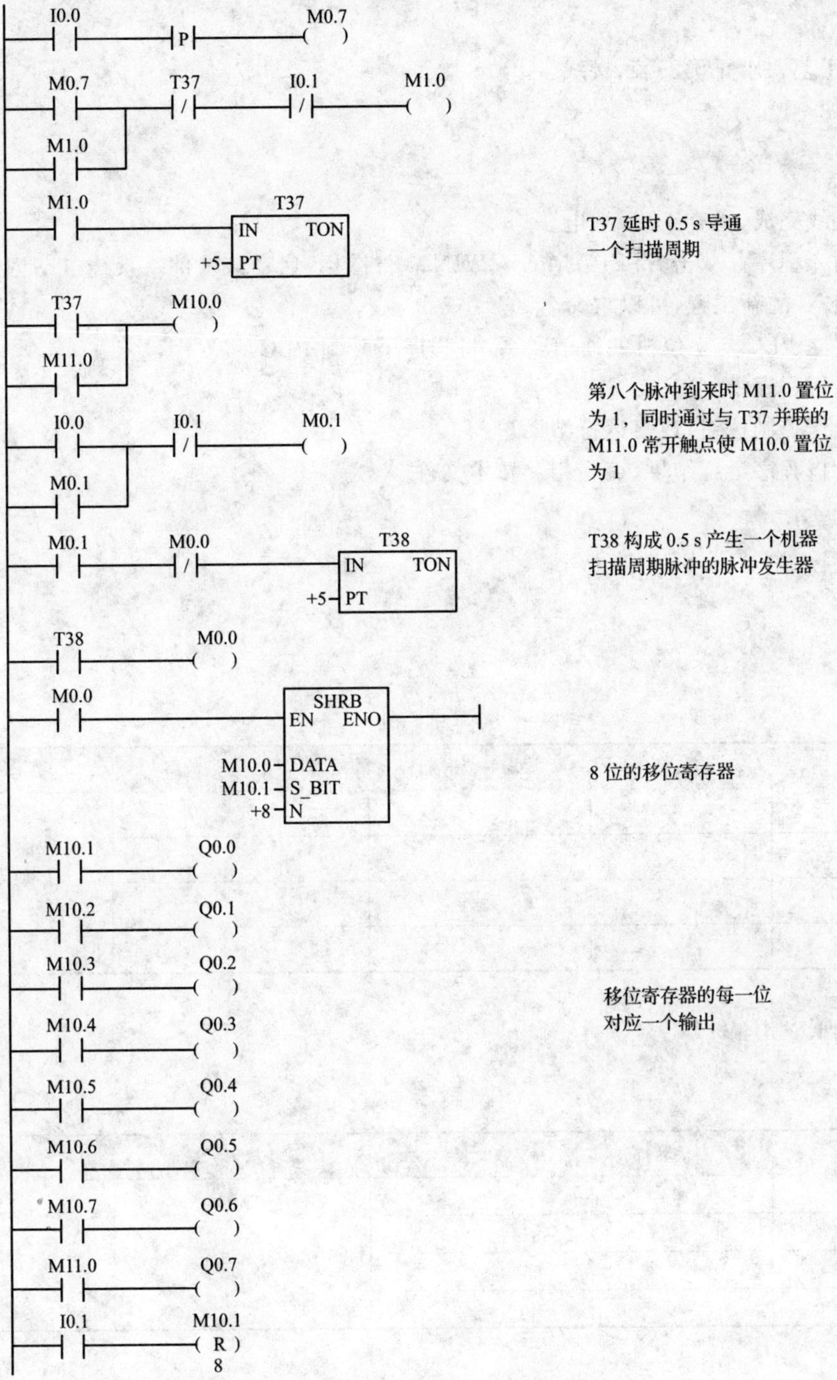
I0.0
P
M0.7
M0.7
T37
I0.1
M1.0
M1.0
M1.0
T37
IN
TON
+5
PT
T37 延时 0.5 s 导通
一个扫描周期
T37
M10.0
M11.0
第八个脉冲到来时 M11.0 置位
为 1，同时通过与 T37 并联的
M11.0 常开触点使 M10.0 置位
为 1
I0.0
I0.1
M0.1
M0.1
M0.1
M0.0
T38
IN
TON
+5
PT
T38 构成 0.5 s 产生一个机器
扫描周期脉冲的脉冲发生器
T38
M0.0
M0.0
SHRB
EN
ENO
M10.0
DATA
M10.1
S_BIT
+8
N
8 位的移位寄存器
M10.1
Q0.0
M10.2
Q0.1
M10.3
Q0.2
M10.4
Q0.3
M10.5
Q0.4
M10.6
Q0.5
M10.7
Q0.6
M11.0
Q0.7
移位寄存器的每一位
对应一个输出
I0.1
M10.1
R
8

图 3-13　彩灯循环闪烁控制梯形图

4. 安装配线

按照工艺要求正确安装、接线。

5. 运行调试

（1）接线完成，检查正确，上电。

（2）输入程序。双击 STEP7-Micro/WIN 软件图标，启动该软件。系统自动创建一个名称为"项目 X"的新工程，可以重命名。

（3）建立 PLC 与上位机的通信联系，将程序下载到 PLC。

（4）运行程序。

（5）操作控制按钮，观察运行结果。

（6）分析程序运行结果，编写相关技术文件。

计划总结

1. 工作计划（表 3-4）

表 3-4   工作计划

序　号	工作内容	计划完成时间	实际完成情况自评	教师评价

2. 材料领用清算（表 3-5）

表 3-5   材料领用清算

序　号	元器件名称	数　量	设备故障记录	负责人签字

3. 项目实施记录与改善意见

_____

_____

_____

巩固练习

五相步进电动机的控制要求如下:

步进电动机是一种将电脉冲转化为角位移的执行机构。当步进驱动器接收到一个脉冲信号时,它就驱动步进电动机按设定的方向转动一个固定的角度(称为"步距角"),它的旋转是以固定的角度一步一步运行的。可以通过控制脉冲个数来控制角位移量,从而达到准确定位的目的;同时可以通过控制脉冲频率来控制电动机转动的速度和加速度,从而达到调速的目的。

对于五相十拍步进电动机,其控制要求为:按下启动按钮,定子磁极 A 通电,2 s 后 A、B 同时通电;再过 2 s,B 通电同时 A 断电;再过 2 s,B、C 同时通电;再过 2 s,C 通电同时 B 断电⋯⋯依次循环执行。执行情况如下:

A ⟶ AB ⟶ B ⟶ BC ⟶ C ⟶ CD ⟶ D ⟶ DE ⟶ E ⟶ EA

任务2 电子密码锁控制实现

任务目标

熟练运用比较指令设计 PLC 程序实现对电子密码锁的控制。具体控制要求如下:系统有 5 个按键,分别为启动、复位、报警和输入 1、输入 2。工作过程为:按下启动键可以开锁,按照预定设置按下输入键,正确即可开锁,若按错需要复位才能继续开锁。触动报警键,报警器将发出警报。

知识梳理

1. 比较指令应用

比较指令用于将两个操作数按指定的条件进行比较,当条件成立时,触点闭合。所以比较指令也是一种位控制指令,对其可进行 LD、A 和 O 编程。

比较指令可以用于字节、整数、双字整数和实数的比较。其中,字节比较是无符号的,整数、双字整数和实数的比较是有符号的。

其比较的关系运算符有 6 种:=、<>、<、<=、>和>=。

比较指令的基本格式见表 3-6。

表 3-6　　　　　　　　　　　　　比较指令的基本格式

运算关系	符号	字节比较	整数比较	双字整数比较	实数比较
等于	=	LDB=IN1,IN2	LDW=IN1,IN2	LDD=IN1,IN2	LDR=IN1,IN2
		AB=IN1,IN2	AW=IN1,IN2	AD=IN1,IN2	AR=IN1,IN2
		OB=IN1,IN2	OW=IN1,IN2	OD=IN1,IN2	OR=IN1,IN2
不等于	<>	LDB<>IN1,IN2	LDW<>IN1,IN2	LDD<>IN1,IN2	LDR<>IN1,IN2
		AB<> IN1,IN2	AW<>IN1,IN2	AD<>IN1,IN2	AR<>IN1,IN2
		OB<> IN1,IN2	OW<>IN1,IN2	OD<>IN1,IN2	OR<>IN1,IN2
小于	<	LDB<IN1,IN2	LDW<IN1,IN2	LDD<IN1,IN2	LDR<IN1,IN2
		AB<IN1,IN2	AW<IN1,IN2	AD<IN1,IN2	AR<IN1,IN2
		OB<IN1,IN2	OW<IN1,IN2	OD<IN1,IN2	OR<IN1,IN2
小于等于	<=	LDB<=IN1,IN2	LDW<=IN1,IN2	LDD<=IN1,IN2	LDR<=IN1,IN2
		AB<=IN1,IN2	AW<=IN1,IN2	AD<=IN1,IN2	AR<=IN1,IN2
		OB<=IN1,IN2	OW<=IN1,IN2	OD<=IN1,IN2	OR<=IN1,IN2
大于	>	LDB>IN1,IN2	LDW>IN1,IN2	LDD>IN1,IN2	LDR>IN1,IN2
		AB>IN1,IN2	AW>IN1,IN2	AD>IN1,IN2	AR>IN1,IN2
		OB>IN1,IN2	OW>IN1,IN2	OD>IN1,IN2	OR>IN1,IN2
大于等于	>=	LDB>=IN1,IN2	LDW>=IN1,IN2	LDD>=IN1,IN2	LDR>=IN1,IN2
		AB>=IN1,IN2	AW>=IN1,IN2	AD>=IN1,IN2	AR>=IN1,IN2
		OB>=IN1,IN2	OW>=IN1,IN2	OD>=IN1,IN2	OR>=IN1,IN2

比较指令应用举例如图 3-14 所示。

程序启动后,计数器 C4 开始计数,计数脉冲由特殊标志存储器位 SM0.5 输出 1 s 脉冲提供。当计数器当前值大于 10 时,Q0.0 接通;当 I0.1 闭合,同时计数器当前值大于等于 20时,Q0.1 接通;I0.2 闭合或计数器当前值等于 30 时,Q0.2 接通。

2. 算数运算指令应用

(1)加法指令

加法指令把两个输入端(IN1,IN2)指定的数相加,结果送到输出端(OUT)指定的存储单元中。

加法指令可分为整数加法、双字整数加法和实数加法,如图 3-15 所示。

整数加法指令 ADD_I(Add Integer)将两个 16 位整数相加,结果为 16 位整数。

双字整数加法指令 ADD_DI(Add Double Integer)将两个 32 位整数相加,结果为32 位整数。

实数(即浮点数)加法指令 ADD_R(Add Real)将两个 32 位实数相加,并产生 32 位实数结果。

执行加法(IN1+IN2=OUT)时,将操作数 IN2 与 OUT 共用一个地址单元,因而在语

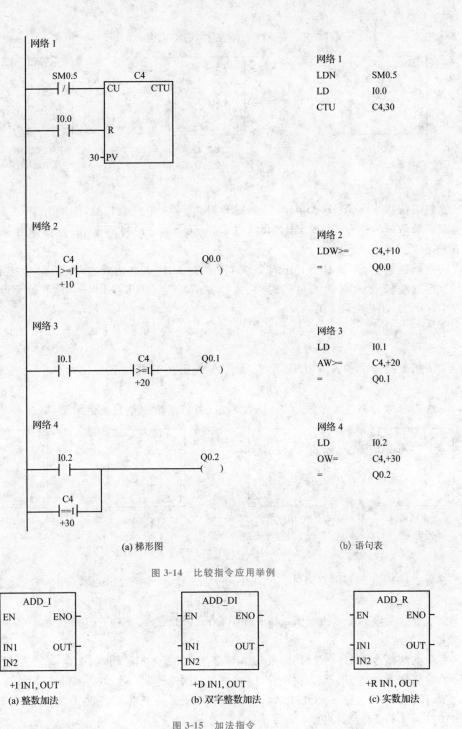

图 3-14 比较指令应用举例

(a) 梯形图　　　　　　　　　　(b) 语句表

ADD_I

EN	ENO
IN1	OUT
IN2	

+I IN1, OUT

(a) 整数加法

ADD_DI

EN	ENO
IN1	OUT
IN2	

+D IN1, OUT

(b) 双字整数加法

ADD_R

EN	ENO
IN1	OUT
IN2	

+R IN1, OUT

(c) 实数加法

图 3-15　加法指令

句表中,IN1+OUT=OUT。

（2）减法指令

减法指令把两个输入端(IN1,IN2)指定的数相减,结果送到输出端(OUT)指定的存储单元中。

减法指令可分为整数减法、双字整数减法和实数减法,如图 3-16 所示。

图 3-16　减法指令

整数减法指令 SUB_I(Subtract Integer)将两个 16 位整数相减,结果为 16 位整数。

双字整数减法指令 SUB_DI(Subtract Double Integer)将两个 32 位整数相减,结果为 32 位整数。

实数减法指令 SUB_R(Subtract Real)将两个 32 位实数相减,并产生 32 位实数结果。

执行减法(IN1－IN2＝OUT)时,将操作数 IN1 与 OUT 共用一个地址单元,因而在语句表中,OUT－IN2＝OUT。

（3）乘法指令

乘法指令把两个输入端(IN1,IN2)指定的数相乘,结果送到输出端(OUT)指定的存储单元中。

乘法指令可分为整数乘法、双字整数乘法、实数乘法和整数完全乘法,如图 3-17 所示。

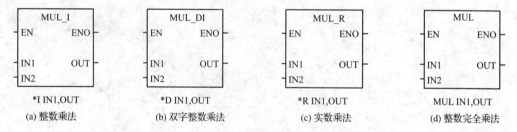

图 3-17　乘法指令

整数乘法指令 MUL_I(Multiply Integer)将两个 16 位整数相乘,产生一个 16 位整数乘积。

双字整数乘法指令 MUL_DI(Multiply Double Integer)将两个 32 位整数相乘,产生一个 32 位实数乘积。

实数乘法指令 MUL_R(Multiply Real)将两个 32 位实数相乘,产生一个 32 位实数积。

整数完全乘法指令 MUL 将两个 16 位整数相乘,产生一个 32 位结果。

执行乘法(IN1×IN2＝OUT)时,将操作数 IN2 与 OUT 共用一个地址单元,因而在语句表中,IN1×OUT＝OUT。

加法、减法、乘法指令影响的特殊标志存储器位:SM1.0(零)、SM1.1(溢出)、SM1.2(负数)。

（4）除法指令

除法指令把两个输入端(IN1,IN2)指定的数相除,结果送到输出端(OUT)指定的存储单元中。

除法指令可分为整数除法、双字整数除法、实数除法和整数完全除法,如图 3-18 所示。

整数除法指令 DIV_I(Divide Integer)将两个 16 位整数相除,产生一个 16 位的商,不保留余数。如果结果大于一个字,溢出标志位被置 1。

双字整数除法指令 DIV_DI(Divide Double Integer)将两个 32 位整数相除,产生一个 32 位的商,不保留余数。

实数除法指令 DIV_R(Divide Real)将两个 32 位实数相除,并产生一个 32 位实数商。

整数完全除法指令 DIV 将两个 16 位整数相除,产生一个 32 位结果,其中高 16 位为余数,低 16 位为商。

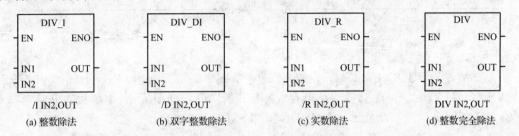

(a) 整数除法   (b) 双字整数除法   (c) 实数除法   (d) 整数完全除法

图 3-18　除法指令

执行除法(IN1/IN2＝OUT)时,将操作数 IN1 与 OUT 共用一个地址单元(整数完全除法指令的 IN1 与 OUT 的低 16 位用的是同一个地址单元),因而在语句表中,OUT/IN2＝OUT。

除法指令影响的特殊标志存储器位:SM1.0(零)、SM1.1(溢出)、SM1.2(负数)、SM1.3(除数为 0)。

四则运算举例如图 3-19 所示。

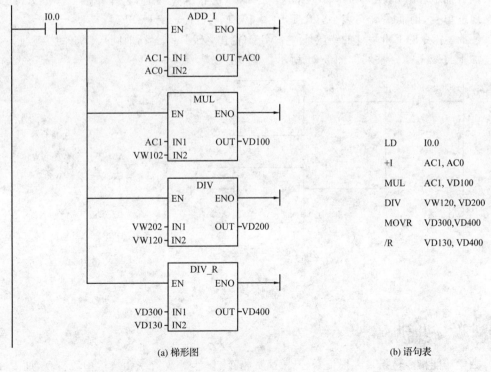

(a) 梯形图   (b) 语句表

图 3-19　四则运算举例

(5)加 1 与减 1 指令

加 1 与减 1 指令把输入端(IN)的数据加 1 或减 1,并把结果存放到输出端(OUT)指定的存储单元中,加 1 与减 1 指令按操作数的数据类型可分为字节、字、双字加 1 和减 1 指令,如图 3-20 所示。

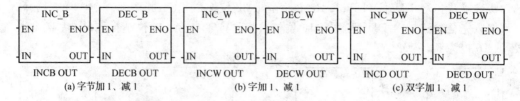

图 3-20　加 1、减 1 指令

字节加 1 指令 INC_B(Increment Byte)和字节减 1 指令 DEC_B(Decrement Byte)分别将输入字节(IN)加 1 和减 1,并将结果存入 OUT 指定的存储单元中,字节加 1 和字节减 1 指令是无符号的。这些功能影响 SM1.0(零)和 SM1.1(溢出)。

字加 1 指令 INC_W 和字减 1 指令 DEC_W 分别将输入字(IN)加 1 和减 1,并将结果存入 OUT 指定的存储单元中。字加 1 和字减 1 指令是有符号的(16#7FFF>16#8000)。

双字加 1 指令 INC_DW 和双字减 1 指令 DEC_DW 分别将输入双字(IN)加 1 和减 1,并将结果存入 OUT 指定的存储单元中。双字加 1 和双字减 1 指令是有符号的(16#7FFFFFFF>16#80000000)。

上述 4 条指令影响 SM1.0(零)、SM1.1(溢出)和 SM1.2(负数)。

执行加 1 和减 1(IN+1=OUT,IN-1=OUT)指令操作时,将操作数 IN 和 OUT 共用一个地址单元,因而在语句表中,OUT+1=OUT,OUT-1=OUT。

使上述指令的 ENO=0 的错误条件:SM1.1(溢出),SM4.3(运行时间),0006(间接地址)。

加 1 与减 1 指令举例如图 3-21 所示。

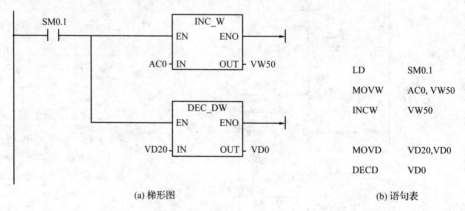

图 3-21　加 1 与减 1 指令举例

3. 数学功能指令应用

数学功能指令包括平方根指令、三角函数指令、自然对数指令和自然指数指令,如图 3-22 所示。数学功能指令的操作数均为实数(REAL)。

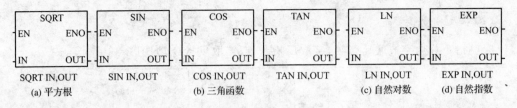

图 3-22　数学功能指令

(1)平方根指令

实数平方根指令 SQRT(Square Root)把输入端(IN)指定的 32 位实数开平方,得到 32 位实数结果存放到输出端(OUT)指定的存储单元中去。

使 ENO=0 的错误条件:SM1.1(溢出),SM4.3(运行时间),0006(间接地址)。

此指令影响 SM1.1(溢出)、SM1.2(负数)。SM1.1 用于表示溢出错误和非法数值。如果 SM1.1 被置 1,则 SM1.0 和 SM1.2 状态无效,原始输入操作数不变;如果 SM1.1 未被置 1,则说明数学操作已成功完成,结果有效,而且 SM1.0 和 SM1.2 状态有效。

(2)三角函数指令

正弦指令 SIN、余弦指令 COS、正切指令 TAN 对输入端(IN)指定的 2 位实数的弧度值取正弦、余弦、正切,结果存放到输出端(OUT)指定的存储单元中去。

使 ENO=0 的错误条件:SM1.1(溢出),0006(间接地址)。

此指令影响 SM1.0(零)、SM1.1(溢出)、SM1.2(负数)和 SM4.3(运行时间)。

(3)自然对数指令

自然对数指令 LN(Natural Logarithm)将输入端(IN)指定的 32 位实数值取自然对数,结果存放到输出端(OUT)指定的存储单元中去。求以 10 为底的对数时,需将自然对数值除以 2.302585(约等于 10 的自然对数值)。

使 ENO=0 的错误条件:SM1.1(溢出),0006(间接地址)。

此指令影响 SM1.0(零)、SM1.1(溢出)、SM1.2(负数)和 SM4.3(运行时间)。

(4)自然指数指令

自然指数指令 EXP(Natural Exponential)将输入端(IN)指定的 32 位实数取以 e 为底的指数,结果存放到输出端(OUT)指定的存储单元中去。该指令与自然对数指令配合,可实现以任意实数为底、任意实数为指数(包括分数指数)的运算。

求 5 的立方:$5^3=\text{EXP}(3\times\text{LN}(5))=125$。

求 5 的 3/2 次方:$5^{3/2}=\text{EXP}((3/2)\times\text{LN}(5))=11.18034\cdots$

使 ENO=0 的错误条件:SM1.1(溢出),0006(间接地址)。

此指令影响 SM1.0(零)、SM1.1(溢出)、SM1.2(负数)和 SM4.3(运行时间)。

4. 逻辑运算指令应用

逻辑运算指令的操作数均为无符号数。

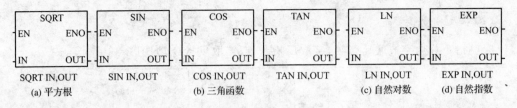

(1)取反指令

取反指令分为字节取反指令、字取反指令、双字取反指令,如图 3-23 所示。

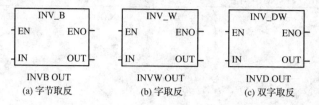

图 3-23　取反指令

字节取反指令 INV_B(Inver Byte)求输入字节 IN 的反码,并将结果装入输出字节 OUT。

字取反指令 INV_W 求输入字 IN 的反码,并将结果装入输出字 OUT。

双字取反指令 INV_DW 求输入双字 IN 的反码,并将结果装入输出双字 OUT。

(2)逻辑与运算指令

逻辑与运算指令,对两个输入端(IN1,IN2)的数据按位"与",结果存入 OUT 单元。

逻辑与运算指令按操作数的数据类型可分为字节与指令 WAND_B(And Byte)、字与指令 WAND_W、双字与指令 WAND_DW,如图 3-24 所示。

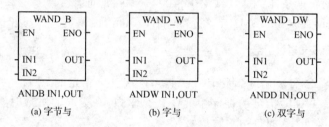

图 3-24　逻辑与运算指令

(3)逻辑或运算指令

逻辑或运算指令,对两个输入端(IN1,IN2)的数据按位"或",结果存入 OUT 单元。

逻辑或运算指令按操作数的数据类型可分为字节或指令 WOR_B(Or Byte)、字或指令 WOR_W、双字或指令 WOR_DW,如图 3-25 所示。

图 3-25　逻辑或运算指令

(4)逻辑异或运算指令

逻辑异或运算指令,对两个输入端(IN1,IN2)的数据按位"异或",结果存入 OUT 单元。

逻辑异或运算指令按操作数的数据类型可分为字节异或指令 WXOR_B(Exclusive Or Byte)、字异或指令 WXOR_W、双字异或指令 WXOR_DW,如图 3-26 所示。

图 3-26　逻辑异或运算指令

逻辑运算指令使 ENO＝0 的错误条件:SM4.3(运行时间),0006(间接地址)。这些指令影响 SM1.0(零)。逻辑运算指令举例如图 3-27 所示。

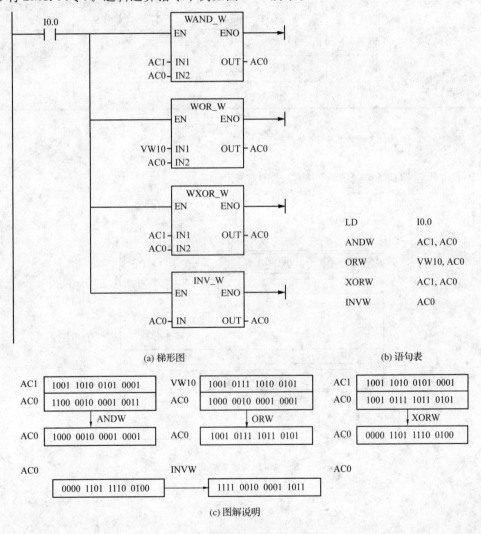

图 3-27　逻辑运算指令举例

任务实施

1. 根据控制要求确定 I/O 点数,进行 I/O 分配

电子密码锁控制系统 I/O 分配见表 3-7。

表 3-7 电子密码锁控制系统 I/O 分配

输 入			输 出		
符号	I/O 地址	功能	符号	I/O 地址	功能
SB1	I0.0	开锁键	KM	Q0.0	开锁
SB2	I0.1	输入键 1	HA	Q0.1	报警
SB3	I0.2	输入键 2			
SB4	I0.3	复位键			
SB5	I0.4	报警键			

2. 画出 PLC 外部接线

电子密码锁控制系统 PLC 外部接线图如图 3-28 所示。

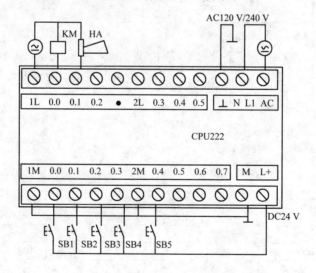

图 3-28　电子密码锁控制系统 PLC 外部接线

3. 程序设计

按照系统控制要求编写程序,如图 3-29 所示。

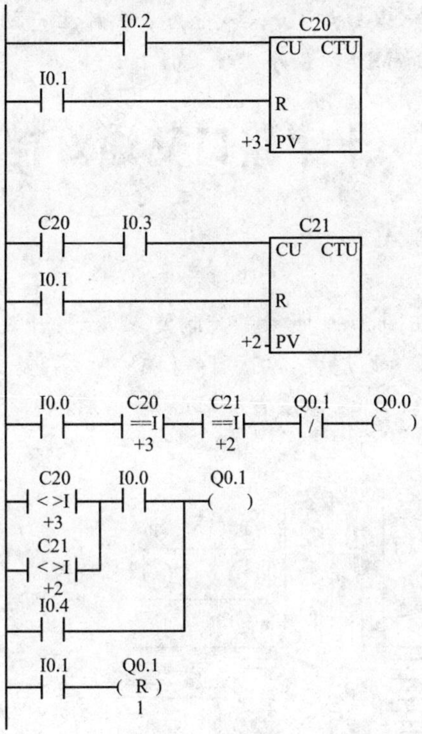

图 3-29 电子密码锁控制系统 PLC 控制程序

4. 安装配线

按照工艺要求正确安装、接线。

5. 运行调试

(1) 接线完成,检查正确,上电。

(2) 输入程序。双击 STEP7-Micro/WIN 软件图标,启动该软件,系统自动创建一个名称为"项目 X"的新工程,可以重命名。

(3) 建立 PLC 与上位机的通信联系,将程序下载到 PLC。

(4) 运行程序。

(5) 操作控制按键,观察运行结果。

(6) 分析程序运行结果,编写相关技术文件。

计划总结

计划总结内容同本项目任务 1。

巩固练习

一自动饮料生产线生产瓶装饮料,每 24 瓶饮料装 1 箱,达到 10 箱以黄灯通知搬运工装车,如未及时装车达到 15 箱,以红灯通知暂停生产,统计生产的总箱数和装车的箱数,并对饮料生产线进行控制。试编写 PLC 程序实现该控制。

任务3 十字路口交通灯控制实现

任务目标

十字路口交通灯布置如图 3-30 所示。控制要求如下:开关合上后,东西绿灯亮 25 s 后闪烁 3 s 熄灭,然后黄灯亮 2 s 后熄灭,紧接着红灯亮 30 s 再熄灭,再绿灯亮……以此循环。对应东西绿灯亮时,南北红灯亮 30 s,接着绿灯亮 25 s 后闪烁 3 s 熄灭,黄灯亮 2 s 后,红灯又亮……以此循环。

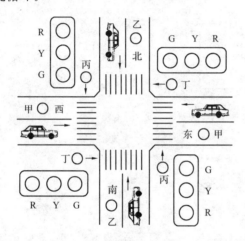

交通灯控制

图 3-30 十字路口交通灯布置

知识梳理

1. 计数器、定时器指令应用

详见项目二。

2. 高速计数器指令应用

普通计数器要受 CPU 扫描速度的影响,对高速脉冲信号的计数会发生脉冲丢失的现象。高速计数器脱离主机的扫描周期而独立计数,它可对脉宽小于主机扫描周期的高速脉冲准确计数。高速计数器常用于电动机转速检测等场合,使用时,可由编码器将电动机的转速转化成脉冲信号,再用高速计数器对转速脉冲信号进行计数。

(1)高速计数器指令

高速计数器指令包含定义高速计数器(HDEF)指令和高速计数器(HSC)指令

(图 3-31),高速计数器的时钟输入速率可达 10~30 kHz。

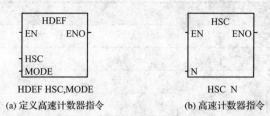

(a) 定义高速计数器指令   (b) 高速计数器指令

图 3-31 高速计数器指令

定义高速计数器(HDEF)指令,为指定的高速计数器(HSCx)选定一种工作模式(有 12 种不同的工作模式)。使用 HDEF 指令可建立起高速计数器(HSCx)和工作模式之间的联系。操作数 HSC 是高速计数器编号(0~5),MODE 是工作模式(0~11)。在使用高速计数器之前必须使用 HDEF 指令来选定一种工作模式。对每一个高速计数器只能使用一次 HDEF 指令。

高速计数器(HSC)指令,根据有关特殊标志存储器位来组态和控制高速计数器的工作。操作数 N 指定了高速计数器号(0~5)。

高速计数器装入预置值后,当前计数值小于预置值时计数器处于工作状态。当前计数值等于预置值或外部复位信号有效时,可使计数器产生中断;除模式(0~2)外,计数方向的改变也可产生中断。可利用这些中断事件完成预定的操作。每当中断事件出现时,采用中断的方法在中断程序中装入一个新的预置值,从而使高速计数器进入新一轮的工作。

由于中断事件产生的速率远低于高速计数器的计数速率,用高速计数器可以实现精确的高速控制,而不会延长 PLC 的扫描周期。

(2)高速计数器的工作模式

高速计数器有 12 种不同的工作模式(0~11),可分为四大类:

①内部方向控制的单向增/减计数器,它没有外部控制方向的输入信号,由内部控制计数方向,只能作单向增或减计数,有一个计数输入端。

②外部方向控制的单向增/减计数器,它由外部输入信号控制计数方向,只能作单向增或减计数,有一个计数输入端。

③有增和减计数脉冲输入的双向计数器,它有两个计数输入端,增计数输入端和减计数输入端。

④A/B 相正交计数器,它有两个计数脉冲输入端;A 相计数脉冲输入端和 B 相计数脉冲输入端。A、B 相计数脉冲的相位差互为 90°。当 A 相计数脉冲超前 B 相计数脉冲时,计数器进行增计数,反之,进行减计数。高速计数器的硬件定义和工作模式见表 3-8。

表 3-8   高速计数器的硬件定义和工作模式

模式	描 述	输入点			
	SHC0	I0.0	I0.1	I0.2	
	SHC1	I0.6	I0.7	I1.0	I1.1
	SHC2	I1.2	I1.3	I1.4	I1.5
	SHC3	I0.1			

模式	描 述	输入点			
	SHC4	I0.3	I0.4	I0.5	
	SHC5	I0.4			
0		计数脉冲			
1	带有内部方向控制的单向计数器	计数脉冲		复位	
2		计数脉冲		复位	启动
3		计数脉冲	方向		
4	带有外部方向控制的单向计数器	计数脉冲	方向	复位	
5		计数脉冲	方向	复位	启动
6		增计数脉冲	减计数脉冲		
7	带有增/减计数脉冲的双向计数器	增计数脉冲	减计数脉冲	复位	
8		增计数脉冲	减计数脉冲	复位	启动
9		计数脉冲 A	计数脉冲 B		
10	A/B 相正交计数器	计数脉冲 A	计数脉冲 B	复位	
11		计数脉冲 A	计数脉冲 B	复位	启动

(3)高速计数器与特殊标志存储器(SM)

特殊标志存储器(SM)是用户程序与系统程序之间的界面,它为用户提供一些特殊的控制功能和系统信息,用户的特殊要求也可通过它通知系统。高速计数器指令使用过程中,利用相关的特殊标志存储器位可对高速计数器实施状态监视、组态动态参数、设置预置值和当前值等操作。

①高速计数器的状态字节 每个高速计数器都有一个状态字节,其中某些位指出了当前计数方向,当前值是否等于预置值,当前值是否大于预置值。每个高速计数器的状态位的定义见表 3-9。

表 3-9 高速计数器的状态字节

状态位	功能描述
SM××6.0~SM××6.4	不用
SM××6.5	当前计数方向状态位:0=减计数;1=增计数
SM××6.6	当前值等于预置值状态位:0=不等;1=等于
SM××6.7	当前值大于预置值状态位:0=小于、等于;1=大于

只有执行高速计数器的中断程序时,状态位才有效。监视高速计数器的状态的目的是使外部事件可产生中断,以便完成重要的操作。

②高速计数器的控制字节 只有定义了计数器和计数器模式,才能对计数器的动态参数进行编程。每个高速计数器都有一个控制字节(表 3-10)。控制字节控制计数器的计数方式和其他一些设置,以及在用户程序中对计数器的运行进行控制。

表 3-10　　　　　　　　　　高速计数器的控制字节

HSC0	HSC1	HSC2	HSC3	HSC4	HSC5	功能描述
SM37.0	SM47.0	SM57.0		SM147.0		复位有效电平控制位： 0＝复位高电平有效；1＝复位低电平有效
—	SM47.1	SM57.1		—		启动电平有效控制位： 0＝高电平有效；1＝低电平有效
SM37.2	SM47.2	SM57.2		SM147.2		正交计数器计数速率选择： 0＝4x 计数率；1＝1x 计数率
SM37.3	SM47.3	SM57.3	SM137.3	SM147.3	SM157.3	计数方向控制位： 0＝减计数；1＝增计数
SM37.4	SM47.4	SM57.4	SM137.4	SM147.4	SM157.4	向 HSC 中写入计数方向： 0＝不更新；1＝更新计数方向
SM37.5	SM47.5	SM57.5	SM137.5	SM147.5	SM157.5	向 HSC 中写入预置值： 0＝不更新；1＝更新预置值
SM37.6	SM47.6	SM57.6	SM137.6	SM147.6	SM157.6	向 HSC 中写入新的初始值： 0＝不更新；1＝更新初始值
SM37.7	SM47.7	SM57.7	SM137.7	SM147.7	SM157.7	HSC 允许： 0＝禁止 HSC；1＝允许 HSC

③预置值和当前值的设置　每个计数器都有一个预置值和一个当前值。预置值和当前值都是有符号双字整数。

为了向高速计数器装入新的预置值和当前值，必须先设置控制字节，并把预置值和当前值存入特殊存储器（表 3-11）中，然后执行 HSC 指令，才能将新的值传送给高速计数器。用双字直接寻址可访问读出高速计数器的当前值，而写操作只能用 HSC 指令来实现。

表 3-11　　　　　　　　　　HSC 的当前值和预置值

要装入的值	HSC0	HSC1	HSC2	HSC3	HSC4	HSC5
新当前值	SMD38	SMD48	SMD58	SMD138	SMD148	SMD158
新预置值	SMD42	SMD52	SMD62	SMD142	SMD152	SMD162

高速计数器编程举例如图 3-32 所示，图中子程序（SBR_0）是 HSC1（模式 11）的初始化子程序。

3. 高速脉冲输出指令应用

(1)高速脉冲输出指令

高速脉冲输出指令，使 PLC 某些输出端产生高速脉冲，用来驱动负载实现精确控制。

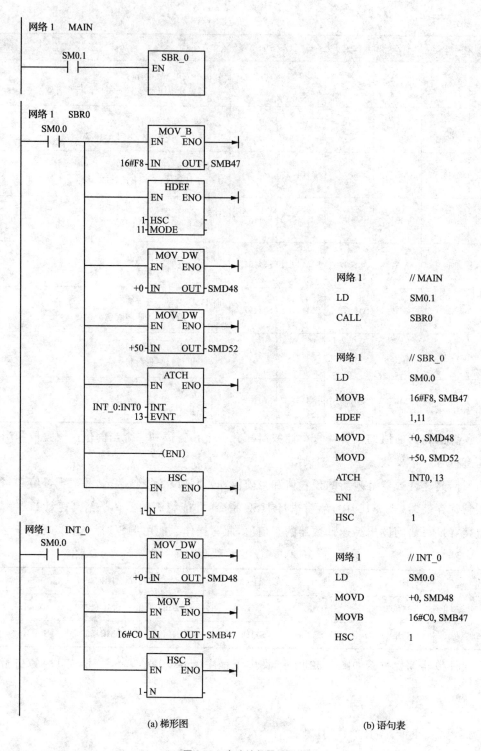

网络1　MAIN

```
LD      SM0.1
CALL    SBR0


// SBR_0
LD      SM0.0
MOVB    16#F8, SMB47
HDEF    1,11
MOVD    +0, SMD48
MOVD    +50, SMD52
ATCH    INT0, 13
ENI
HSC     1


// INT_0
LD      SM0.0
MOVD    +0, SMD48
MOVB    16#C0, SMB47
HSC     1
```

(a) 梯形图　　　　　　　　　　(b) 语句表

图 3-32　高速计数器编程举例

高速脉冲输出(PLS)指令如图 3-33 所示,检测为脉冲输出(Q0.0 或 Q0.1)设置的特殊存储器位,然后激活由特殊存储器定义的脉冲输出指令。指令操作数 Q 为 0 或 1。

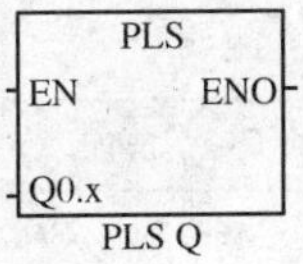

S7-200 CPU 有两个 PTO/PWM 发生器,分别产生高速脉冲串和脉冲宽度可调的波形。PTO/PWM 发生器的编号分配在数字输出点 Q0.0 和 Q0.1。

图 3-33 高速脉冲输出指令

PTO/PWM 发生器和输出映像寄存器共同使用 Q0.0 和 Q0.1。当 Q0.0 或 Q0.1 设置为 PTO 或 PWM 功能时,PTO/PWM 发生器控制输出,在输出点禁止使用数字量输出的通用功能。输出波形不受输出映像寄存器的状态、输出强制或立即输出指令的影响。当不使用 PTO/PWM 发生器功能时,输出点 Q0.0、Q0.1 使用通用功能,输出由输出映像寄存器控制。建议在允许 PTO 或 PWM 操作前把 Q0.0 和 Q0.1 的输出映像寄存器设定为 0。

脉冲串(PTO)功能提供方波(50%占空比)输出,用户控制脉冲周期和脉冲数。脉冲宽度调制(PWM)功能提供连续、占空比可调的脉冲输出,用户控制脉冲周期和脉冲宽度。

PTO/PWM 发生器有一个控制字节寄存器(8 bit)、一个无符号的周期值寄存器(16 bit),PWM 有一个无符号的脉宽值寄存器(16 bit),PTO 有一个无符号的脉冲计数值寄存器(32 bit)。这些值全部存储在指定的特殊标志存储器(SM)中,特殊标志存储器的各位设置完毕,即可执行高速脉冲输出(PLS)指令。PLS 指令使 CPU 读取特殊标志存储器中的位,并对相应的 PTO/PWM 发生器进行编程。修改特殊标志存储器(SM)区(包括控制字节),并执行 PLS 指令,可以改变 PTO 或 PWM 特性。当 PTO/PWM 控制字节的允许位(SM67.7 或 SM77.7)置为 0,则禁止 PTO 或 PWM 的功能。

所有控制字节、周期、脉冲宽度和脉冲数的默认值都是 0。

(2)PTO/PWM 控制寄存器

PLS 指令从 PTO/PWM 控制寄存器中读取数据,使程序按控制寄存器中的值控制 PTO/PWM 发生器。因此执行 PLS 指令前,必须设置好控制寄存器。控制寄存器各位的功能见表 3-12。SMB67 控制 PTO/PWM Q0.0,SMB77 控制 PTO/PWM Q0.1;SMW68/SMW78、SMW70/SMW80、SMD72/SMD82 分别存放周期值、脉冲宽度值、脉冲数值。在多段脉冲串操作中,执行 PLS 指令前应在 SMB166/SMB176 中填入管线的总段数、在 SMW168/SMW178 中装入包络表的起始偏移地址,并填好包络表的值。状态字节用于监视 PTO/PWM 发生器的工作。

表 3-12   PTO/PWM 控制寄存器

	Q0.0	Q0.1	描　述
状态字节	SM66.4	SM76.4	PTO 包络由于增量计算错误而终止:0＝无错误;1＝有错误
	SM66.5	SM76.5	PTO 包络由于用户命令而终止:0＝不终止;1＝终止
	SM66.6	SM76.6	PTO 管线溢出:0＝无溢出;1＝有溢出
	SM66.7	SM76.7	PTO 空闲:0＝执行中;1＝空闲
控制字节	SM67.0	SM77.0	PTO/PWM 更新周期:0＝不更新周期值;1＝更新周期值
	SM67.1	SM77.1	PWM 更新脉冲宽度值:0＝不更新脉冲宽度值;1＝更新脉冲宽度值
	SM67.2	SM77.2	PTO 更新脉冲数:0＝不更新脉冲数;1＝更新脉冲数
	SM67.3	SM77.3	PTO/PWM 时间基准选择:0＝1 μs;1＝1 ms
	SM67.4	SM77.4	PWM 更新方法:0＝异步更新;1＝同步更新
	SM67.5	SM77.5	PTO 操作:0＝单段操作;1＝多段操作
	SM67.6	SM77.6	PTO/PWM 模式选择:0＝选择 PTO;1＝选择 PWM
	SM67.7	SM77.7	PTO/PWM:0＝禁止 PTO/PWM;1＝允许 PTO/PWM
其他寄存器	SMW68	SMW78	PTO/PWM 周期值(范围:2～65535)
	SMW70	SMW80	PWM 脉冲宽度值(范围:2～65535)
	SMD72	SMD82	PTO 脉冲计数值(范围:1～4294967295)
	SMB166	SMB176	操作中的段数(仅用于多段 PTO 操作中)
	SMW168	SMW178	包络表的起始位置,用从 V0 开始的字节偏移量表示(仅用于多段 PTO 操作中)

(3)PWM 操作

PWM 功能提供占空比可调的脉冲输出。周期和脉宽的增量单位为微秒(μs)或毫秒(ms)。周期变化范围分别为 50～65535 μs 或 2～65535 ms。脉宽变化范围分别为 0～65535 μs 或 0～65535 ms。当脉宽大于等于周期时,占空比为 100％,即输出连续接通。当脉宽为 0 时,占空比为 0％,即输出断开。如果周期小于最小值,那么周期时间被默认为最小值。

有两个方法可改变 PWM 波形的特性:同步更新和异步更新。

同步更新:PWM 的典型操作是当周期时间保持常数时变化脉冲宽度。所以,不需要改变时间基准,就可以进行同步更新。同步更新时,波形特性的变化发生在周期边沿,可提供平滑过渡。

异步更新:如果需要改变 PWM 发生器的时间基准,就要使用异步更新。异步更新会造成 PWM 功能被瞬时禁止,和 PWM 输出波形不同步。这会引起被控设备的振动。因此,建议采用 PWM 同步更新,选择一个适合于所有周期时间的时间基准。

控制字节中的 PWM 更新方法位(SM67.4 或 SM77.4)用来指定更新类型。执行 PLS 指令激活这些改变。

(4)PTO 操作

PTO 功能提供指定脉冲数和周期的方波(50%占空比)脉冲串发生功能。周期以微秒或毫秒为单位。周期的范围是 $50\sim65535\ \mu s$ 或 $2\sim65535\ ms$。如果设定的周期是奇数,会引起占空比的一些失真。脉冲数的范围是 $1\sim4294967295$。

如果周期时间小于最小值,就把周期默认为最小值。如果指定脉冲数为 0,就把脉冲数默认为 1 个脉冲。

状态字节中的 PTO 空闲位(SM66.7 或 SM176.7)为 1 时,则指示脉冲串输出完成。可根据脉冲串输出的完成调用中断程序。

若要输出多个脉冲串,PTO 功能允许多个脉冲串排队,从而形成管线。当激活的脉冲串输出完成后,立即开始输出新的脉冲串。这保证了脉冲串顺序输出的连续性。

PTO 发生器有单段管线和多段管线两种模式。

①单段管线模式 在单段管线模式下,只能存放一个脉冲串的控制参数。一旦启动了 PTO 起始段,就必须立即为下一个脉冲串更新控制寄存器,并再次执行 PLS 指令。第二个脉冲串的属性在管线一直保持到第一个脉冲串发送完成。第一个脉冲串发送完成,紧接着就输出第二个脉冲串。重复上述过程可输出多个脉冲串。

②多段管线模式 在多段管线模式下,CPU 在变量(V)存储区建立一个包络表。包络表中存储各个脉冲串的控制参数。多段管线用 PLS 指令启动。执行指令时,CPU 自动从包络表中按顺序读出每个脉冲串的控制参数,并实施脉冲串输出。当执行 PLS 指令时,包络表内容不可改变。

在包络表中周期增量可以选择微秒或毫秒,但在同一个包络表中的所有周期值必须使用同一个时间基准。包络表由包络段数和各段参数构成,包络表的格式见表 3-13。

表 3-13　　　　　　　　　　　多段 PTO 操作的包络表格式

从包络表开始的字节偏移	包络段数	描　述
0		段数(1~255);数 0 产生一个非致命性错误,将不产生 PTO 输出
1		初始周期(2~65535 时间基准单位)
3	段 1	每个脉冲的周期增量(有符号数)(-32768~32767 时间基准单位)
5		脉冲数(1~429496295)
9		初始周期(2~65535 时间基准单位)
11	段 2	每个脉冲的周期增量(有符号数)(-32768~32767 时间基准单位)
13		脉冲数(1~4294967295)
...	...	...

包络表每段的长度是 8 个字节,由周期值(16 bit)、周期增量值(16 bit)和脉冲计数值(32 bit)组成。8 个字节的参数表征了脉冲串的特性,多段 PTO 操作的特点是按照每个脉冲的个数自动增减周期。周期增量区的值为正值,则增加周期;为负值,则减少周期;为 0 值,则周期不变。除周期增量为 0 外,每个输出脉冲的周期值都发生着变化。

如果在输出若干个脉冲后指定的周期增量值导致非法周期值,会产生溢出错误,SM66.6 或 SM76.6 被置为 1,同时停止 PTO 功能,PLC 的输出变为通用功能。另外,状态字节中的增量计算错误位(SM66.4 或 SM76.4)被置为 1。

如果要人为地终止一个正在进行中的 PTO 包络,只需要把状态字节中的用户终止位(SM66.5 或 SM76.5)置为 1。

(5)包络表参数的计算

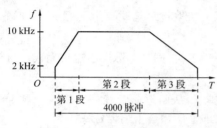

图 3-34　脉冲频率—时间关系

PTO 发生器的多段管线功能在实际应用中非常有用。例如步进电动机的控制,控制时电动机的转动受脉冲控制。

图 3-34 给出了步进电动机启动加速、恒速运行、减速停止过程中脉冲频率—时间关系。下面按图 3-34 的频率—时间关系生成包络表参数。

步进电动机的运动控制分成三段(启动、运行、减速)共需要 4 000 个脉冲。启动和结束时的频率是 2 kHz,最大脉冲频率是 10 kHz。由于包络表中的值是用周期表示的,而不是用频率,故需要把给定的频率值转换成周期值。启动和结束时的周期是 500 μs,最大频率对应的周期是 100 μs。

要求加速部分在 200 个脉冲内达到最大脉冲频率(10 kHz),减速部分在 400 个脉冲内完成。

PTO 发生器用来调整给定段脉冲周期的周期增量为

$$周期增量 = (ECT - ICT)/Q$$

式中　ECT——该段结束周期;

ICT——该段初始周期;

Q——该段脉冲数。

计算得出:加速部分(第 1 段)的周期增量是 −2。减速部分(第 3 段)的周期增量是 1。第 2 段是恒速控制,该段的周期增量是 0。

假定包络表存放在从 VB500 开始的 V 存储器区,相应的包络表参数见表 3-14。

表 3-14　　　　　　　　　　　　　　包络表值

V 存储器地址	参数值
VB500	3(总段数)
VW501	500(第 1 段初始周期)
VW503	−2(第 1 段周期增量)
VD505	200(第 1 段脉冲数)
VW509	100(第 2 段初始周期)
VW511	0(第 2 段周期增量)
VD513	3400(第 2 段脉冲数)
VW517	100(第 3 段初始周期)
VW519	1(第 3 段周期增量)
VD521	400(第 3 段脉冲数)

4. 时钟指令

读实时时钟(TODR)指令从实时时钟读取当前时间和日期,并装入以 T 为起始字节地址的 8 个字节缓冲区,依次存放年、月、日、时、分、秒、0 和星期。操作数 T 的数据类型为字节型。设定实时时钟(TODW)指令把含有时间和日期的 8 个字节缓冲区(起始字节地址是 T)的内容装入时钟。时钟指令如图 3-35 所示。

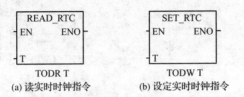

(a) 读实时时钟指令   (b) 设定实时时钟指令

图 3-35 时钟指令

年、月、日、时、分、秒、星期的数值范围分别是 00~99、01~12、01~31、00~23、00~59、00~59、01~07。必须用 BCD 码表示所有的日期和时间值。对于年份用最低两位数表示,例如 2000 年用 00 年表示。

S7-200 PLC 不执行检查和核实日期是否准确。无效日期(如 2 月 30 日)可以被接受,因此,必须确保输入数据的准确性。

不要同时在主程序和中断程序中使用 TODR/TODW 指令,否则会产生致命错误。

任务实施

1. 根据控制要求确定 I/O 点数,进行 I/O 分配

十字路口交通灯控制 I/O 分配见表 3-15。

表 3-15 十字路口交通灯控制 I/O 分配

外接元件符号	I/O 地址	注　释
SB1	I0.0	启动按钮
EL1、EL2	Q0.0	东西绿灯
EL3、EL4	Q0.1	东西黄灯
EL5、EL6	Q0.2	东西红灯
EL7、EL8	Q0.3	南北绿灯
EL9、EL10	Q0.4	南北黄灯
EL11、EL12	Q0.5	南北红灯

2. 画出 PLC 外部接线

根据控制电路、I/O 分配及接口电路要求,绘制 PLC 外部接线,如图 3-36 所示。项目实

施过程中,按照此接线图连接硬件。

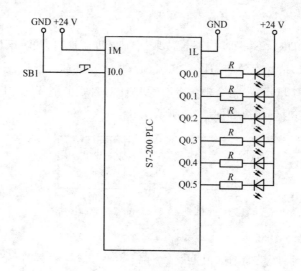

图 3-36 PLC 外部接线

3. 程序设计

根据任务目标分析,十字路口交通灯的动作时序如图 3-37 所示。

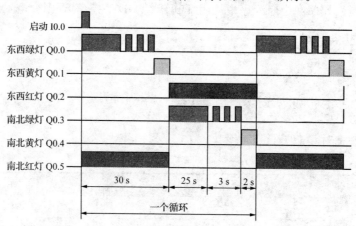

图 3-37 十字路口交通灯的动作时序

由图 3-37 可知,十字路口交通灯的工作状态可分为两部分:东西红灯亮 30 s;南北红灯亮 30 s。每一阶段又分为三小段:反向绿灯亮→闪烁→黄灯亮。如果在每个阶段中,用一个定时器控制启动总时间,分别完成三小段顺序启动,即先启动东西红灯的同时开启南北绿灯,当延时到 25 s 时,南北绿灯闪烁 3 s,之后南北绿灯灭,南北黄灯亮 2 s 后开始第二阶段(与第一阶段过程相同)。

十字路口交通灯控制梯形图程序如图 3-38 所示。

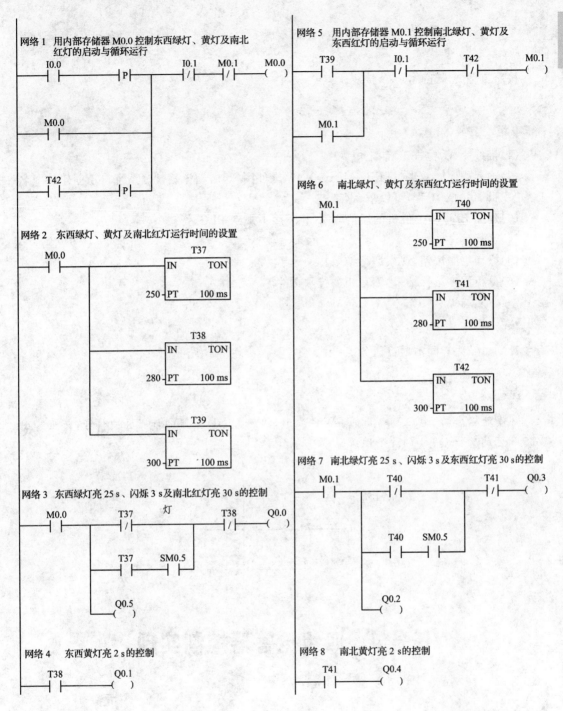

图 3-38 十字路口交通灯控制梯形图程序

4. 安装配线

按照工艺要求正确安装、接线。

5. 运行调试

（1）接线完成，检查正确，上电。

（2）输入程序。双击 STEP7-Micro/WIN 软件图标，启动该软件。系统自动创建一个名称为"项目 X"的新工程，可以重命名。

（3）建立 PLC 与上位机的通信联系，将程序下载到 PLC。

（4）运行程序。

（5）操作控制按钮，观察运行结果。

（6）分析程序运行结果，编写相关技术文件。

计划总结

计划总结内容同本项目任务 1。

巩固练习

用高速输出端子 Q0.0 输出的 PWM 波形，作为高速计数器的计数脉冲信号，产生如图 3-39 所示的输出 Q0.1 的波形图。

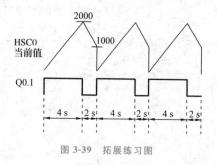

图 3-39　拓展练习图

任务4　四组抢答器控制实现

任务目标

用 PLC 实现一个四组抢答器控制系统，四组抢答器的台上各设置抢答按钮一个，分别用 SB1~SB4 描述。要求四组抢答器使用 SB1~SB4 按钮抢答，抢答完毕，显示器显示最先按下按钮的抢答器台号（数字 1~4），并使蜂鸣器发出响声（持续 2 s 后停止），同时锁住抢答器，使其他组抢答器按钮无效，直至本次答题完毕，主持人按下复位按钮 SB0 后才能进行下一轮抢答。

知识梳理

1. 转换指令

转换指令用于对操作数的类型、码制及数据和码制之间进行相互转换,方便在不同类型的数据间进行处理或运算。

(1)BCD 码与整数的转换

BCD_I 指令将输入的 BCD 码(IN)转换成整数,并将结果送入 OUT 指定的变量中。输入 IN 范围是 BCD 码 0~9999。

I_BCD 指令将输入的整数(IN)转换为 BCD 码,并将结果送入 OUT 指定的变量中。输入 IN 的范围是整数 0~9999。

这些指令影响 SM1.6(非法 BCD)。

BCD 码与整数的转换如图 3-40 所示。

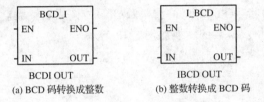

(a) BCD 码转换成整数 (b) 整数转换成 BCD 码

图 3-40 BCD 码与整数的转换

BCD 码与整数的转换举例如图 3-41 所示。

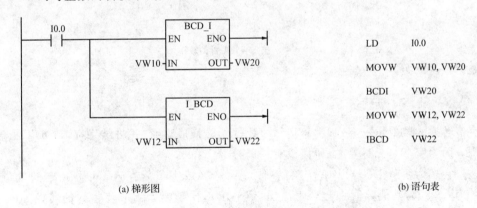

(a) 梯形图 (b) 语句表

图 3-41 BCD 码与整数的转换举例

若 VW10＝1234(应当作 BCD 码),则经过 BCD_I 转换后,VW20＝1234(即 16 ♯ 04D2);若 VW12＝1234;则经过 I_BCD 转换后,VW22＝16♯1234。

(2)双整数与实数的转换

DTR(DI_R)指令将 32 位带符号整数(IN)转换成 32 位实数,并将结果送入 OUT 指定的变量中。

ROUND 指令（四舍五入）将实数（IN）转换成双整数后送入 OUT 指定的变量中。如果小数部分大于等于 0.5，整数部分加 1。如果要转换的数值过大，输出无法表示，则置溢出标志位 SM1.1 为 1。

TRUNC 指令（取整）将实数（IN）转换成整数后送入 OUT 指定的变量中。只有实数的整数部分被转换，小数部分被舍去。双整数与实数的转换如图 3-42 所示。

(a) 双整数转换成实数　　　(b) 实数转换成双整数（四舍五入）　(c) 实数转换成双整数（取整）

图 3-42　双整数与实数的转换

(3) 整数与双整数的转换

双整数转换为整数指令 DTI(DI_I)将双整数（IN）转换成整数后送入 OUT 指定的变量中。如果要转换的数值过大，输出无法表示，则置溢出标志位 SM1.1 为 1，输出不受影响。

整数转换为双整数指令 ITD(I_DI)将整数（IN）转换成双整数后送入 OUT 指定的变量中，符号被扩展。整数与双整数的转换如图 3-43 所示。

这两条指令影响特殊标志存储器位 SM1.1（溢出）。

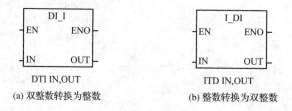

(a) 双整数转换为整数　　　　　(b) 整数转换为双整数

图 3-43　整数与双整数的转换

整数转换成实数和取整举例如图 3-44 所示。

(4) 字节与整数的转换

字节转换为整数指令 BTI(B_I)将字节数（IN）转换成整数，并将结果存入 OUT 指定的变量中。因为字节是无符号的，所以没有扩展符号。

整数转换为字节指令 ITB(I_B)将整数（IN）转换成字节后存入 OUT 指定的变量中。输入数为 0～255，其他数值将会产生溢出，但输出不受影响。字节与整数的转换如图 3-45 所示。

(5) 译码指令

译码指令 DECO(Decode)根据输入字节（IN）的低 4 位表示位号，将输出字（OUT）相应的位置 1，输出字的其他位均为 0。译码指令如图 3-46 所示。

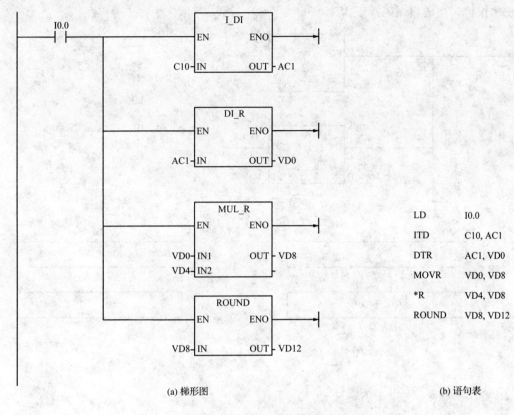

(a) 梯形图   (b) 语句表

图 3-44　整数转换成实数和取整举例

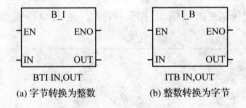

(a) 字节转换为整数   (b) 整数转换为字节

图 3-45　字节与整数的转换

(6)编码指令

编码指令 ENCO(Encode)将输入字(IN)中值为 1 的最低有效位的位号编码成 4 位二进制数,写入输出字节(OUT)的最低 4 位。编码指令如图 3-47 所示。

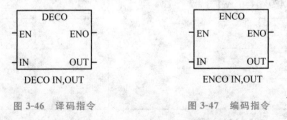

图 3-46　译码指令   图 3-47　编码指令

编码和译码指令程序举例如图 3-48 所示。

在 AC0 中存放错误码 3,译码指令使 VW20 的第 3 位置"1",AC1 存放错误位,编码指令把错误位转换成错误码存于 VB40。

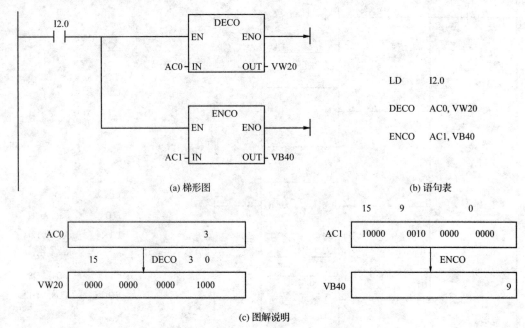

(a) 梯形图

```
LD      I2.0
DECO    AC0, VW20
ENCO    AC1, VB40
```

(b) 语句表

(c) 图解说明

图 3-48　编码和译码指令程序举例

(7)段码指令

段码指令 SEG(Segment)根据输入字节(IN)低 4 位确定的十六进制数(16♯0～F)产生点亮七段显示器各段的代码,并送到输出字节 OUT。七段编码见表 3-16。

表 3-16　七段编码

段显示	gfedcba		段显示	gfedcba
0	00111111		8	01111111
1	00000110		9	01100111
2	01011011		a	01110111
3	01001111		b	01111100
4	01100110		c	00111001
5	01101101		d	01011110
6	01111101		e	01111001
7	00000111		f	01110001

例如执行程序:SEG　VB20,QB0

若设 VB20=06,则执行上述指令后,在 Q0.0～Q0.7 上可以输出 01111101。

（8）ASCII 码与十六进制数的转换

ATH 将从 IN 开始、长度为 LEN 的 ASCII 字符串转换成从 OUT 开始的十六进制数。ASCII 字符串最大长度为 255 个字符，各变量的数据类型均为 Byte。

HTA 指令将从 IN 开始、长度为 LEN 的十六进制数转换成从 OUT 开始的 ASCII 字符串。最多可转换 255 个十六进制数，合法的 ASCII 字符的十六进制数值为 30～39 和 41～46，各变量的数据类型均为 Byte。ASCII 码与十六进制数的转换如图 3-49 和图 3-50 所示。

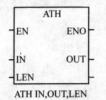

ATH IN,OUT,LEN

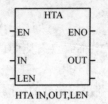

HTA IN,OUT,LEN

图 3-49　ASCII 码转换成十六进制数　　　图 3-50　十六进制数转换成 ASCII 码

ASCII 码与十六进制数的转换程序举例如图 3-51 所示。

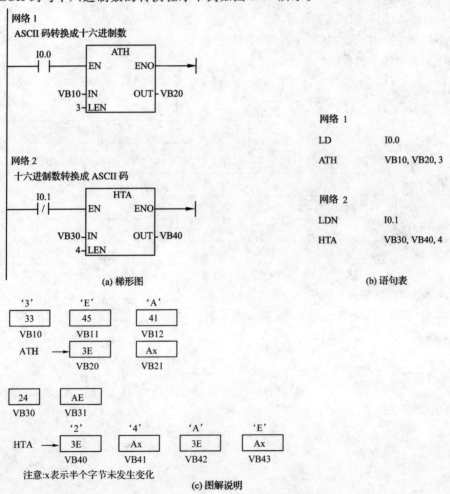

图 3-51　ASCII 码与十六进制数的转换程序举例

（9）整数转换为 ASCII 码

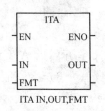

ITA IN,OUT,FMT

图 3-52　整数转换为 ASCII 码

ITA 指令（图 3-52）将输入端整数（IN）转换成 ASCII 字符串，参数 FMT（Format，格式）指定小数部分的位数和小数点的表示方法。转换结果放在从 OUT 开始的 8 个连续字节的输出缓冲区中，ASCII 字符串始终是 8 个字符，FMT 和 OUT 均为字节变量。

使 ENO＝0 的错误条件：0006（间接地址），SM4.3（运行时间），无输出（格式非法）。

输出缓冲区中小数点右侧的位数由 FMT 的 nnn 域指定，nnn＝0～5。如果 n＝0，则显示整数；如果 nnn＞5，用 ASCII 空格填充整个输出缓冲区。位 c 指定用逗号（c＝1）或小数点（c＝0）作整数和小数部分的分隔符，FMT 的高 4 位必须为 0。图 3-53 中的 FMT＝3，小数部分有 3 位，使用小数点号。

输出缓冲区按下面的规则进行格式化：

①正数写入输出缓冲区时不带符号。

②负数写入输出缓冲区带负号。

③小数点左边的无效零（与小数点相邻的位除外）被删除。

④输出缓冲区中的数字右对齐。

	7	6	5	4	3	2	1	0
FMT	0	0	0	0	c	n	n	n

（上方 MSB 对应位 7，LSB 对应位 0）

	OUT	OUT+1	OUT+2	OUT+3	OUT+4	OUT+5	OUT+6	OUT+7
IN＝12				0	.	0	1	2
IN＝--123				0	.	1	2	3
IN＝1234				1	.	2	3	4
IN＝-12345		—	1	2	.	3	4	5

图 3-53　ITA 指令的 FMT 操作数及输出缓冲区

例如执行程序：ITA　VW10,VB20,16♯0B

16♯0B 表示用逗号作小数点，保留 3 位小数。在本例给定的输入条件下，则经过 ITA 后，结果如图 3-54 所示。

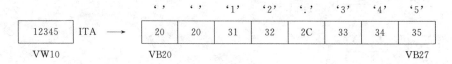

| 12345 | ITA → |

' '	' '	'1'	'2'	'.'	'3'	'4'	'5'
20	20	31	32	2C	33	34	35

VW10　　　　　　VB20　　　　　　　　　　　　　　　　VB27

图 3-54　ITA 指令的结果

（10）双整数转换为 ASCII 码

DTA 指令（图 3-55）将双字整数（IN）转换为 ASCII 字符串，转换结果放在 OUT 开始的 12 个连续字节中。

使 ENO＝0 的错误条件：0006（间接地址），SM4.3（运行时间），无输出（格式非法）。

输出缓冲区的大小始终为 12 字节，FMT 各位的意义和输出缓冲区格式化的规则同 ITA 指令，FMT 和 OUT 均为字节变量。

（11）实数转换为 ASCII 码

RTA 指令（图 3-56）将输入的实数（浮点数）（IN）转换成 ASCII 字符串，转换结果送入 OUT 开始的 3～15 个字节中。

使 ENO＝0 的错误条件：0006（间接地址），SM4.3（运行时间），无输出（格式非法）。

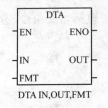

图 3-55 双整数转换为 ASCII 码

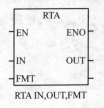

图 3-56 实数转换为 ASCII 码

格式操作数 FMT 的定义如图 3-57 所示，输出缓冲区的大小由 ssss 区的值指定，ssss＝3～5。输出缓冲区中小数部分的位数由 nnn 指定，nnn＝0～5。如果 n＝0，则显示整数。如果 nnn＞5 或输出缓冲区过小，无法容纳换数值时，用 ASCII 空格填充整个输出缓冲区。位 c 指定用逗号（c＝1）或小数点（c＝0）作整数和小数部分的分隔符，FMT 和 OUT 均为字节变量。

除了 ITA 指令的输出缓冲区格式化的 4 条规则外，还应遵守：

①小数部分的位数如果大于 nnn 指定的位数，用四舍五入的方式去掉多余的位。

②输出缓冲区应不小于 3 字节，不应大于小数部分的位数。

	MSB							LSB
	7	6	5	4	3	2	1	0
FMT	s	s	s	s	c	n	n	n

	OUT	OUT+1	OUT+2	OUT+3	OUT+4	OUT+5
IN=1234.5	1	2	3	4	.	5
IN=−0.0004				0	.	0
IN=3.67526				3	.	7
IN=1.95				2	.	0

图 3-57 RTA 指令的 FMT 操作数及输出缓冲区

例如执行程序：RTA VD10，VB20，16♯A3

16♯A3 表示 OUT 的大小为 10 字节，用点号作小数点，保留 3 位小数，在本例给定的输入条件下，则经过 RTA 后，结果如图 3-58 所示。

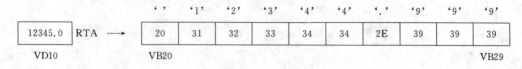

图 3-58　RTA 指令的结果

2.　表功能指令

表功能指令是指定存储器区域中的数据管理指令。该指令可建立一个不大于 100 个字的数据表，依次向数据区填入或取出数据，并可在数据区查找符合设置条件的数据，以对数据区内的数据进行统计、排序、比较等处理。表功能指令包括填表指令、查表指令、先进先出指令、后进先出指令及存储器填充指令。

(1)填表指令

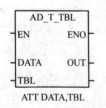

ATT DATA,TBL

图 3-59　填表指令

填表指令 ATT(Add To Table)向表(TBL)中增加一个字(DATA)。表内的第一个数是表的最大长度(TL)，第二个数是表内实际的项数(EC)，新数据被放入表内上一次填入的数的后面。每向表内填入一个新的数据，EC 自动加 1。除了 TL 和 EC 外，表最多可以装入 100 个数据。TBL 为 WORD 型，DATA 为 INT 型。填表指令如图 3-59 所示。

使 ENO＝0 的错误条件：SM4.3(运行时间)，0006(间接地址)，0091(操作数超出范围)，SM1.4(表溢出)。

该指令影响特殊标志存储器位 SM1.4(表溢出)，填入表的数据过多时，SM1.4 将被置 1。

填表指令应用举例如图 3-60 所示。

(2)查表指令

查表指令 FND(Table Find)从指针 INDX 所指的地址开始查表(TBL)，搜索与数据 PTN 的关系满足 CMD 定义的条件的数据。命令参数 CMD＝1～4 分别代表"＝"、"＜＞"、"＜"、"＞"。如果发现了一个符合条件的数据，则 INDX 指向该数据。要查找下一个符合条件的数据，再次启动查表指令之前应先将 INDX 加 1。如果没有找到，INDX 的数值等于 EC。一个表最多有 100 个填表数据，数据的编号为 0～99。

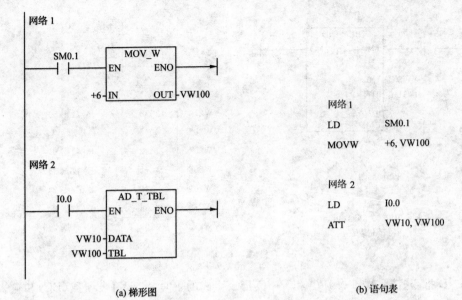

网络 1

网络 1
LD　　　SM0.1
MOVW　　+6, VW100

网络 2
LD　　　I0.0
ATT　　　VW10, VW100

(a) 梯形图　　　　　　　　　　　　(b) 语句表

执行 ATT 指令前　　　　　　执行 ATT 指令后

图 3-60　填表指令应用举例

TBL 和 INDX 为 WORD 型, PTN 为 INT 型, CMD 为字节型。查表指令如图 3-61 所示。

使 ENO=0 的错误条件: SM4.3(运行时间), 0006 (间接地址), 0091(操作数超出范围)。

查表指令应用举例如图 3-62 所示。

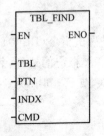

FND= TBL, PTN, INDX

图 3-61　查表指令

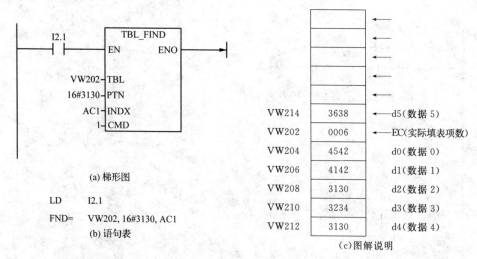

图 3-62　查表指令应用举例

用 FND 指令查找 ATT、LIFO 和 FIFO 指令生成的表时,实际填表项数(EC)和输入的数据相对应。查表指令并不需要 ATT、LIFO 和 FIFO 指令中的最大填表长度(TL)。因此,查表指令的 TBL 操作数应比 ATT、LIFO、FIFO 指令的 TBL 操作数高两个字节。图 3-62 中的 I2.1 接通时,从 EC 地址为 VW202 的表中查找等于(CMD=1)16♯3130 的数。为了从头开始查找,AC1 的初值为 0。查表指令执行后,AC1=2,找到了满足条件的数据 2。查表中剩余的数据之前,AC1(INDX)应加 1。第二次执行后,AC1=4,找到了满足条件的数据 4,将 AC1 再次加 1。第 3 次执行后,AC1 等于表中填入的项数 6(EC),表示表已查完,没有找到符合条件的数据。再次查表之前,应将 INDX 清 0。

(3)先进先出指令

先进先出指令(FIFO)(First In First Out)从表(TBL)中移走最先放进的第一个数据(数据 0),并将它送入 DATA 指定的地址,表中剩下的各项依次向上移动一个位置。每次执行此指令,表中的项数 EC 减 1。TBL 为 INT 型,DATA 为 WORD 型。先进先出指令如图 3-63 所示。

使 ENO=0 的错误条件:SM1.5(空表),SM4.3(运行时间),0006(间接地址),0091(操作数超出范围)。如果试图从空表中取走数据,特殊标志存储器位 SM1.5 将被置为 1。

(4)后进先出指令

后进先出指令(LIFO)(Last In First Out)从表(TBL)中移走最后放进的数据,并将它送入 DATA 指定的地址,表中剩下的各项依次向上移动一个位置。每次执行此指令,表中的项数 EC 减 1。TBL 为 INT 型,DATA 为 WORD 型。后进先出指令如图 3-64 所示。

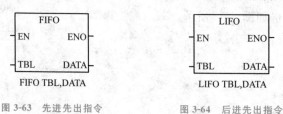

图 3-63　先进先出指令　　　　　　图 3-64　后进先出指令

该指令使 ENO＝0 的错误条件和受影响的特殊标志存储器位同 FIFO。

FIFO、LIFO 指令应用举例如图 3-65 所示。

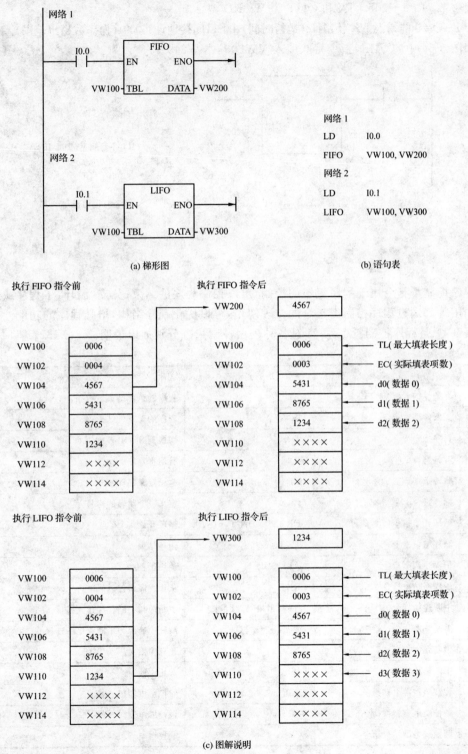

(a) 梯形图

网络 1
LD   I0.0
FIFO   VW100, VW200
网络 2
LD   I0.1
LIFO   VW100, VW300

(b) 语句表

(c) 图解说明

图 3-65 FIFO、LIFO 指令应用举例

（5）存储器填充指令

存储器填充指令 FILL(Memory Fill)用输入值(IN)填充从输出 OUT 开始的 N 个字，字节型整数 N=1~255。IN 和 OUT 为 WORD 型。

使 ENO=0 的错误条件：SM4.3(运行时间)，0006(间接地址)，0091(操作数超出范围)。

如图 3-66 中的 FILL 指令将 0 填入 VW200~VW219。

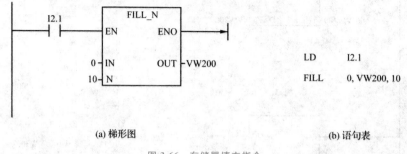

(a) 梯形图   (b) 语句表

图 3-66   存储器填充指令

3. 程序控制类指令

程序控制类指令用于程序流转的控制，可以控制程序的结束、分支、循环、子程序或中断程序调用等。通过程序控制类指令的合理使用，可以优化程序结构，增强程序的功能。

表 3-17 是程序控制指令，下面对各种程序控制指令分别加以说明。

表 3-17   程序控制指令

助记符	指令名称	指令表格式	功　能
END	有条件结束指令	END	程序的条件结束
MEND	无条件结束指令	MEND	程序的无条件结束
STOP	暂停指令	STOP	切换到 STOP 模式
WDR	看门狗指令	WDR	看门狗复位
JMP	跳转指令	JMP n	跳到定义的标号
LBL	标号指令	LBL n	定义一个跳转的标号
FOR	循环开始指令	FOR INDX,INIT,FINAL	循环开始
NEXT	循环结束指令	NEXT	循环结束
CALL	子程序调用指令	CALL SBR_N	调用子程序
CRET	子程序结束指令	CRET	从子程序条件返回
ATCH	中断连接指令	ATCH INT,EVENT	中断源与中断程序建立连接
DTCH	中断分离指令	DTCH EVENT	断开中断源与中断程序的连接
ENI	中断允许指令	ENI	允许中断
DISI	中断禁止指令	DISI	禁止中断
LSCR	装载顺控继电器指令	LSCR n	顺控继电器段开始
SCRT	顺控继电器转换指令	SCRT n	顺控继电器段转换
SCRE	顺控继电器结束指令	SCRE	顺控继电器段结束

(1)结束指令

条件结束(END)指令,执行条件成立时结束主程序,返回主程序起点。条件结束指令用在无条件结束(MEND)指令之前。用户程序必须以无条件结束指令结束主程序。条件结束指令不能在子程序或中断程序中使用。

END 指令应用如图 3-67 所示。当 I0.0 闭合时,主程序结束。

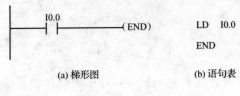

(a) 梯形图   (b) 语句表

图 3-67　END 指令应用

(2)暂停指令

暂停(STOP)指令,能够引起 CPU 工作方式发生变化,从运行方式(RUN)进入停止方式(STOP),立即终止程序的执行。如果 STOP 指令在中断程序中执行,那么该中断程序立即终止,并且忽略所有挂起的中断,继续扫描主程序的剩余部分。在本次扫描的最后,完成CPU 从 RUN 到 STOP 方式的转换。

STOP 指令应用如图 3-68 所示。当 I0.0 闭合时,STOP 指令运行,PLC 工作方式立即从运行方式转变为停止方式;当 I0.0 断开时,则程序正常运行。

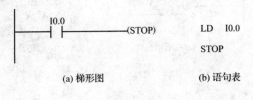

(a) 梯形图   (b) 语句表

图 3-68　STOP 指令应用

(3)看门狗指令

为了保证系统可靠运行,PLC 内部设置了系统监视定时器 WDT,用于监视扫描周期是否超时。每当扫描到 WDT 定时器时,WDT 定时器将复位。WDT 定时器有一设定值(100～300 ms),系统正常工作时,所需扫描时间小于 WDT 的设定值,WDT 定时器被及时复位。系统故障情况下,扫描时间大于 WDT 定时器设定值,该定时器不能及时复位,则报警并停止 CPU 运行,同时复位输入、输出。这种故障称为 WDT 故障,以防止因系统故障或程序进入死循环而引起的扫描周期过长。

系统正常工作时,有时会因为用户程序过长或使用中断指令、循环指令使扫描时间过长而超过 WDT 定时器的设定值,为防止这种情况下监视定时器动作,可使用监视定时器复位(WDR)指令,使 WDT 定时器复位。使用 WDR 指令时,在终止本次扫描之前,下列操作过程将被禁止:通信(自由端口方式除外);I/O 更新(立即 I/O 除外);强制更新;SM 位更新(SM0,SM5～SM29 不能被更新);运行时间诊断;在中断程序中的 STOP 指令等。

WDR 指令应用如图 3-69 所示。当 I0.0 闭合时,WDR 指令运行,复位系统监视定时器 WDT。

(a) 梯形图   (b) 语句表

图 3-69　WDR 指令应用

跳转(JMP)指令,可使程序流程转到同一程序中的具体标号(n)处,当这种跳转执行时,栈顶的值总是逻辑 1。标号(LBL)指令,标记跳转目的地的位置(n)。指令操作数 n 为常数(0~255)。跳转指令和相应的标号指令必须用在同一个程序段中,如图 3-70 所示。

跳转与标号指令应用如图 3-70 所示。当 I0.0 闭合时,网络 3 中的跳转指令使程序流程跳过网络 4~网络 9 跳转到标号 5 处继续运行。

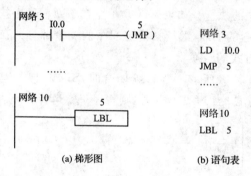

(a) 梯形图   (b) 语句表

图 3-70　跳转与标号指令应用

循环开始(FOR)指令标记循环的开始;循环结束(NEXT)指令标记循环的结束,并置栈顶值为"1"。FOR 与 NEXT 指令之间的程序部分为循环体。必须为 FOR 指令设定当前循环次数的计数器(INDX)、初值(INIT)和终值(FINAL)。每执行一次循环体,当前计数值增加 1,并将其值同终值作比较,如果大于终值,那么终止循环。例如,给定初值(INIT)为 1,终值(FINAL)为 50,那么随着当前计数值(INDX)从 1 增加到 50,FOR 与 NEXT 之间的指令被执行 50 次。

允许输入端有效时,执行循环体直到循环结束。在 FOR/NEXT 循环执行的过程中可以修改终值。当允许输入端重新有效时,指令自动将各参数复位(初值 INIT 和终值 FINAL,并将初值拷贝到计数器 INDX 中)。FOR 指令和 NEXT 指令必须成对使用。允许循环嵌套,嵌套深度可达 8 层。

循环指令的编程举例如图 3-71 所示。

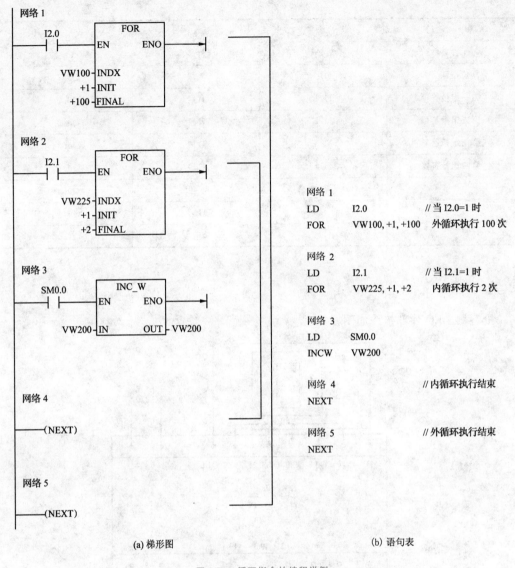

网络 1
LD   I2.0   // 当 I2.0=1 时
FOR   VW100, +1, +100   外循环执行 100 次

网络 2
LD   I2.1   // 当 I2.1=1 时
FOR   VW225, +1, +2   内循环执行 2 次

网络 3
LD   SM0.0
INCW   VW200

网络 4   // 内循环执行结束
NEXT

网络 5   // 外循环执行结束
NEXT

(a) 梯形图　　　　　　　　　　(b) 语句表

图 3-71　循环指令的编程举例

任务实施

1. 根据控制要求确定 I/O 点数，进行 I/O 分配

四组抢答器使用的 SB1～SB4 抢答按钮及复位按钮 SB0 作为 PLC 的输入信号，输出信号包括七段数码管和蜂鸣器。七段数码管的每一段应分配一个输出信号，因此总共需要 8 个输出点，本任务中七段数码管的驱动采用段码指令。为保证只有最先按下按钮的抢答器台号被显示，各抢答器之间应设置互锁。复位按钮 SB0 的作用有两个：一是复位抢答器，二是复位七段数码管，为下一次的抢答作准备。本系统 I/O 分配见表 3-18。

表 3-18 抢答器 I/O 分配

输入量		输出量	
元件名称	I/O 地址	元件名称	I/O 地址
复位按钮 SB0	I0.0	A 段	Q0.0
第一组抢答器	I0.1	B 段	Q0.1
第二组抢答器	I0.2	C 段	Q0.2
第三组抢答器	I0.3	D 段	Q0.3
第四组抢答器	I0.4	E 段	Q0.4
		F 段	Q0.5
		G 段	Q0.6
		蜂鸣器	Q1.0

2. 画出 PLC 外部接线

抢答器 PLC 外部接线如图 3-72 所示。

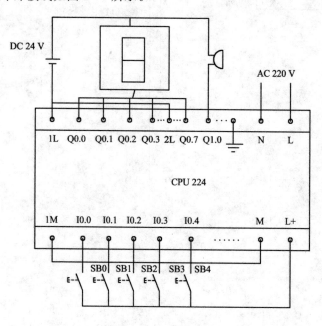

图 3-72 抢答器 PLC 外部接线

3. 程序设计

设计梯形图程序,如图 3-73 所示。

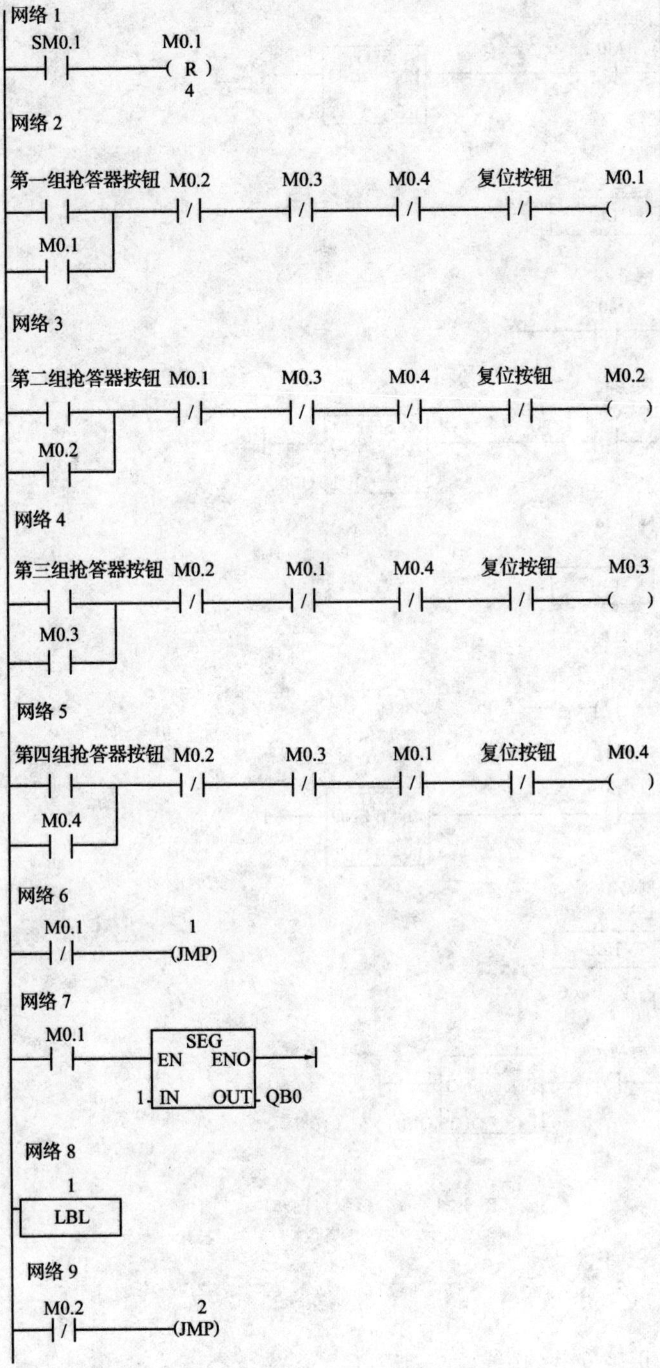

网络 1

```
  SM0.1       M0.1
  ─┤ ├────────( R )
                4
```

网络 2

```
第一组抢答器按钮  M0.2    M0.3    M0.4   复位按钮    M0.1
  ─┤ ├────┤/├─────┤/├─────┤/├─────┤/├──────( )
   M0.1
  ─┤ ├──┘
```

网络 3

```
第二组抢答器按钮  M0.1    M0.3    M0.4   复位按钮    M0.2
  ─┤ ├────┤/├─────┤/├─────┤/├─────┤/├──────( )
   M0.2
  ─┤ ├──┘
```

网络 4

```
第三组抢答器按钮  M0.2    M0.1    M0.4   复位按钮    M0.3
  ─┤ ├────┤/├─────┤/├─────┤/├─────┤/├──────( )
   M0.3
  ─┤ ├──┘
```

网络 5

```
第四组抢答器按钮  M0.2    M0.3    M0.1   复位按钮    M0.4
  ─┤ ├────┤/├─────┤/├─────┤/├─────┤/├──────( )
   M0.4
  ─┤ ├──┘
```

网络 6

```
   M0.1          1
  ─┤/├─────────(JMP)
```

网络 7

```
   M0.1      ┌──────────┐
  ─┤ ├───────┤   SEG    ├───
             │EN     ENO│
          1 ─┤IN    OUT ├─ QB0
             └──────────┘
```

网络 8

```
       1
   ┌───────┐
   │  LBL  │
   └───────┘
```

网络 9

```
   M0.2          2
  ─┤/├─────────(JMP)
```

图 3-73 抢答器梯形图程序

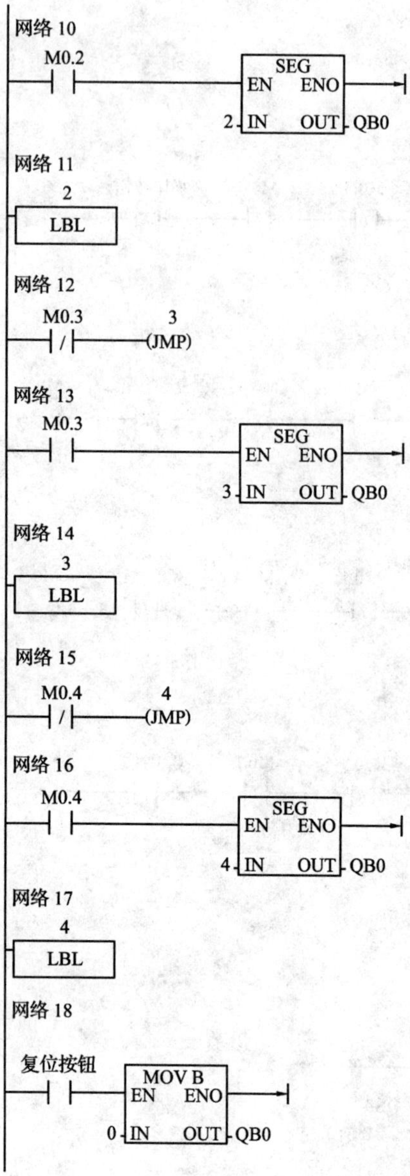

网络 10

M0.2

```
        SEG
    EN      ENO
2 - IN     OUT - QB0
```

网络 11

2

LBL

网络 12

M0.3   3
 / ————(JMP)

网络 13

M0.3

```
        SEG
    EN      ENO
3 - IN     OUT - QB0
```

网络 14

3

LBL

网络 15

M0.4   4
 / ————(JMP)

网络 16

M0.4

```
        SEG
    EN      ENO
4 - IN     OUT - QB0
```

网络 17

4

LBL

网络 18

复位按钮

```
        MOV B
    EN      ENO
0 - IN     OUT - QB0
```

图 3-73　抢答器梯形图程序(续图)

4. 安装配线

按照工艺要求正确安装、接线。

5. 运行调试

(1)接线完成,检查正确,上电。

(2)输入程序。双击 STEP 7-Micro/WIN 软件图标,启动该软件,系统自动创建一个名称为"项目 X"的新工程,可以重命名。

（3）建立 PLC 与上位机的通信联系,将程序下载到 PLC。

（4）运行程序。

（5）操作控制按钮,观察运行结果。

（6）分析程序运行结果,编写相关技术文件。

计划总结

计划总结内容同本项目任务 1。

巩固练习

某轧钢机控制系统如图 3-74 所示。控制要求如下:当启动按钮 SB 按下,电动机 M1、M2 运行,传送钢板。检测传送带上有无钢板的传感器 S1 有信号(即开关为 ON),表示有钢板,电动机 M3 正转(MZ 灯亮);S1 的信号消失(为 OFF),检测传送带上钢板到位后的传感器 S2 有信号(为 ON),表示钢板到位,电磁阀动作(YU1 灯亮),电动机 M3 反转(MF 灯亮)。Q0.1 给一向下压下量,S2 信号消失,S1 有信号,电动机 M3 正转……重复上述过程。Q0.1 第一次接通,发光管 A 亮,表示有一向下压下量,第二次接通时,发光管 A、B 亮,表示有两个向下压下量,第三次接通时,发光管 A、B、C 亮,表示有三个向下压下量,若此时 S2 有信号,则停机,须重新启动。

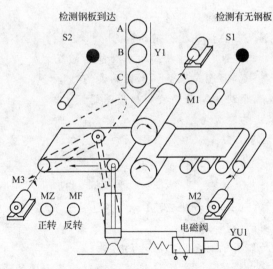

图 3-74 某轧钢机控制系统

4

项目 4
机械手控制实现

4

项目描述

在工业自动化的生产过程中用机械手可以提高生产率,使人们从重复繁重的机械劳动中解放出来,并能提高产品的质量和产量。本项目主要介绍与机械手控制相关的气动技术、顺序控制程序的设计方法以及机械手的控制实现。

项目目标

■ 能力目标

- 利用气动技术解决实际问题的能力;
- 顺序控制继电器(SCR)指令及应用的能力;
- 根据顺序控制的工艺过程编制顺序控制功能图的能力;
- 使用启保停电路法编写顺序控制梯形图的能力;
- 使用置位、复位指令法编写顺序控制梯形图的能力;
- 使用 SCR 指令法编写顺序控制梯形图的能力;
- 使用机械手的控制方法解决实际工程的应用能力。

■ 知识目标

- 气动技术相关的基本知识;
- 顺序控制继电器(SCR)指令及应用;
- 顺序控制功能图的绘制方法;
- 利用顺序控制功能图编写梯形图程序的方法;
- 根据控制要求完成机械手控制系统流程图绘制和梯形图的设计。

■ 素质目标

- 培养学生的职业兴趣;
- 培养学生吃苦耐劳的精神;
- 提高学生的沟通能力与团队协作精神;
- 提高学生的创新能力。

任务 1　设计气动原理图

任务目标

设计气动原理图,具体要求为:某料仓系统,两个气缸 A、B 被用来从料仓到滑槽传送工件。按下按钮,气缸 A 伸出,将工件从料仓推到气缸 B 前面的位置上,等待气缸 B 将其推入输送滑槽。工件被传递到位后,气缸 A 回缩,然后气缸 B 回缩。在这个系统中,A、B 两个气缸共有四个节拍的循环时间:第一节拍,气缸 A 伸出,此时气缸 B 处于后停的位置;第二节拍,气缸 B 伸出,此时气缸 A 处于前停的位置;第三节拍,气缸 A 缩回,此时气缸 B 处于前停的位置;第四节拍,气缸 B 缩回,此时气缸 A 处于后停的位置。

知识梳理

气动技术是以压缩空气为动力源,驱动执行元件完成一定运动规律的应用技术。从 20 世纪 50 年代起,气动技术不仅用于做功,而且发展到检测和数据处理,从而控制生产加工过程。传感器、过程控制器和执行器的发展导致了气动控制系统的产生。

随着新材料的不断开发研制、加工手段与加工工艺的不断改进与提高,气动元件的制造技术也有了长足的发展,气动元件的品种越来越多,功能不断增强,体积越来越小,而且正朝着模块化、集成化乃至智能化的方向发展。

气动技术在工业生产中应用十分广泛,它可以应用于包装、进给、计量、材料的输送、工件的转动与翻转、工件的分类等场合,还可应用于车、铣、钻、锯等机械加工的过程。

1. 识别常用气动元件

(1)气源系统

气源系统是给气动系统(气压传动系统的简称)提供符合一定要求的压缩空气的动力源。气源系统包括压缩空气发生装置、压缩空气净化装置以及传输管道等。

①压缩空气　气动装置的工作介质是压缩空气,压缩空气的质量直接关系到气动装置能否正常工作。

自然界中的空气主要成分有:氧气、氮气、水蒸气、悬浮颗粒物及其他微量气体成分。其中水分及悬浮颗粒物对气动装置的正常工作会有影响,因此供给气动装置的压缩空气必须是不含有水分及悬浮颗粒物杂质的干净的压缩空气。

● 干压缩空气　在空气压缩过程中,在中间冷却器中可以将空气中大部分的水蒸气除去,在贮气罐中压缩空气还可以被进一步冷却,因此从空气压缩站输出的压缩空气是很干燥的,称为干压缩空气。但用这种方式产生的干压缩空气并不能满足气动元件对气源质量的要求,通常还要在气动系统前安装气源三联件或过滤器。

●无油压缩空气　在某些工业场合(如食品加工、医药制造业等)应用气动技术时,为了防止对产品造成污染,对压缩空气还要有特殊的要求——不含油气,即无油压缩空气。在实际中可以通过选择无润滑油的压缩机、选择冷冻干燥法或安装除油过滤器的方法来获得无油压缩空气。

另外,由压缩机排出的油气是不能用于气动功率部件润滑的,因为压缩机内的发热较为严重,会使得油被碳化并以油蒸气的形式排出,结果反而导致了气缸和阀的磨损,明显缩短了设备的使用寿命。

因此,在实际中,由压缩机产生的压缩空气应该经除油过滤器除油之后,再向气动系统供气,若系统中的某些部件需要润滑,则应该在靠近该部件的气路前加装油雾器来达到目的。

②压力　在国际单位制中,压力的单位是帕斯卡(简称帕,Pa)。在气动技术中,过去常用的单位是大气压(atm)或千克力每平方厘米(kgf/cm^2),现已废弃。在实际应用中,由于帕的单位太小,计量不方便,通常采用兆帕(MPa)或巴(bar)作为压力的计量单位。各个压力单位之间的关系如下

$$1\ Pa = 1\ N/m^2, 1\ MPa = 1 \times 10^6\ Pa, 1\ bar = 1 \times 10^5\ Pa = 0.1\ MPa$$

在工程领域中,尤其是在气动技术的应用范围内,压力总是以相对于大气压压力差——表压力来表示的。若表压力为 0,则绝对压力即大气压。

以大气压力为参考零点,大于大气压力的压力为正压力,小于大气压力的压力则为负压力。负压力也称为真空。

③气源装置　向气动系统提供压缩空气的装置称为气源装置。

●空气压缩机　空气压缩机是将机械能转换成压力能的装置,是产生压缩空气的机器,即压缩空气发生装置。压缩机的种类很多,按照工作原理可分为容积式和动力式两大类。在气压传动中,一般采用容积式空气压缩机,如图 4-1 所示为容积式空气压缩机外形。

(a)　　　　　　　　　(b)

图 4-1　容积式空气压缩机的外形

空气压缩机按输出压力分为低压($0.2\ MPa < p \leqslant 1\ MPa$)、中压($1\ MPa < p \leqslant 10\ MPa$)、高压($10\ MPa < p \leqslant 100\ MPa$)、超高压($p > 100\ MPa$)空气压缩机。

按输出流量分为微型($q < 1\ m^3/min$)、小型($1\ m^3/min \leqslant q < 10\ m^3/min$)、中型($10\ m^3/min \leqslant q < 100\ m^3/min$)、大型($q \geqslant 100\ m^3/min$)空气压缩机。

按润滑方式分为有油润滑(采用润滑油润滑,结构中有专门的供油系统)和无油润滑(不采用润滑油润滑,零件采用自润滑材料制成,例如采用无油润滑的活塞式空气压缩机中的活塞组件)空气压缩机。

选用空气压缩机的依据是气动系统所需的工作压力和流量。目前,气动系统常用的工作压力为 0.5~0.8 MPa,可直接选用额定压力为 0.7~1 MPa 的低压空气压缩机,特殊需

要也可选用中、高压或超高压的空气压缩机。

在确定空气压缩机的排气量时,应该满足各气动设备所需的最大耗气量(应转变为自由空气耗气量)之和。

● 气源净化装置   一般使用的空压机(空气压缩机的简称)都采用油润滑,在空压机中空气被压缩,温度可升高到 $140\sim170\ ℃$,这时部分润滑油变成气态,加上吸入空气中的水和灰尘,形成了水汽、油气、灰尘等混合杂质。如果将含有这些杂质的压缩空气供给气动设备使用,将会产生极坏的影响。因此,在气动系统中设置除水、除油、除尘和干燥等气源净化装置(即压缩空气净化装置)十分必要,下面介绍几种常用的气源净化装置。

后冷却器   后冷却器一般安装在空压机的出口管路上,其作用是把空压机排出的压缩空气的温度由 $140\sim170\ ℃$ 降至 $40\sim50\ ℃$,使得其中大部分的水、油转化成液态,以便于排出。后冷却器一般采用水冷却法。

油水分离器   油水分离器的作用是将经后冷却器降温析出的水滴、油滴等杂质从压缩空气中分离出来。

贮气罐   贮气罐的作用是消除压力波动,保证供气的连续性、稳定性;储存一定数量的压缩空气以备应急时使用;进一步分离压缩空气中的油分、水分。

干燥器   经过以上净化处理的压缩空气已基本能满足一般气动系统的需求,但对于精密的气动装置和气动仪表用气,还需经过进一步的净化处理才能使用。干燥器的作用是进一步除去压缩空气中的水、油和灰尘。

● 辅助元件

油雾器   气动系统中的各种气阀、气缸、气马达等,其可动部分都需要润滑,但以压缩空气为动力的气动元件都是密封气室,不能用一般方法注油,只能以某种方法将油混入空气流中,带到需要润滑的地方。油雾器就是这样一种特殊的注油装置,它使润滑油雾化后注入空气流中,随着空气流动进入需要润滑的部件。用这种方法加油,具有润滑均匀、稳定,耗油量少和不需要大的贮油设备等特点。油雾器一般应安装在分水滤气器、减压阀之后,尽量靠近换向阀,应避免把油雾器安装在换向阀与气缸之间,以免造成浪费。

消声器   气动回路与液压回路不同,它没有回气管道,压缩空气使用后直接排入大气,因排气速度较高,会产生强烈的排气噪声。为降低噪声,一般在换向阀的排气口安装消声器。

(2)气动元件

气动元件是指利用压缩空气工作的元件,按照功能的不同,可以分为气动执行元件、气动控制元件、气动检测元件等。本项目只介绍前两种元件。

①气动执行元件   气动执行元件在气动系统中是将压缩空气的压力能转变成机械能的元件,包括气缸和气马达。气缸用于实现直线往复运动或摆动,气马达用于实现连续的回转运动。

气缸的分类方法很多,一般按气缸的结构特征、功能、驱动方式或安装方法等进行分类。例如,按活塞端面受压状态可分为单作用气缸和双作用气缸;按结构特征可分为活塞式气缸、柱塞式气缸、薄膜式气缸、叶片式摆动气缸、齿轮齿条式摆动气缸等;按功能可分为普通气缸和特殊气缸。普通气缸是指一般活塞式气缸,用于无特殊要求的场合;特殊气缸用于有特殊要求的场合,如气-液阻尼气缸、薄膜式气缸、冲击气缸、伸缩气缸等。

标准气缸是指符合 ISO 6430、ISO 6431、ISO 6432、ISO 21287、NFPA、VDMA 24562 等标准的气缸,如图 4-2 所示。

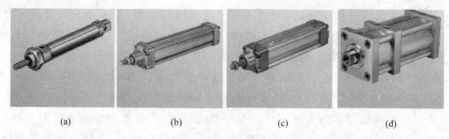

| (a) | (b) | (c) | (d) |

图 4-2　标准气缸

短行程气缸结构紧凑,气缸杆的运动行程短,如图 4-3 所示。

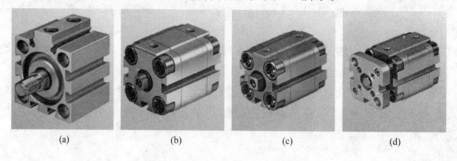

| (a) | (b) | (c) | (d) |

图 4-3　短行程气缸

阻挡气缸是专门为阻挡工件的传输而设计的气缸,一般为单作用,如图 4-4 所示。

双活塞杆气缸通过连接板将并列的两个活塞连接起来,在传送和定位工件时可以抗扭转,如图 4-5 所示。

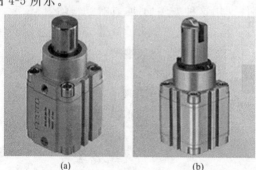

| (a) | (b) |

图 4-4　阻挡气缸

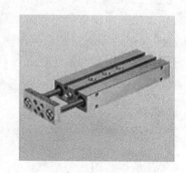

图 4-5　双活塞杆气缸

无杆气缸就是没有活塞杆的气缸,它是通过活塞直接或间接地带动外滑块做往复运动,如图 4-6 所示。这种气缸的最大特点是行程长,可以大量地节省安装空间。活塞与外滑块之间的耦合方式一般有磁性耦合和机械耦合。

摆动气缸是指能在一定的角度范围内做往复摆动的气缸,有叶片式、齿轮齿条式等结构形式,如图 4-7 所示。

导向气缸一般为标准气缸与导向装置的集合体,具有导向精度高、抗扭转、工作平稳等特点,如图 4-8 所示。

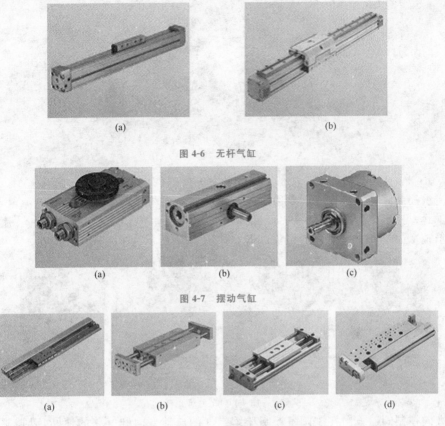

图 4-6　无杆气缸

图 4-7　摆动气缸

图 4-8　导向气缸

　　手指气缸又叫作气动抓手(气爪)，是一种能够实现各种抓取功能的气缸，如图 4-9 所示。

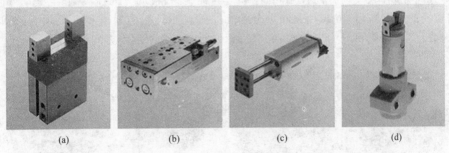

图 4-9　手指气缸

　　气缸的种类很多，除以上介绍的气缸类型外，还有气囊式气缸、多位气缸等。

　　②气动控制元件　气动控制元件是指在气动系统中，控制和调节压缩空气的压力、流量和方向等的各类控制阀，按功能可分为压力控制阀、流量控制阀、方向控制阀以及能实现一定逻辑功能的气动元件。

　　● 压力控制阀　在气动系统中，控制压缩空气的压力以控制执行元件的输出推力或转矩和依靠空气压力来控制执行元件动作顺序的阀统称为压力控制阀，它包含减压阀、顺序阀和安全阀。压力控制阀是利用压缩空气作用在阀芯上的力和弹簧力相平衡的原理来进行工作的。如图 4-10 所示为减压阀。

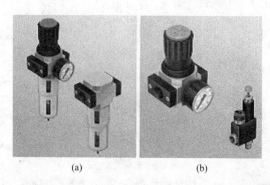

图 4-10　减压阀

● 流量控制阀　流量控制阀是通过改变阀的通流面积来调节压缩空气的流量,从而控制气缸的运动速度、换向阀的切换时间和气动信号的传递速度的气动控制元件。流量控制阀包括节流阀、单向节流阀、排气节流阀等。如图 4-11 所示为节流阀。

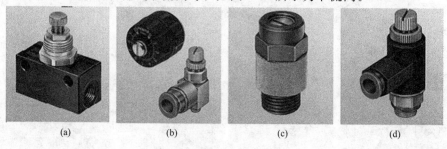

图 4-11　节流阀

● 方向控制阀　方向控制阀是控制压缩空气的流动方向和气路的通断,以控制执行元件的动作的一类气动控制元件,它是气动系统中应用最多的一种控制元件。按气流在阀内的流动方向,方向控制阀可分为单向型控制阀和换向型控制阀;按控制方式,方向控制阀可分为手动方向控制阀、气动方向控制阀、电动方向控制阀、机动方向控制阀、电气动方向控制阀等;按切换的通路数目,方向控制阀可分为二通阀、三通阀、四通阀和五通阀等;按阀芯工作位置的数目,方向阀可分为二位阀和三位阀。如图 4-12 所示为方向控制阀。

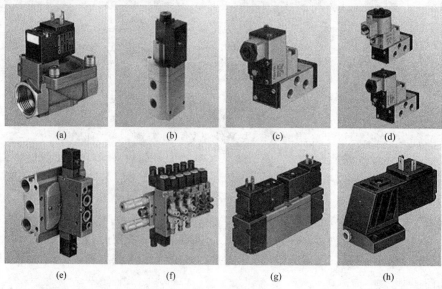

图 4-12　方向控制阀

● 真空发生器　真空发生器是一种粗真空发生装置。它的工作原理是射流原理,在压缩空气经过狭窄的喷嘴时,形成高速的空气流体,该高速流体会在喷嘴外口附近形成一个负压(真空)区,与负压区相通的气口处的压力即真空压力。如图 4-13 所示为真空发生器外形。

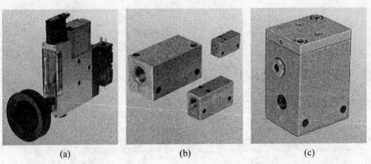

(a)　　　　　　　(b)　　　　　　　(c)

图 4-13　真空发生器外形

● 阀岛　"阀岛"译自于德语"Ventilinsel",英语译为"Valve Terminal"。阀岛技术是由德国 FESTO 公司最先发明和应用的。阀岛是将多个阀及相应的气控信号接口、电控信号接口甚至电子逻辑器件等集成在一起的一种集合体,通常是一个电子气动单元。阀岛外形如图 4-14 所示。

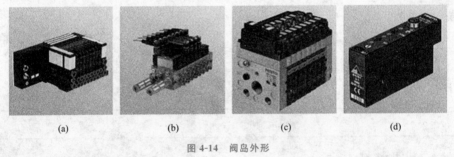

(a)　　　　　(b)　　　　　(c)　　　　　(d)

图 4-14　阀岛外形

2. 典型气路分析

任何复杂的气动系统都是由一些简单的气动基本回路构成的。掌握气动基本回路的组建、工作原理、回路功能,对于分析和设计气动系统十分必要。

能传输压缩空气并使各种气动元件按照一定的规律动作的通道叫作气动回路。在气动回路中,各种气动元件用图形和文字符号表示,见表 4-1～表 4-5。

表 4-1　　　　　　　　　　　　常用气路连接及接头图形符号

名　称	符　号	名　称	符　号
工作管路	b	直接排气口	
控制管路	$b/3$	带连接排气口	

名　称	符　号	名　称	符　号
连接管路		带单向阀快换接头	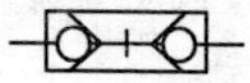
交叉管路	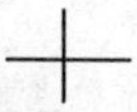	不带单向阀快换接头	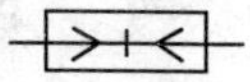
柔性管路		单通路旋转接头	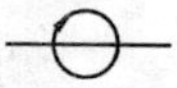

表 4-2　　　　　　　　　　　　　常用控制方式图形符号

名　称	符　号	名　称	符　号
按钮式人力控制	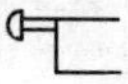	滚轮式机械控制	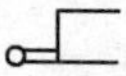
手柄式人力控制	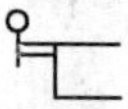	气压先导控制	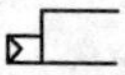
踏板式人力控制	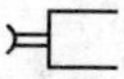	电磁控制	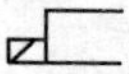
单向滚轮式机械控制	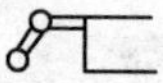	弹簧控制	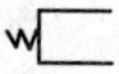
顶杆式机械控制	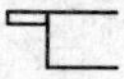	加压或泄压控制	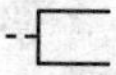
内部压力控制		外部压力控制	

表 4-3　　　　　　　　　　　　　常用辅助元件图形符号

名　称	符　号	名　称	符　号
气压源	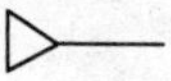	压力表	
过滤器	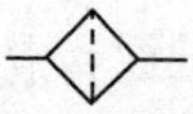	空气过滤器	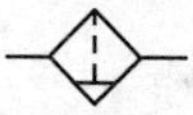
分水排水器	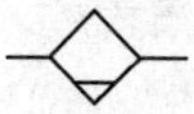	空气干燥器	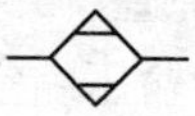
蓄能器		气罐	
冷却器	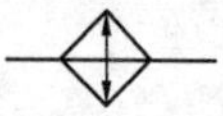	加热器	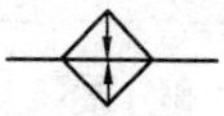
油雾器	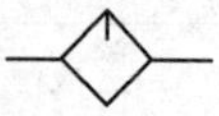	消声器	

项目 4 机械手控制实现

表 4-4　　　　　　　　　部分气泵、气缸、气马达图形符号

名　称	符　号	名　称	符　号
单向定量泵		摆动马达（气缸）	
单向定量马达		单作用外力复位气缸	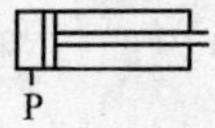 P
单向变量马达		单作用弹簧复位气缸	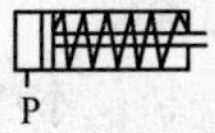 P
双向定量马达		双作用单活塞杆气缸	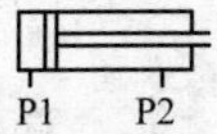 P1　P2
双向变量马达		双作用双活塞杆气缸	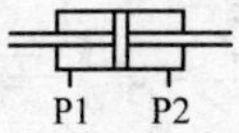 P1　P2

表 4-5　　　　　　　　　常用控制元件图形符号

名　称	符　号	名　称	符　号
直动型溢流阀	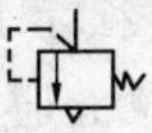	调速阀	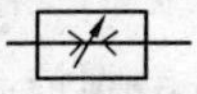
先导型溢流阀	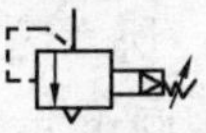	直动型顺序阀	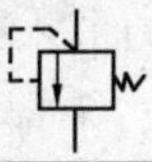
直动型减压阀	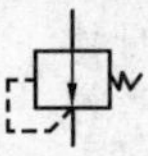	不可调节流阀	
先导型减压阀	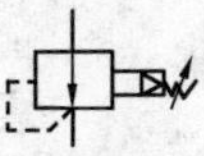	可调节流阀	
溢流减压阀	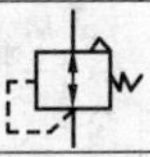	带消声器的节流阀	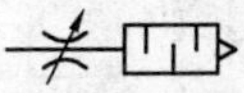
二位二通换向阀	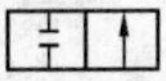	二位三通换向阀	
二位四通换向阀	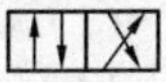	二位五通换向阀	
三位四通换向阀	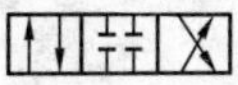	三位五通换向阀（中位封闭型）	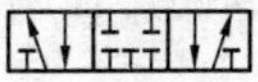
三位五通换向阀（中位加压型）		三位五通换向阀（中位卸压型）	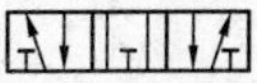
单向阀		快排阀	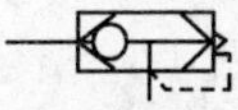

（1）换向回路

在气动系统中，执行元件的启动、停止或改变运动方向是利用控制进入执行元件的压缩空气的通、断或变向来实现的，这些控制回路称为换向回路。

①单作用气缸换向回路　如图 4-15 所示为单作用气缸换向回路。图 4-15（a）所示为二位三通电磁阀控制的换向回路。电磁铁通电时靠气压使活塞上升，断电时靠弹簧作用（或其他外力作用）使活塞下降。该回路比较简单，但对由气缸驱动的部件有较高要求，以保证气缸活塞可靠退回。图 4-15（b）所示为用两个二位二通电磁阀代替图 4-15（a）中的二位三通电磁阀控制单作用气缸的换向回路。图 4-15（c）所示为三位三通电磁阀控制单作用气缸的换向回路。气缸活塞可在任意位置停留，但由于泄漏，其定位精度不高。

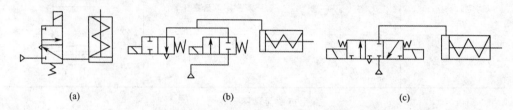

| (a) | (b) | (c) |

图 4-15　单作用气缸换向回路

②双作用气缸换向回路　如图 4-16 所示为双作用气缸换向回路。图 4-16（a）所示为二位五通电磁阀控制的换向回路。图 4-16（b）所示为二位五通单气控换向阀控制的换向回路，气控换向阀由二位三通手动换向阀控制。图 4-16（c）所示为双电控换向阀控制的换向回路。图 4-1（d）所示为双气控换向阀控制的换向回路，主阀由两侧的两个二位三通手动阀控制，手动阀可远距离控制，但两阀必须协调动作，不能同时按下。图 4-16（e）所示为三位五通电磁阀控制的换向回路。

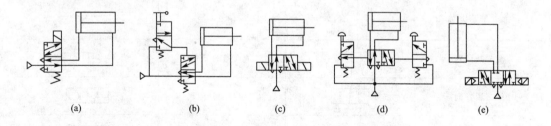

| (a) | (b) | (c) | (d) | (e) |

图 4-16　双作用气缸换向回路

该回路可控制双作用气缸换向，还可使活塞在任意位置停留，但定位精度不高。

（2）压力控制回路

对系统压力进行调节和控制的回路称为压力控制回路。

如图 4-17 所示为一次压力控制回路。常用外控溢流阀保持供气压力基本恒定或用电接点式压力表来控制空气压缩机的转、停，使贮气罐内压力保持在规定的范围内。采用溢流阀结构较简单、工作可靠，但气量浪费大；采用电接点式压力表对电动机进行控制要求较高，常用于对小型空压机的控制。一次压力控制回路的主要作用是控制贮气罐内的压力，使其不超过规定的压力值。

如图 4-18 所示为二次压力控制回路,利用溢流式减压阀来实现定压控制。二次压力控制回路的主要作用是控制气动控制系统的气源压力。

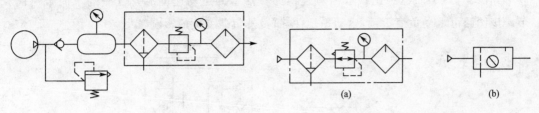

图 4-17 一次压力控制回路   图 4-18 二次压力控制回路

如图 4-19(a)所示为利用换向阀控制高、低压力切换的回路。由换向阀控制输出气动装置所需要的压力,该回路适用于负载差别较大的场合。如图 4-19(b)所示为同时输出高、低压的回路。

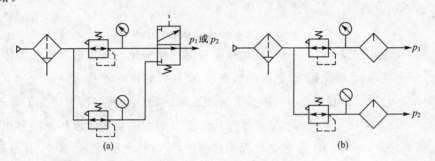

图 4-19 二级压力控制回路

(3)速度控制回路

速度控制回路的功用在于调节或改变执行元件的工作速度。

①单作用气缸速度控制回路   如图 4-20(a)所示为采用节流阀的调速回路。通过改变节流阀的开口来调节活塞速度。该回路的运动平稳性和速度都较差,易受外负载变化的影响。它适用于对速度稳定性要求不高的场合。

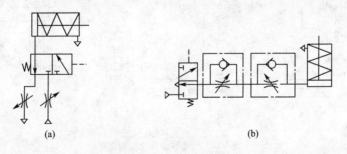

图 4-20 单作用气缸速度控制回路

如图 4-20(b)所示为采用单向节流阀的调速回路。活塞的两个方向运动速度分别由两个单向节流阀调节。该回路的特点和图 4-20(a)所示回路的特点相同。

②双作用气缸速度控制回路　如图 4-21(a)所示为进口节流调速回路。活塞的运动速度靠进气侧的单向节流阀调节。该回路承载能力大,但不能承受负值负载,运动平稳性差,受外负载变化的影响大。它适用于对速度稳定性要求不高的场合。

如图 4-21(b)所示为出口节流调速回路。活塞的运动速度靠排气侧的单向节流阀调节。该回路可承受负值负载,运动平稳性好,受外负载变化的影响较小。

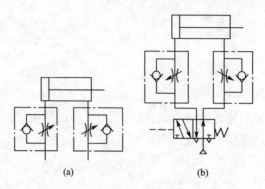

图 4-21　双作用气缸速度控制回路

③气液联动速度控制回路　气液联动速度控制回路利用气动控制实现液压传动,具有运动平稳、停止准确、泄漏途径少、制造维修方便、能耗低等特点。

如图 4-22(a)所示为利用气液转换器的速度控制回路。该回路通过改变节流阀的开口来实现两个运动方向的无级调速。它要求气液转换器的贮油量大于液压缸的容积,并有一定余量。该回路运动平稳,但气、油之间要求密封性好,以防止空气混入油中,保证运动速度的稳定。

如图 4-22(b)所示为利用气液转换器和行程阀来实现变速的速度控制回路。靠行程阀的切换使活塞由快进转变为慢进;改变单向节流阀开口,可获得任意速度。

如图 4-22(c)所示为利用气液阻尼缸的速度控制回路。通过调节两个单向节流阀的开口来分别获得两个运动方向的无级调速。

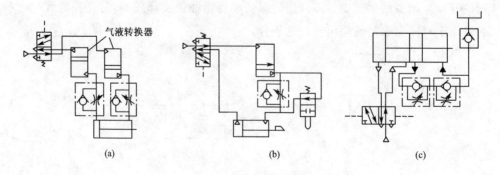

图 4-22　气液联动速度控制回路

任务实施

1. 气动位移步骤图的绘制

根据任务要求绘制气动位移步骤图,上部绘制执行元件的动作过程,下部绘制行程阀信号。用两条横线表示气缸的两个极限位置(0,1),用几条纵线表示工作的几个系统状态(1,2,3……),用粗实线表示各状态间的转换过程。另外,用两条直线表示行程阀的通断,用小圆圈"○"表示各传感元件的触发信号。气动位移步骤如图 4-23 所示。

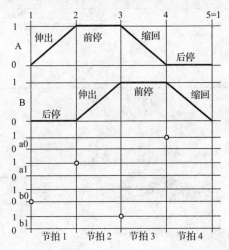

a1、a0 分别表示 A 缸前进、后退;b1、b0 分别表示 B 缸前进、后退

图 4-23　气动位移步骤

2. 气动原理图的绘制

(1)先绘制系统中所有的缸阀单元;

(2)根据系统的动作要求连线(若有障碍,要先消除障碍)。

气动原理如图 4-24 所示。

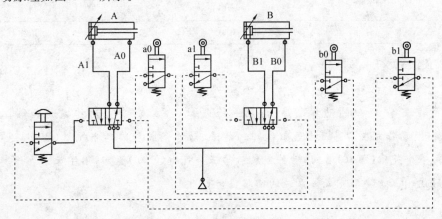

图 4-24　气动原理

计划总结

1. 工作计划(表 4-6)

表 4-6   工作计划

序　号	工作内容	计划完成时间	实际完成情况自评	教师评价

2. 材料领用清算(表 4-7)

表 4-7   材料领用清算

序　号	元器件名称	数　量	设备故障记录	负责人签字

3. 项目实施记录与改善意见

_____

_____

_____

巩固练习

　　某气动设备,气缸的动作顺序为:第一个气缸(A 缸)前进,动作完成后第二个气缸(B 缸)前进,动作完成后第三个气缸(C 缸)前进,动作完成后第二个气缸(B 缸)返回,动作完成后第一个气缸(A 缸)返回,动作完成后第三个气缸(C 缸)返回,用字母来表示其程序为A1B1C1B0A0C0。要求完成该系统的回路设计。

任务2　顺序控制设计法及应用

任务目标

通过全自动洗衣机控制方法的学习达到掌握对于顺序控制的系统能画出顺序控制功能图,并能根据顺序控制功能图使用启保停电路法和置位、复位指令法编写出相应的梯形图程序的目的。

全自动洗衣机模拟装置如图 4-25 所示。

控制要求:

(1)按下启动按钮,洗衣机开始进水,当水位高于规定上限水位时,上限位开关动作,洗衣机开始洗涤并停止进水。

(2)洗涤过程:开始时,洗衣机正转 20 s,暂停 0.5 s,反转 20 s,暂停 0.5 s,再正转 20 s,……,如此循环洗涤 8 次。

(3)洗涤次数达到 8 次时,结束洗涤过程,水筒开始排水。由于排水,水位开始降低,当水位低于规定下限水位时,下限位开关动作,洗衣机开始脱水。脱水 5 min,脱水停止。

(4)脱水停止后,再返回到进水动作,重复上述过程 3 次后,洗衣机停止工作并报警 10 s。

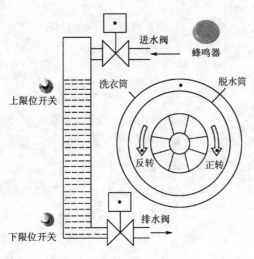

图 4-25　全自动洗衣机模拟装置

知识梳理

所谓顺序控制,就是按照生产工艺预先规定的顺序,在各种外部输入信号的作用下,根据内部状态和时间的顺序,在生产过程中各个执行机构自动、有秩序地进行操作。使用顺序控制设计法时,首先要根据系统的工艺流程画出顺序控制功能图,然后根据顺序控制功能图编写梯形图。其中根据工艺流程画出顺序控制功能图是顺序控制设计法的关键。

顺序控制设计法的基本设计步骤分为步的划分、转换条件的确定、顺序控制功能图的绘制和梯形图的编写。

1. 步的划分

分析被控对象的工作过程及控制要求,将系统的工作过程划分成若干阶段,这些阶段称为"步"。

2. 转换条件的确定

转换条件是使系统从当前步进入下一步的条件。常见的转换条件有按钮、行程开关、定时器和计数器的触点的动作(通/断)等。

3. 顺序控制功能图的绘制

顺序控制功能图是描述控制系统中控制过程、功能和特性的一种图形。顺序控制功能图并不涉及所描述的控制功能的具体技术,而是一种通用的技术语言,可以供进一步的设计和不同专业人员之间进行技术交流。

顺序控制功能图是设计顺序控制程序的有力工具。在顺序控制设计法中,顺序控制功能图的绘制是最为关键的一个环节,它直接决定用户设计的 PLC 程序的质量。下面介绍顺序控制功能图的一些知识。

(1)步与动作

上面介绍过,用顺序控制设计法设计 PLC 程序时,根据系统工作状态的变化,将系统的工作过程划分成若干阶段,这些阶段称为"步"。下面以液压进给装置为例加以介绍。

液压进给装置如图 4-26 所示,初始状态活塞杆置右端,限位开关(对应 PLC 输入继电器 I0.2)为 ON,按下启动开关(对应 PLC 输入继电器 I0.3),活塞左行,碰到限位开关(对应 PLC 输入继电器 I0.1)活塞右行,碰到限位开关(对应 PLC 输入继电器I0.2)活塞左行,碰到限位开关(对应 PLC 输入继电器 I0.0)活塞右行,再次碰到限位开关(对应 PLC 输入继电器 I0.2)活塞停止。一个工作周期可以分为左行、右行、再次左行、再次右行四个阶段,在顺序控制功能图的绘制中,这四个阶段就称为四步,另外还应设置等待启动的初始步,分别用步 0~步 4 来代表这五步。如图 4-27 所示为该系统的顺序控制功能图。步在顺序控制功能图中用矩形框表示,矩形框中可以用数字表示该步的编号。

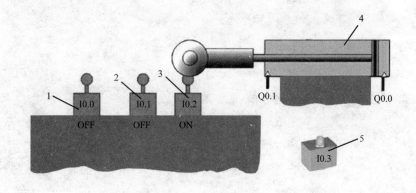

图 4-26 液压进给装置

1,2,3—限位开关;4—液压油缸;5—启动按钮

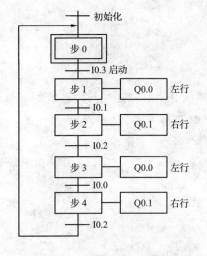

图 4-27 液压进给装置顺序控制功能图

当系统工作于某一步时,该步处于活动状态,称为"活动步"。步处于活动状态时,相应的动作被执行;步处于不活动状态时,相应的非保持型动作被停止执行。

控制过程刚开始阶段的活动步与系统初始状态相对应,称为"初始步",初始状态一般是系统等待启动命令的相对静止状态。在顺序控制功能图中初始步用双线框来表示,每个顺序控制功能图中至少应有一个初始步。

所谓"动作",是指某步处于活动状态时,PLC向被控系统发出的命令,或被控系统应执行的动作。动作用矩形框中的文字或符号表示,该矩形框应与相应步的矩形框相连接。如某一步有几个动作,可以用图 4-28 中的两种画法来表示,但是并不包含这些动作之间的任何顺序。

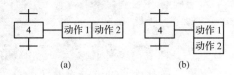

图 4-28 多个动作的表示方法

当步处于活动状态时,相应的动作被执行。但是应注明动作是保持型的还是非保持型的。保持型的动作是指该步活动时执行该动作,该步变为不活动步后继续执行该动作。非保持型动作是指该步活动时执行该动作,该步变为不活动步后停止执行该动作。一般保持型的动作在顺序控制功能图中应该用文字或指令助记符标注,而非保持型动作不要标注。

（2）有向连线、转换和转换条件

如图 4-27 所示，步与步之间用有向连线连接，并且用转换将步分隔开。步的活动状态进展按有向连线规定的路线进行。有向连线上无箭头标注时，其进展方向是从上到下、从左到右的。如果进展方向不是上述方向，应在有向连线上用箭头注明方向。

步的活动状态由转换来完成，转换用与有向连线垂直的短画线来表示。步与步之间不允许直接相连，必须用转换隔开；而转换与转换之间也同样不能直接相连，必须用步隔开。

转换条件是与转换相关的逻辑命题。转换条件可以用文字语言、布尔代数表达式或图形符号等标注在表示转换的短画线旁边。

（3）顺序控制功能图转换实现的基本规则

步与步之间实现转换应同时具备两个条件：

条件一是前级步必须是活动步；

条件二是对应的转换条件成立。

当同时具备以上两个条件时，才能实现步的转换，即所有由有向连线与相应转换符号相连的后续步都变为活动步，而所有由有向连线与相应转换符号相连的前级步都变为不活动步。例如图 4-27 中步 2 为活动步的情况下转换条件 I0.2 成立，则转换实现，即步 3 变为活动步，而步 2 变为不活动步。如果转换的前级步或后续步不止一个，转换的实现称为同步实现。

（4）顺序控制功能图的基本结构

根据步与步之间转换情况的不同，顺序控制功能图有以下几种基本结构形式：

①单序列结构　单序列结构是最简单的一种结构，它由一系列按顺序排列、相继激活的步组成。每一步的后面只有一个转换，每一个转换的后面只有一步，如图 4-29 所示。

②选择序列结构　选择序列结构有开始和结束之分。选择序列的开始称为分支，选择序列的结束称为合并。

选择序列的分支是指一个前级步后面紧接着有若干后续步可供选择，各分支都有各自的转换条件。分支中表示转换的短画线只能标在水平线之下。

如图 4-30 所示为选择序列的分支。假设步 4 为活动步，如果转换条件 a 成立，则步 4 向步 5 转换；如果转换条件 b 成立，则步 4 向步 7 转换；如果转换条件 c 成立，则步 4 向步 9 转换。分支中一般只允许同时选择其中的一个序列。

选择序列的合并是指几个选择分支合并到一个公共序列上。各分支也都有各自的转换条件，转换条件只能标在水平线之上。

如图 4-31 所示为选择序列的合并。如果步 6 为活动步，且转换条件 d 成立，则由步 6 向步 11 转换；如果步 8 为活动步，且转换条件 e 成立，则由步 8 向步 11 转换；如果步 10 为活动步,且转换条件 f 成立,则由步 10 向步 11 转换。

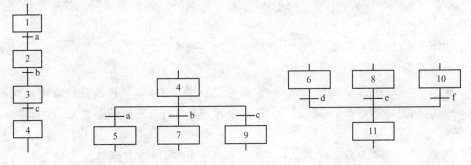

图 4-29　单序列结构　　　图 4-30　选择序列的分支　　　图 4-31　选择序列的合并

③并行序列结构　并行序列结构也有开始和结束之分。并行序列的开始也称为分支,并行序列的结束也称为合并。

如图 4-32 所示为并行序列的分支。它是指当转换实现后将同时使多个后续步激活。

为了强调转换的同步实现,水平连线用双线表示。如果步 1 为活动步,且转换条件 a 成立,则步 2、步 3、步 4 同时变成活动步,而步 1 变为不活动步。

注意:当步 2、步 3、步 4 被同时激活后,每一序列接下来的转换将是独立的。

如图 4-33 所示为并行序列的合并。当直接连在双线上的所有前级步 5、6、7 都为活动步时,且转换条件 e 成立,才能使转换实现,即步 8 变为活动步,而步 5、6、7 均变为不活动步。

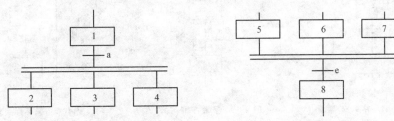

图 4-32　并行序列的分支　　　　　图 4-33　并行序列的合并

④子步结构　在绘制复杂控制系统的顺序控制功能图时,为了在总体设计上容易抓住系统的主要矛盾,更简洁地表示系统的整体功能和全貌,通常采用子步的结构形式,这样可避免一开始就陷入某些细节中。

所谓子步结构,是指在顺序控制功能图中,某一步包含着一系列子步和转换。如图 4-34 所示的顺序控制功能图采用了子步的结构形式。顺序控制功能图中步 6 包含了步 6.1、步 6.2、步 6.3、步 6.4 四个子步。

这些子步结构通常表示整个系统中的一个完整子功能,类似于计算机编程中的子程序。因此,设计时只需先画出简单的描述整个系统的总顺序控制功能图,然后再进一步画出更详细的子顺序控制功能图即可。子步中可以包含更详细的子步。这种采用子步的结构形式,逻辑性强,思路

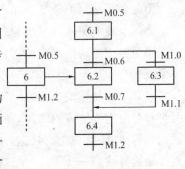

图 4-34　子步结构

清晰,可以减少设计错误,缩短设计时间。

⑤跳步、重复和循环序列结构　跳步、重复和循环序列结构实际上都是选择序列结构的特殊形式。

如图4-35所示为跳步序列结构,当步2为活动步时,如果转换条件e成立,则跳过步3和步4直接进入步5。

如图4-36所示为重复序列结构,当步4为活动步时,如果转换条件d不成立而转换条件e成立,则重新返回步2,重复执行步2、步3和步4。直到转换条件d成立,重复结束,转入步5。

如图4-37所示为循环序列结构,即在序列结束后,用重复的办法直接返回初始步形成循环。

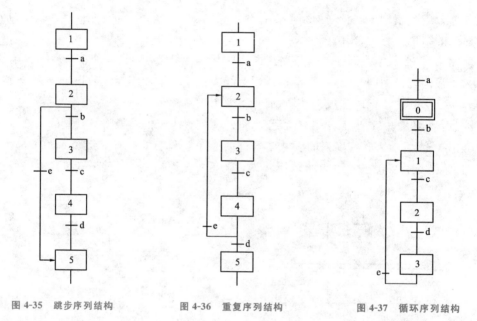

图4-35　跳步序列结构　　　　图4-36　重复序列结构　　　　图4-37　循环序列结构

在实际控制系统中,顺序控制功能图往往不是单一地含有上述某一种序列结构,而是上述各种序列结构的组合。

(5)绘制顺序控制功能图的注意事项

①两个步绝对不能直接相连,必须用一个转换将它们隔开。

②两个转换也不能直接相连,必须用一个步将它们隔开。

③顺序控制功能图中的初始步一般对应于系统等待启动的初始状态,初始步可能没有输出处于ON状态,但初始步是必不可少的。

④自动控制系统应能多次重复执行同一工艺过程,因此在顺序控制功能图中一般应有由步和有向连线组成的闭环,即在完成一次工艺过程的全部操作之后,系统应从最后一步返回到初始步,停留在初始状态。在连续循环工作方式时,应从最后一步返回到下一个工作周期开始运行的第一步。

⑤在顺序控制功能图中,只有当某一步的前级步是活动步时,该步才有可能变成活动

步。如果用没有断电保持功能的编程元件代表各步,当进入 RUN 工作方式时,它们均处于 OFF 状态,此时必须用初始化脉冲(SM0.1)的常开触点作为转换条件,将初始步预置为活动步,否则因顺序控制功能图中没有活动步,系统将无法工作。顺序控制功能图是用来描述自动工作过程的,如果系统有自动、手动两种工作方式,这时还应在系统由手动工作方式进入自动工作方式时,用一个适当的信号将初始步置为活动步。

4. 顺序控制梯形图的编写

根据控制系统的顺序控制功能图设计梯形图的方法一般分为三种,使用启保停电路法,使用置位、复位指令法和使用顺序控制继电器(SCR)指令法。本任务主要介绍使用启保停电路法及置位、复位指令法编写顺序控制梯形图的方法。

使用启保停电路法及置位、复位指令法编写顺序控制梯形图时,可用辅助继电器 M 来代表顺序控制功能图中的各步。当某一步为活动步时,对应的辅助继电器为 ON 状态,当某一转换实现时,该转换的后续步变为活动步,前级步变为不活动步。由于很多转换条件都是短信号,即它存在的时间比它激活后续步为活动步的时间短,因此应使用有记忆(或称保持)功能的电路来控制代表步的辅助继电器。常用的有启保停电路和置位、复位指令组成的电路。

启保停电路适用于与触点和线圈有关的通用逻辑指令,各种型号的 PLC 都有这一类指令,所以这是一种通用的编程方式,适用于各种型号的 PLC。

如图 4-38 所示,该图采用了启保停电路进行顺序控制梯形图编程。图中 M0.1、M0.2 和 M0.3 是顺序控制功能图中顺序相连的三步,I0.1 是步 M0.2 之前的转换条件,M0.2 变为活动步的条件是它的前级步 M0.1 为活动步,且转换条件 I0.1 为 ON。所以在梯形图中,应将 M0.1 和 I0.1 对应的常开触点串联,作为控制 M0.2 的启动电路。当 M0.2 和 I0.2 均为 ON 时,步 M0.3 变为活动步,这时步 M0.2 应变为不活动步,因此将 M0.3 为 ON 时作为使 M0.2 变为 OFF 的条件,即将后续步 M0.3 的常闭触点与 M0.2 的线圈串联,作为控制 M0.2 的停止电路。用 M0.2 的常开触点与 M0.1 和 I0.1 的串联电路并联,作为控制 M0.2 的保持电路。

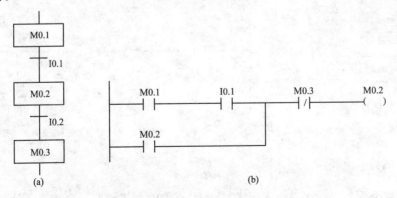

图 4-38 使用启保停电路编程示例

下面主要介绍使用启保停电路法和使用置位、复位指令法编写单序列、选择序列、并行序列、循环和跳步序列顺序控制梯形图的方法。

(1)单序列顺序控制程序

单序列顺序控制功能图如图4-39所示,图4-40是与图4-39相对应的使用启保停电路法编写的单序列顺序控制梯形图,图4-41是与图4-39相对应的使用置位、复位指令法编写的单序列顺序控制梯形图。

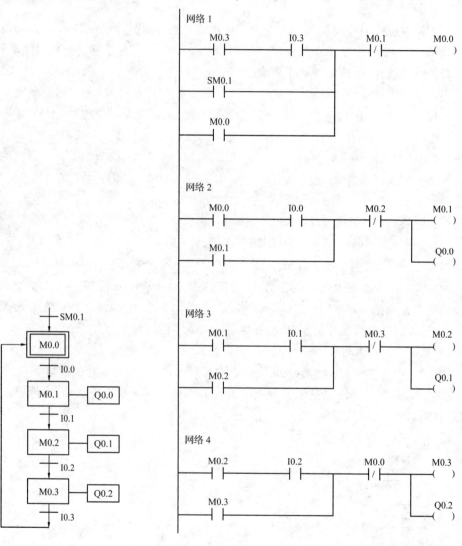

图4-39　单序列顺序控制功能图　　　图4-40　单序列顺序控制梯形图(启保停电路法)

(2)选择序列顺序控制程序

选择序列分支是指在多个分支顺序控制中,某一时刻只能有一个转换条件是符合的,如图4-42所示。

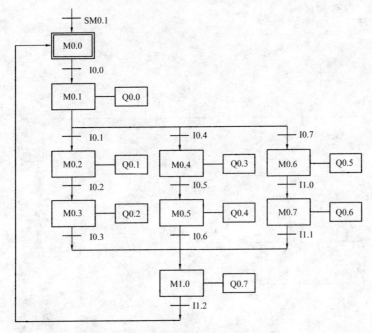

网络 1

网络 2

网络 3

网络 4

网络 5

网络 6

网络 7

网络 8

图 4-41 单序列顺序控制梯形图(置位、复位指令法)

图 4-42 选择序列顺序控制功能图

①选择序列分支的编程方法　如果某一步的后面有一个由 N 条支路组成的选择序列，各步又能转到不同的 N 步去，此时应将这 N 个后续步对应的辅助继电器的常闭触点与该步的线圈串联，作为结束该步的条件。图 4-43 是与图 4-42 所示的顺序控制功能图相对应的梯形图。在图 4-42 中，步 M0.1 之后有一个选择序列的分支，当它的后续步 M0.2、M0.4、M0.6 变为活动步时，它应变为不活动步，所以需将 M0.2、M0.4 和 M0.6 的常闭触点与 M0.1 的线圈串联。

②选择序列合并的编程方法　对于选择序列的合并，如果某一步之前有 N 个转换（即有 N 条分支在该步之前合并后进入该步），则代表该步的辅助继电器的启动电路应由 N 条支路并联而成，各支路由某一前级步对应的辅助继电器的常开触点与相应转换条件对应的触点或电路串联而成。

图 4-42 中，步 M1.0 之前有一个选择序列的合并，当步 M0.3 为活动步并且转换条件 I0.3 满足，或步 M0.5 为活动步并且转换条件 I0.6 满足，或步 M0.7 为活动步并且转换条件 I1.1 满足，步 M1.0 都应变为活动步，即控制 M1.0 的启保停电路的启动条件应为 M0.3 和 I0.3 的常开触点串联电路与 M0.5 和 I0.6 的常开触点串联电路再与 M0.7 和 I1.1 的常开触点串联电路进行并联。如图 4-43 和图 4-44 所示的梯形图。

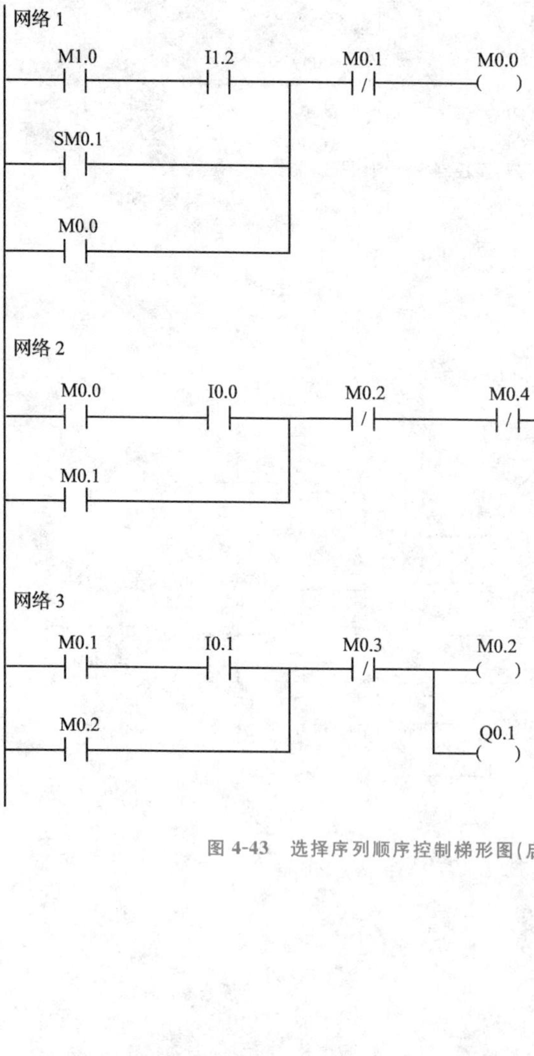

图 4-43　选择序列顺序控制梯形图（启保停电路法）

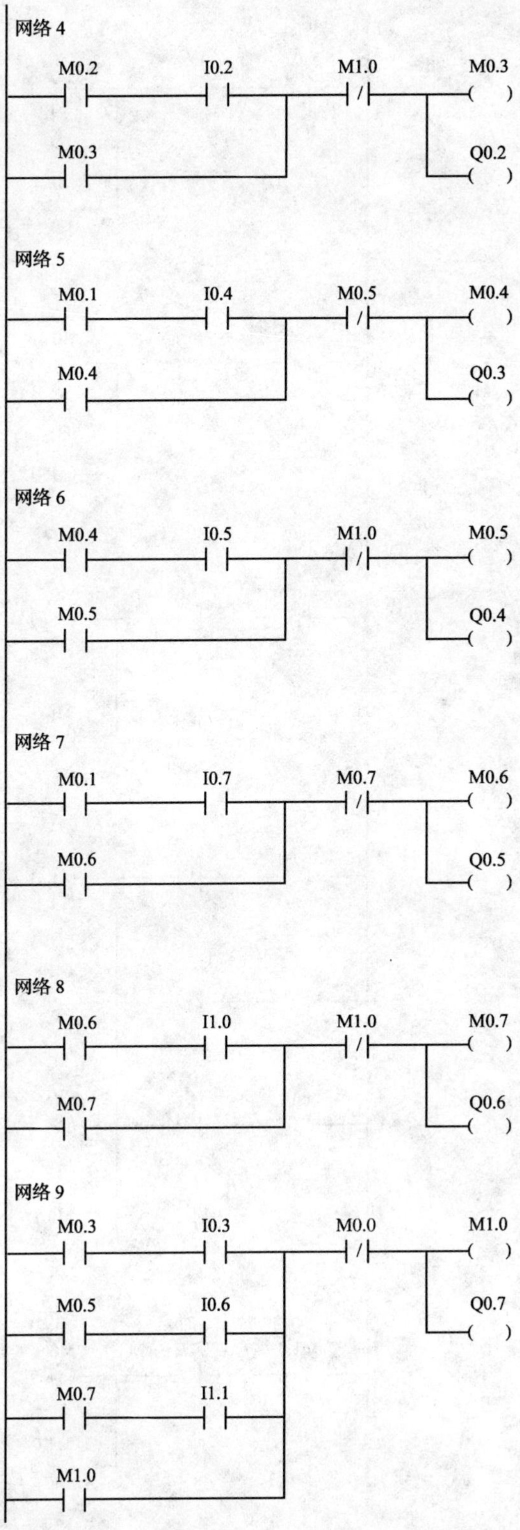

项目 4　机械手控制实现

网络 4

```
  M0.2        I0.2        M1.0        M0.3
──┤├──────────┤├──────┬───┤/├──────────( )
                      │
  M0.3                │                Q0.2
──┤├──────────────────┘                ( )
```

网络 5

```
  M0.1        I0.4        M0.5        M0.4
──┤├──────────┤├──────┬───┤/├──────────( )
                      │
  M0.4                │                Q0.3
──┤├──────────────────┘                ( )
```

网络 6

```
  M0.4        I0.5        M1.0        M0.5
──┤├──────────┤├──────┬───┤/├──────────( )
                      │
  M0.5                │                Q0.4
──┤├──────────────────┘                ( )
```

网络 7

```
  M0.1        I0.7        M0.7        M0.6
──┤├──────────┤├──────┬───┤/├──────────( )
                      │
  M0.6                │                Q0.5
──┤├──────────────────┘                ( )
```

网络 8

```
  M0.6        I1.0        M1.0        M0.7
──┤├──────────┤├──────┬───┤/├──────────( )
                      │
  M0.7                │                Q0.6
──┤├──────────────────┘                ( )
```

网络 9

```
  M0.3        I0.3        M0.0        M1.0
──┤├──────────┤├──────┬───┤/├──────────( )
                      │
  M0.5        I0.6    │                Q0.7
──┤├──────────┤├──────┤                ( )
                      │
  M0.7        I1.1    │
──┤├──────────┤├──────┤
                      │
  M1.0                │
──┤├──────────────────┘
```

图 4-43　选择序列顺序控制梯形图（启保停电路法）（续图）

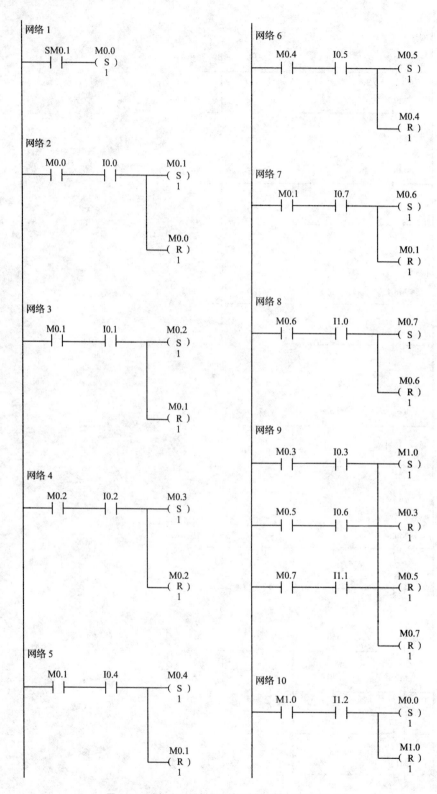

图 4-44　选择序列顺序控制梯形图(置位、复位指令法)

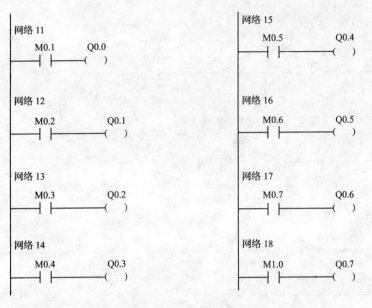

图 4-44 选择序列顺序控制梯形图(置位、复位指令法)(续图)

　　并行序列是指在多个分支顺序控制中,某一时刻多个分支同时进行,每个分支运行后,最后也是同时汇合到一起。并行序列顺序控制功能图如图 4-45 所示。在图 4-45 中,当 M0.1 为活动步并且转换条件 I0.1 满足时,状态同时转移到 M0.2、M0.4、M0.6 三条支路,最后同时汇合到 M1.0。与图 4-45 相对应的并行序列顺序控制梯形图如图 4-46 和图 4-47 所示。

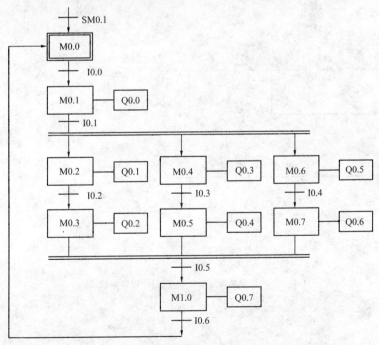

图 4-45 并行序列顺序控制功能图

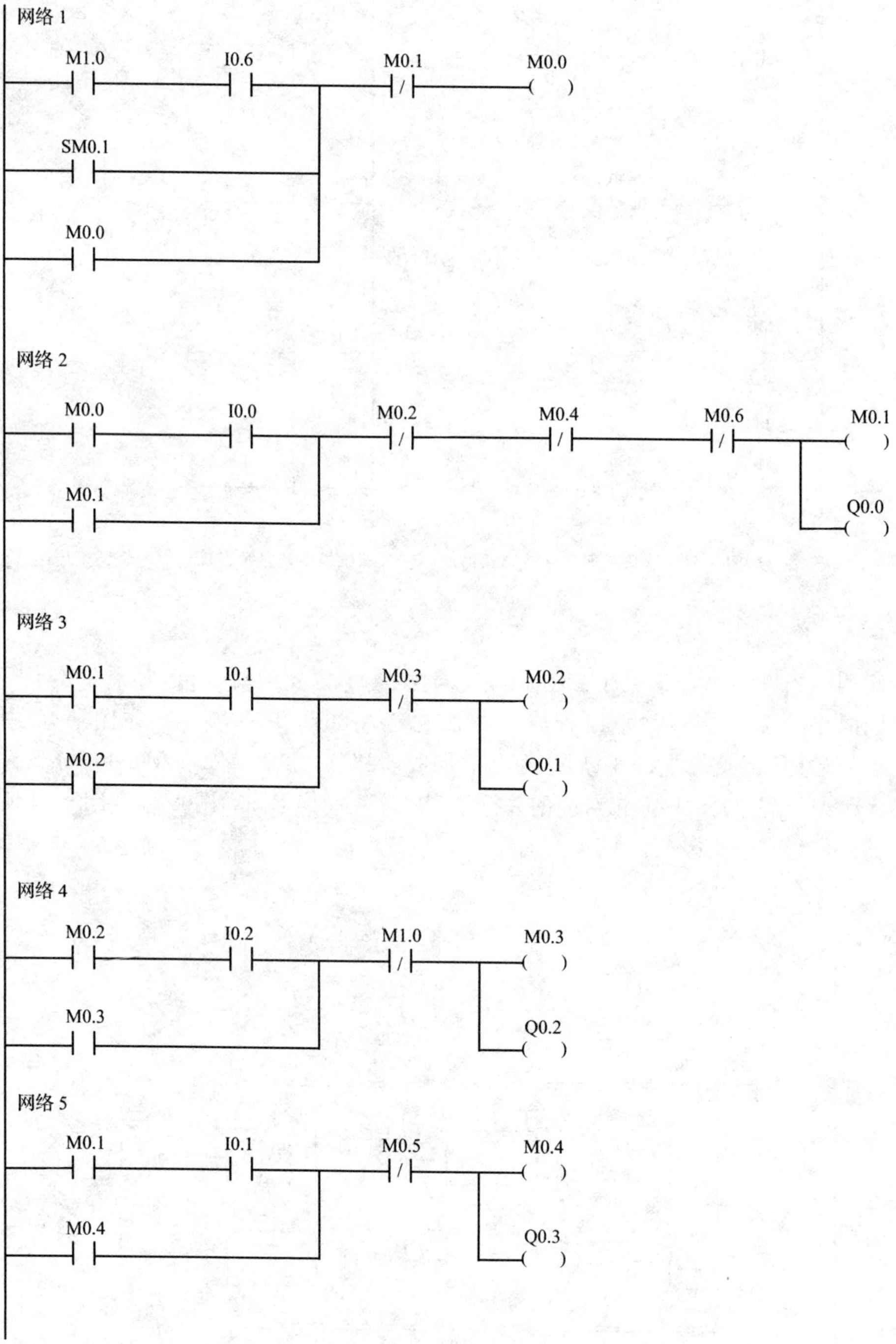

PLC 程序设计与调试——项目化教程

网络 1

```
  M1.0        I0.6              M0.1        M0.0
──┤ ├────────┤ ├──────┬────────┤/├────────( )

  SM0.1                │
──┤ ├──────────────────┤

  M0.0                 │
──┤ ├──────────────────┘
```

网络 2

```
  M0.0        I0.0         M0.2        M0.4        M0.6        M0.1
──┤ ├────────┤ ├──┬───────┤/├────────┤/├────────┤/├──┬─────( )

  M0.1          │                                      │     Q0.0
──┤ ├────────────┘                                     └─────( )
```

网络 3

```
  M0.1        I0.1         M0.3        M0.2
──┤ ├────────┤ ├──┬───────┤/├──┬─────( )

  M0.2          │            │     Q0.1
──┤ ├────────────┘            └─────( )
```

网络 4

```
  M0.2        I0.2         M1.0        M0.3
──┤ ├────────┤ ├──┬───────┤/├──┬─────( )

  M0.3          │            │     Q0.2
──┤ ├────────────┘            └─────( )
```

网络 5

```
  M0.1        I0.1         M0.5        M0.4
──┤ ├────────┤ ├──┬───────┤/├──┬─────( )

  M0.4          │            │     Q0.3
──┤ ├────────────┘            └─────( )
```

图 4-46　并行序列顺序控制梯形图(启保停电路法)

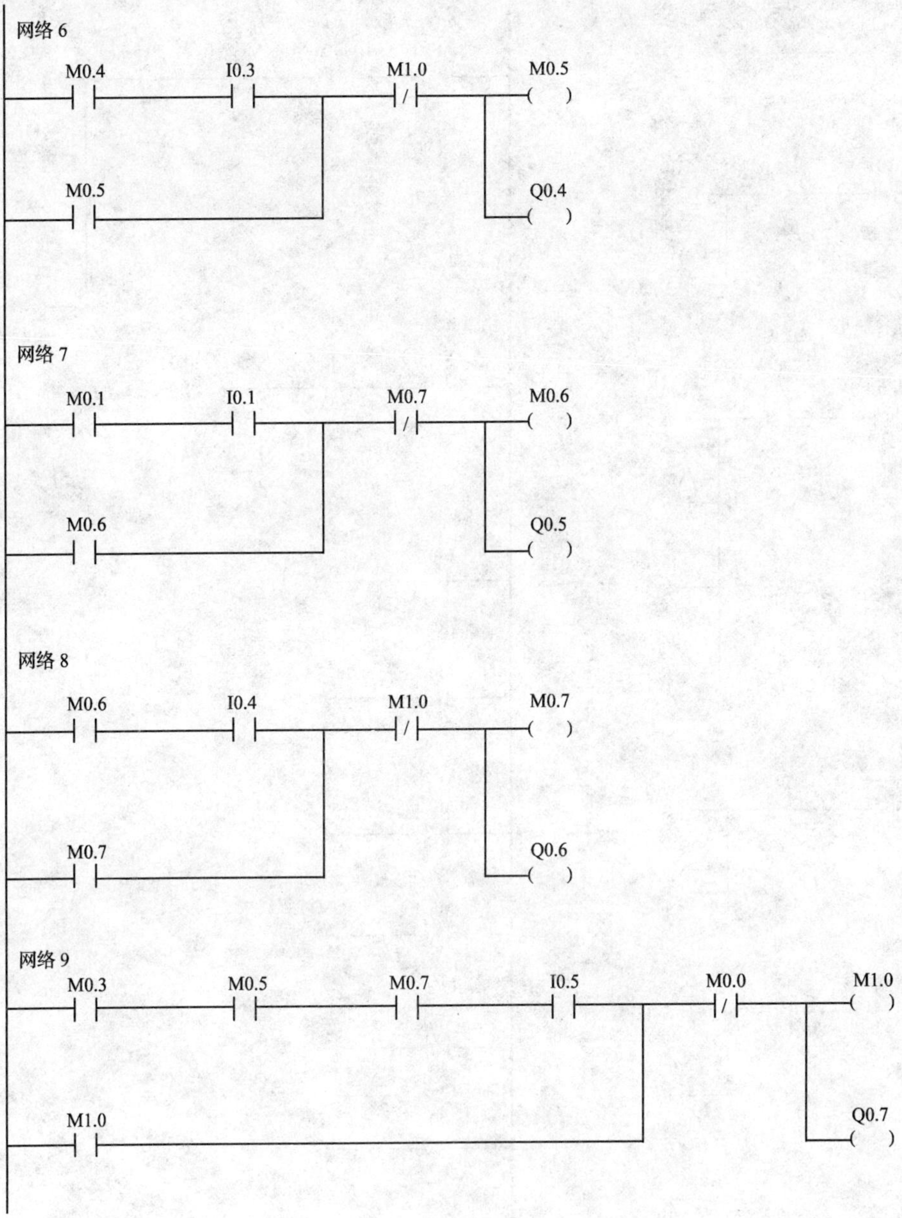

网络 6

```
    M0.4        I0.3        M1.0        M0.5
  ──┤ ├────────┤ ├────────┤/├────────( )

    M0.5                                Q0.4
  ──┤ ├──────────────────────────────( )
```

网络 7

```
    M0.1        I0.1        M0.7        M0.6
  ──┤ ├────────┤ ├────────┤/├────────( )

    M0.6                                Q0.5
  ──┤ ├──────────────────────────────( )
```

网络 8

```
    M0.6        I0.4        M1.0        M0.7
  ──┤ ├────────┤ ├────────┤/├────────( )

    M0.7                                Q0.6
  ──┤ ├──────────────────────────────( )
```

网络 9

```
    M0.3      M0.5      M0.7      I0.5      M0.0      M1.0
  ──┤ ├──────┤ ├──────┤ ├──────┤ ├───┬───┤/├──────( )

    M1.0                                  │          Q0.7
  ──┤ ├────────────────────────────────┘        ──( )
```

图 4-46 并行序列顺序控制梯形图（启保停电路法）（续图）

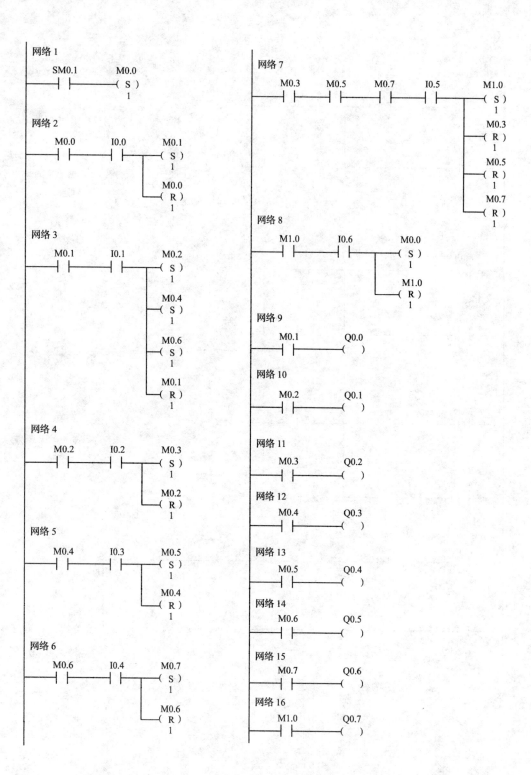

图 4-47　并行序列顺序控制梯形图(置位、复位指令法)

（4）循环序列顺序控制程序

循环序列顺序控制是指当条件满足时循环执行某段程序。循环序列顺序控制功能图如图4-48所示。当程序运行到步 M0.3 时，若触点 I0.3 断开而触点 I0.4 闭合，重复执行步 M0.1 至步 M0.3 段程序；若触点 I0.3 闭合而触点 I0.4 断开，执行步 M0.4 及后续各步。与图 4-48 相对应的循环序列顺序控制程序梯形图如图 4-49 和图 4-50 所示。

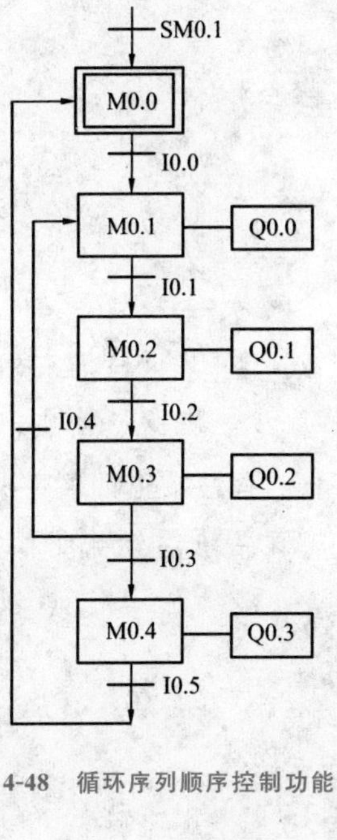

图 4-48　循环序列顺序控制功能图

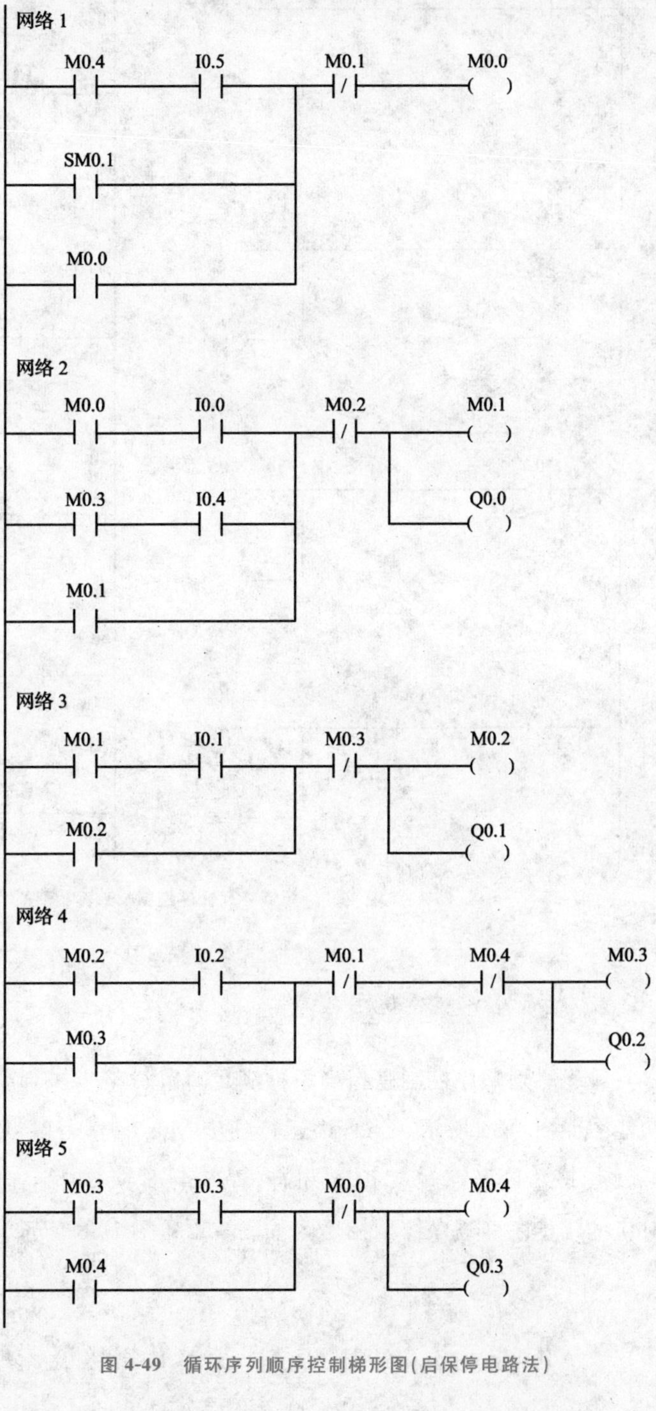

图 4-49　循环序列顺序控制梯形图（启保停电路法）

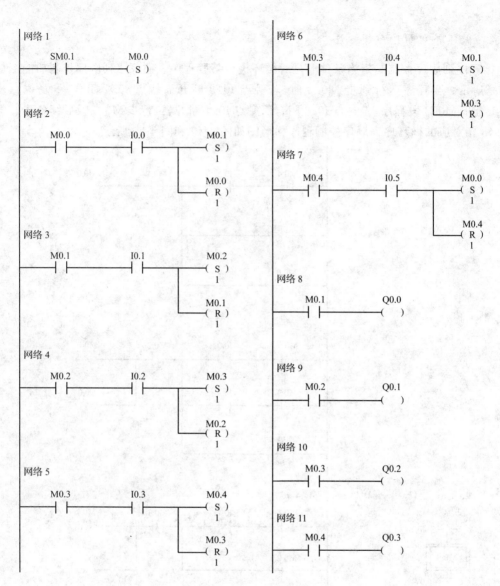

图 4-50　循环序列顺序控制梯形图(置位、复位指令法)

(5)跳步序列顺序控制程序

跳步序列顺序控制是指当条件满足时跳过某步执行后续的程序步。跳步序列顺序控制功能图如图 4-51 所示。当程序运行到步 M0.1 时,若触点 I0.1 闭合,程序按正常顺序执行;若触点 I0.1 断开而触点 I0.2 闭合,程序由步 M0.1 跳到步 M0.4 开始执行。与图 4-51 相对应的跳步序列顺序控制梯形图如图4-52和图 4-53 所示。

SM0.1
M0.0
I0.0
M0.1
Q0.0
I0.2
I0.1
M0.2
Q0.1
I0.3
M0.3
Q0.2
I0.4
M0.4
Q0.3
I0.5
M0.5
Q0.4
I0.6

图 4-51　跳步序列顺序控制功能图

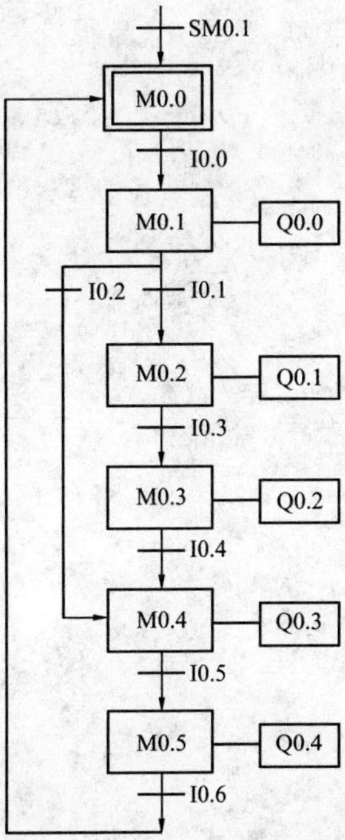

网络 1
M0.5
I0.6
M0.1
M0.0
SM0.1
M0.0
网络 2
M0.0
I0.0
M0.2
M0.4
M0.1
M0.1
Q0.0
网络 3
M0.1
I0.1
M0.3
M0.2
M0.2
Q0.1
网络 4
M0.2
I0.3
M0.4
M0.3
M0.3
Q0.2
网络 5
M0.3
I0.4
M0.5
M0.4
M0.1
I0.2
Q0.3
M0.4
网络 6
M0.4
I0.5
M0.0
M0.5
M0.5
Q0.4

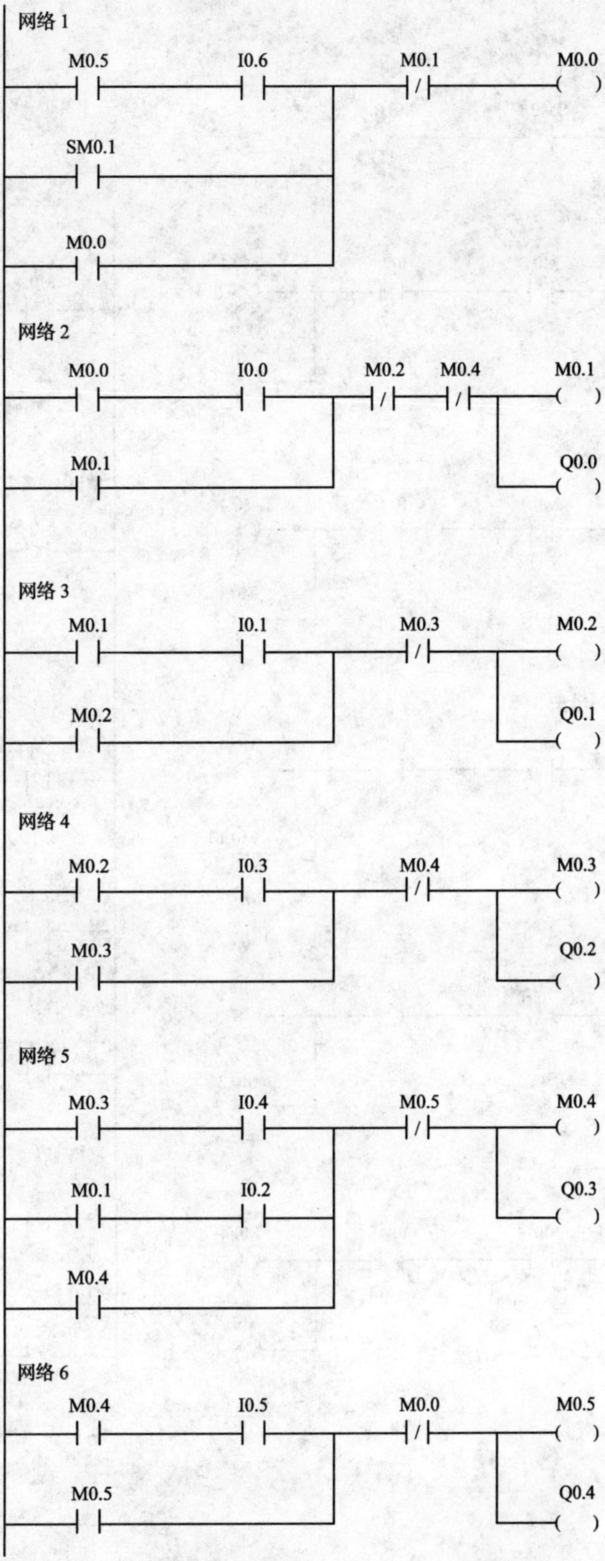

图 4-52　跳步序列顺序控制梯形图(启保停电路法)

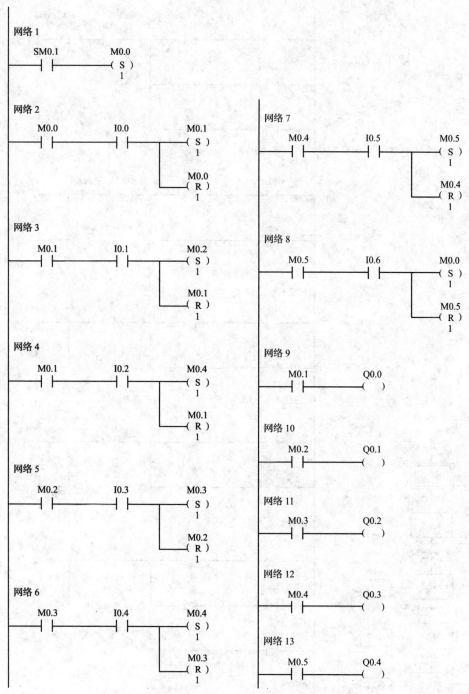

图 4-53　跳步序列顺序控制梯形图(置位、复位指令法)

任务实施

根据全自动洗衣机的控制要求,并结合顺序控制功能图的绘制方法,不难画出如图 4-54 所示的顺序控制功能图。在图 4-54 中,步 M0.6 主要是完成计数任务,当计数达到 8 次(C0＝8)时,执行步 M0.7,否则(C0＜8)程序跳转到步 M0.2,进行下一个循环。步 M1.1 与步 M0.6 的作用是相同的。可见,这是一个多重循环序列结构的顺序控制功能图,与之相对应的梯形图如图 4-55 和图 4-56 所示。

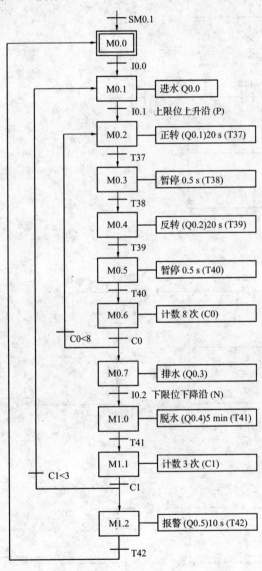

图 4-54 全自动洗衣机顺序控制功能图

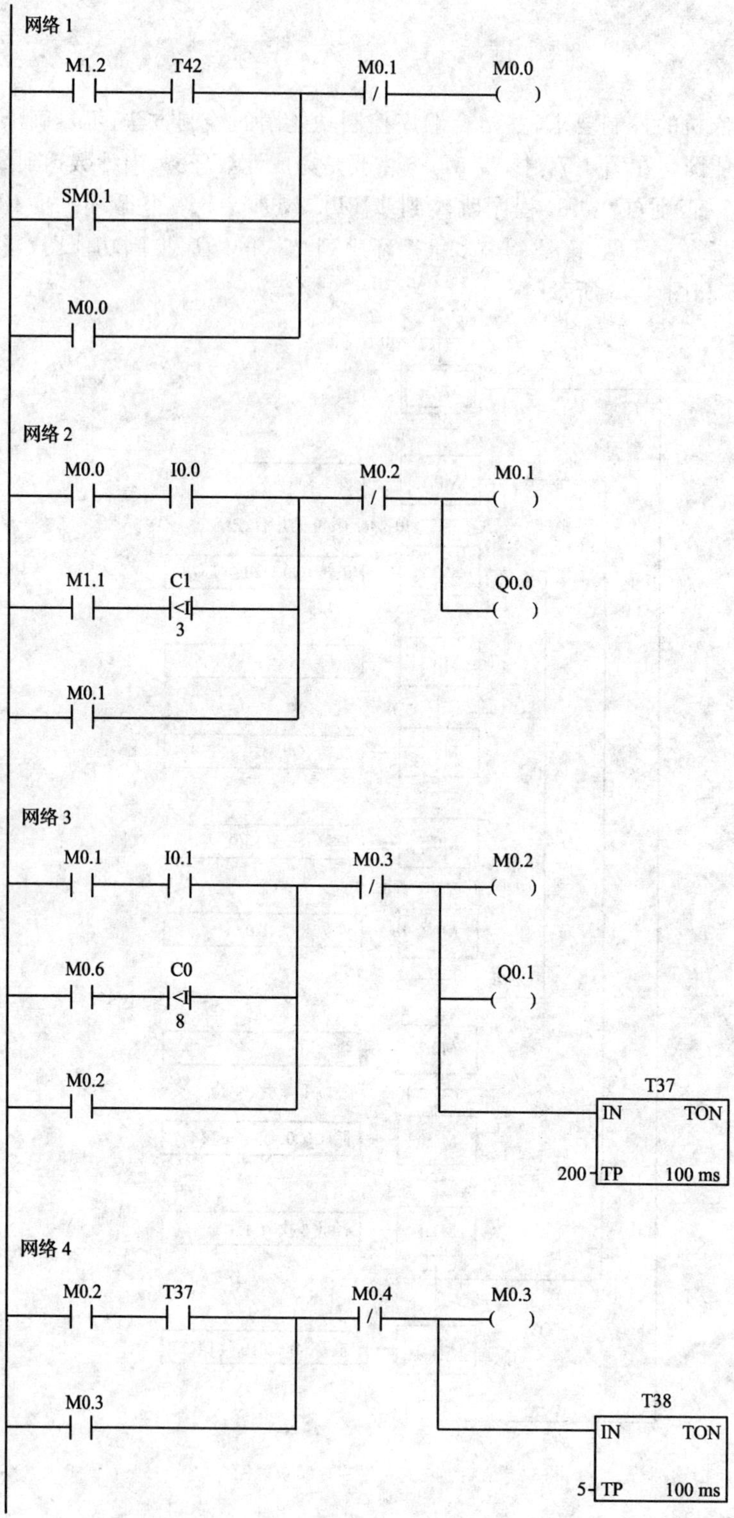

网络 1

```
M1.2    T42              M0.1         M0.0
─┤├──────┤/├──────────────┤/├─────────( )

SM0.1
─┤├─────────────────────

M0.0
─┤├─────────────────────
```

网络 2

```
M0.0    I0.0             M0.2         M0.1
─┤├──────┤├───────────────┤/├─────────( )

M1.1    C1                            Q0.0
─┤├─────┤<I├─────────────────────────( )
         3

M0.1
─┤├─────────────────────
```

网络 3

```
M0.1    I0.1             M0.3         M0.2
─┤├──────┤├───────────────┤/├─────────( )

M0.6    C0                            Q0.1
─┤├─────┤<I├─────────────────────────( )
         8

M0.2                                  ┌──────────┐
─┤├───────────────────────────────── │ T37      │
                                      │IN    TON │
                                  200─│TP  100 ms│
                                      └──────────┘
```

网络 4

```
M0.2    T37              M0.4         M0.3
─┤├──────┤├───────────────┤/├─────────( )

M0.3                                  ┌──────────┐
─┤├───────────────────────────────── │ T38      │
                                      │IN    TON │
                                    5─│TP  100 ms│
                                      └──────────┘
```

图 4-55　全自动洗衣机顺序控制梯形图（启保停电路法）

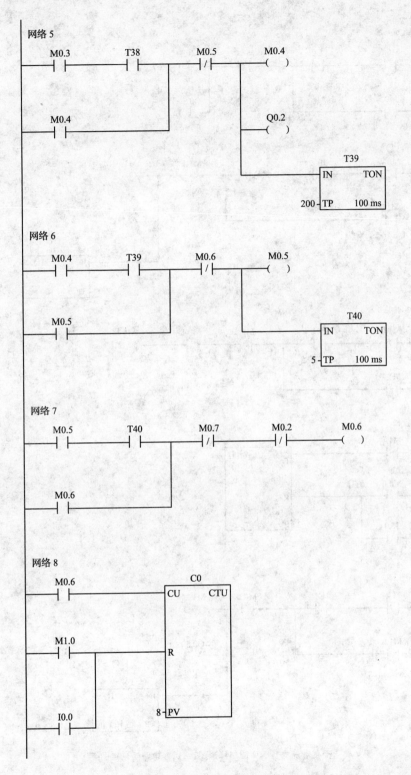

图 4-55　全自动洗衣机顺序控制梯形图(启保停电路法)(续图 1)

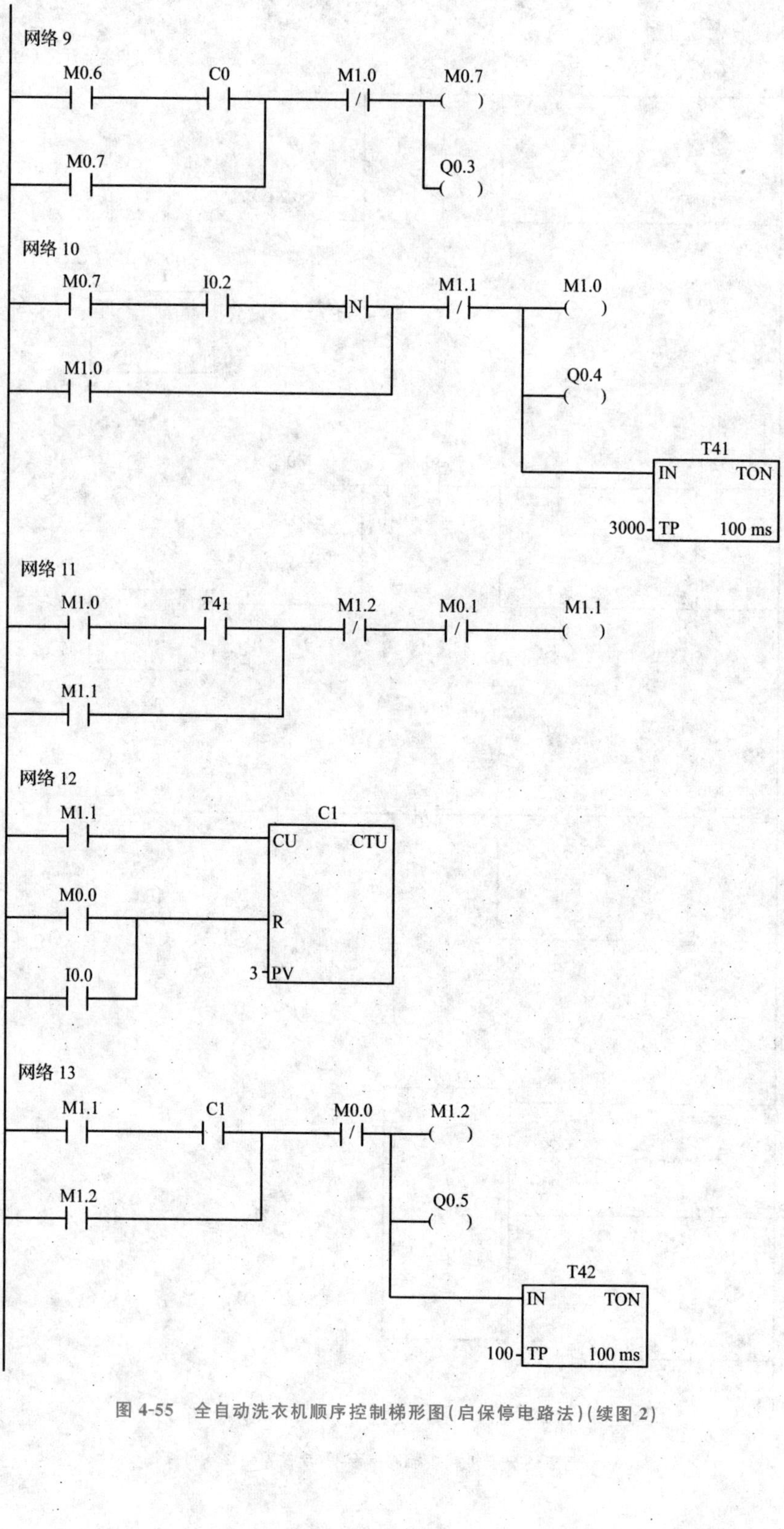

网络 9

网络 10

网络 11

网络 12

网络 13

图 4-55　全自动洗衣机顺序控制梯形图（启保停电路法）（续图 2）

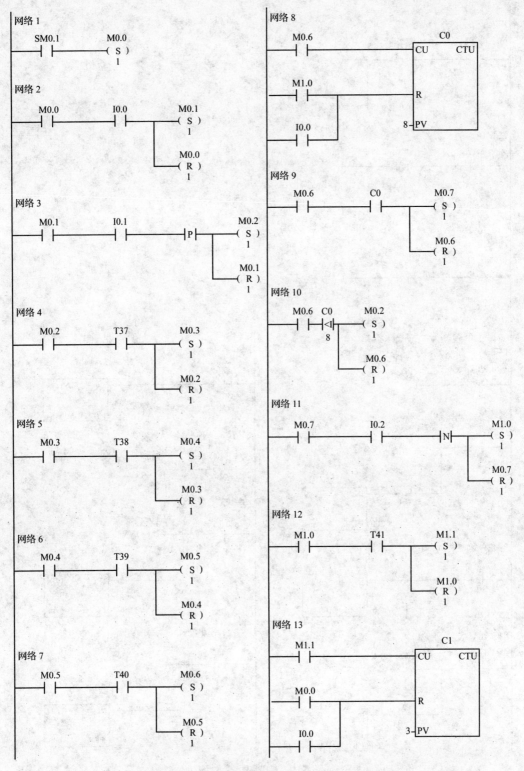

图 4-56　全自动洗衣机顺序控制梯形图(置位、复位指令法)

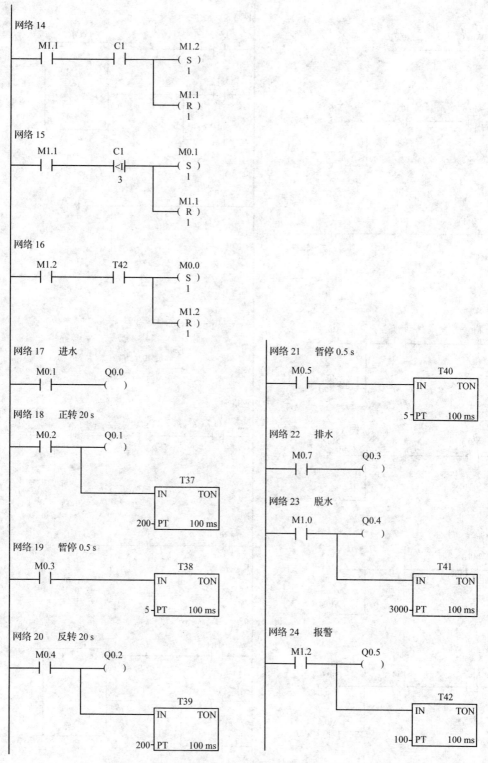

图 4-56　全自动洗衣机顺序控制梯形图（置位、复位指令法）（续图）

任务拓展

自动门控制

自动门控制如图 4-57 所示。当人靠近自动门时,感应器 I0.0 为 ON,Q0.0 驱动电动机高速开门,碰到开门减速开关 I0.1 时,变为低速开门,碰到开门极限开关 I0.2 时电动机停转,开始延时,若在 0.5 s 内感应器检测到无人,Q0.2 启动电动机高速关门。碰到关门减速开关 I0.3 时,改为低速关门,碰到关门极限开关 I0.4 时电动机停转。在关门期间若感应器检测到有人,则停止关门,延时 0.5 s 后自动转换为高速开门。试绘制自动门控制系统的顺序控制功能图。

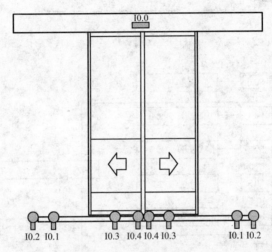

图 4-57 自动门控制

根据前面所述的顺序控制功能图的绘制方法及自动门的控制要求,不难画出如图4-58所示的自动门控制系统的顺序控制功能图。不过在已知顺序控制功能图的前提下进行梯形图编写时有三种不同的方法,即使用启保停电路法,使用置位、复位指令法和使用 SCR 指令法编写。在使用启保停电路法和使用置位、复位指令法编程时,顺序控制功能图中的各步用内部标志位存储器 M 的位地址表示,如图 4-58 所示。而在使用 SCR 指令法编程时,则用顺序控制继电器 S 的位地址代表各步,如图 4-59 所示。

电镀生产线控制

电镀生产线有 3 个槽,工件由可升降吊钩的行车运送,经过电镀、镀液回收、清洗工序,实现对工件的电镀。工艺要求是:工件放入电镀槽中,电镀 280 s 后提起,停放 28 s,让镀液从工件上流回电镀槽,然后放入回收槽中浸 30 s,提起后停 15 s,再放入清水槽中清洗 30 s,最后提起停 15 s,行车返回原位,电镀一个工件的全过程结束。电镀生产线工艺流程如图 4-60 所示。

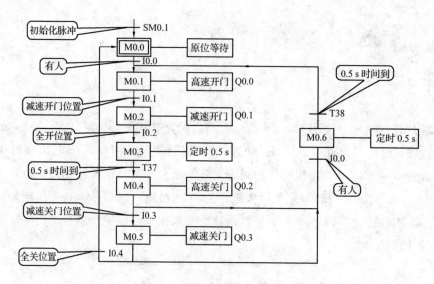

图 4-58 自动门控制系统的顺序控制功能图（启保停电路法及置位、复位指令法）

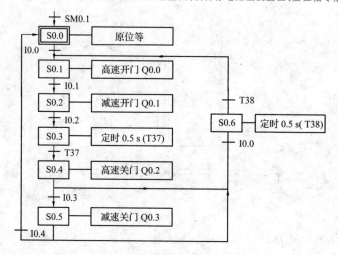

图 4-59 自动门控制系统的顺序控制功能图（SCR 指令法）

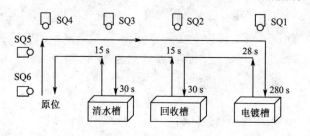

电镀生产线控制

图 4-60 电镀生产线工艺流程

1. 电气控制要求

电镀生产线除装卸工件外，要求整个生产过程能自动进行。同时行车和吊钩的正反向运行均能实现手动控制，以便于工作时对设备进行调整和检修。行车自动运行的控制过程是:行车在原位,吊钩下降到最下方时,行车左限位开关 SQ4、吊钩下限位开关 SQ6 被压下动作,操作人员将电镀工件放在挂具上,即准备开始进行电镀。具体控制要求如下:

(1)吊钩上升

按下启动按钮 SB1,使辅助继电器 M0.1 接通,吊钩提升电动机正转,吊钩上升,当碰到上限位开关 SQ5 后,吊钩停止上升。

(2)行车前进

在吊钩上升停止的同时,辅助继电器 M0.2 接通,行车电动机正转前进。

(3)吊钩下降

行车前进碰撞到右限位开关 SQ1 时,行车停止前进,同时辅助继电器 M0.3 接通,吊钩电动机反转,吊钩下降。

(4)定时电镀

吊钩下降碰撞到下限位开关 SQ6 时,同时辅助继电器 M0.4 接通,定时器 T37 定时 280 s,工件电镀。

(5)吊钩上升

T37 定时时间到,辅助继电器 M0.5 接通,吊钩电动机正转,吊钩上升。

(6)定时滴液

吊钩上升碰撞到上限位开关 SQ5 时,吊钩停止上升,同时辅助继电器 M0.6 接通,定时器 T38 定时 28 s,工件滴液。

(7)行车后退

T38 定时时间到,辅助继电器 M0.7 接通,行车电动机反转,行车后退,转入镀液回收工序。

后面各道工序的顺序动作过程,依此类推。最后行车退回到原位上方,吊钩下放到原位。若再次按下启动按钮 SB1,则开始下一个工作循环。电镀生产线自动操作的顺序控制功能图如图 4-61 所示。

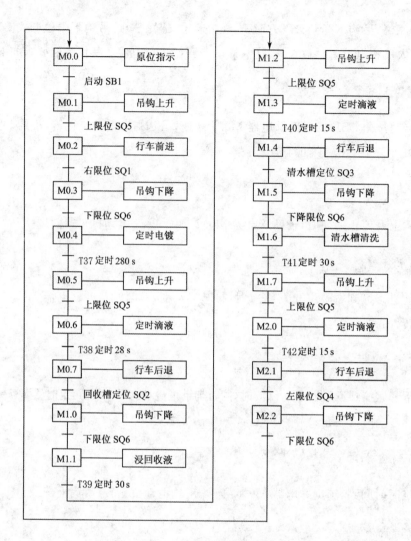

图 4-61　电镀生产线自动操作的顺序控制功能图

2. 控制系统构成

(1)PLC 的选型

　　根据图 4-61 所示的顺序控制功能图,PLC 控制系统的输入信号有 14 个,均为开关量。其中,各种单操作按钮开关 6 个;行程开关 6 个;自动/手动选择开关 1 个(占 2 个输入接点)。PLC 控制系统的输出信号有 5 个,其中,2 个用于驱动吊钩电动机正、反转接触器 KM1、KM2;2 个用于驱动行车电动机正、反转接触器 KM3、KM4;1 个用于原位指示。基于此,选用西门子公司的 CPU 226 可以满足控制要求,且有一定的裕量。

（2）I/O 地址编号及接线

表 4-8 是电镀生产线的外部信号与 PLC 的 I/O 接点地址编号对照，根据表 4-8 可得如图 4-62 所示的 I/O 接线。

表 4-8 电镀生产线的外部信号与 PLC 的 I/O 接点地址编号对照

名称	功 能	I/O 地址	名称	功 能	I/O 地址
SB1	启动	I0.0	SQ3	行车清水槽定位	I1.2
SB2	停止	I0.1	SQ4	行车左限位	I1.3
SB3	吊钩提升	I0.2	SQ5	吊钩上限位	I1.4
SB4	吊钩下降	I0.3	SQ6	吊钩下限位	I1.5
SB5	行车前进	I0.4	ZD	原点指示灯	Q0.0
SB6	行车后退	I0.5	KM1	提升电动机正转接触器	Q0.1
SA	自动/手动选择开关	I0.6	KM2	提升电动机反转接触器	Q0.2
SQ1	行车右限位	I1.0	KM3	行车电动机正转接触器	Q0.3
SQ2	行车回收槽定位	I1.1	KM4	行车电动机反转接触器	Q0.4

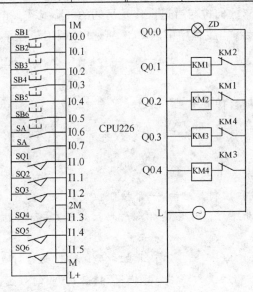

图 4-62　电镀生产线的 PLC I/O 接线

3. PLC 程序设计

电镀生产线的 PLC 控制程序包括手动操作和自动操作两部分。整个 PLC 控制程序如图 4-63、图 4-64 和图 4-65 所示。为了增强程序的可读性和易操作性，本例中 PLC 程序采取子程序的设计方法，将手动操作程序和自动操作程序分别放在不同的子程序中，利用主程序对子程序的调用来实现手动或自动操作。

(1)主程序

电镀生产线的主程序如图 4-63 所示。

(2)自动操作程序

电镀生产线的自动操作程序(SBR-0)如图 4-64 所示,当主程序中的 I0.6 接通时,调用子程序 SBR_0,实现自动操作。

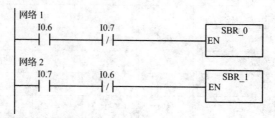

图 4-63　电镀生产线的主程序

(3)手动操作程序

手动操作程序有行车的前进与后退操作及吊钩的升降操作。电镀生产线的手动操作程序(SBR_1)如图 4-65 所示,当主程序中的 I0.7 接通时,调用子程序 SBR_1,实现手动操作。

计划总结

计划总结内容同本项目任务 1。

巩固练习

交通信号灯控制要求如下:

(1)信号灯由一个按钮控制其启动,一个按钮控制其停止。

(2)信号灯分为南、北绿灯,南、北黄灯,南、北红灯和东、西绿灯,东、西黄灯,东、西红灯和报警灯。

(3)南、北红灯亮,并维持 25 s。当南、北红灯亮时,东、西绿灯也亮,维持 20 后,东、西绿灯闪烁 3 s 后熄灭,然后东、西黄灯亮 2 s 后熄灭,接着东、西红灯亮,南、北绿灯亮。

(4)东、西红灯亮,并维持 30 s,在东、西红灯亮时,南、北绿灯也亮,维持 25 s 后,南、北绿灯闪烁 3 s 后熄灭,然后南、北黄灯亮 2 s 后熄灭,接着南、北红灯亮,东、西绿灯亮。

按以上方式周而复始地工作。

请读者按控制要求画出交通信号灯顺序控制功能图,并分别用启保停电路法和置位、复位指令法编写梯形图程序。

网络 1

```
   I0.6              Q0.0
───┤ ├──────────────( )
```

网络 2

```
   I0.0     I0.6      I0.1      M0.2      M0.1
───┤ ├──────┤ ├──┬───┤/├──────┤/├───────( )
                 │
   I1.5     M2.2 │
───┤ ├──────┤ ├──┤
                 │
   M0.1          │
───┤ ├───────────┘
```

网络 3

```
   I1.4     M0.1      I0.1      M0.3      M0.2
───┤ ├──────┤ ├──┬───┤/├──────┤/├───────( )
                 │
   M0.2          │              Q0.3
───┤ ├───────────┘            ──( )
```

网络 4

```
   I1.0     M0.2      I0.1      M0.4      M0.3
───┤ ├──────┤ ├──┬───┤/├──────┤/├───────( )
                 │
   M0.3          │
───┤ ├───────────┘
```

网络 5

```
   I1.5     M0.3      I0.1      M0.5      M0.4
───┤ ├──────┤ ├──┬───┤/├──────┤/├───────( )
                 │
   M0.4          │                      ┌─────────────┐
───┤ ├───────────┘                      │ T37         │
                                        │ IN      TON │
                                   2800─┤ PT   100 ms │
                                        └─────────────┘
```

网络 6

```
   T37      M0.4      I0.1      M0.6      M0.5
───┤ ├──────┤ ├──┬───┤/├──────┤/├───────( )
                 │
   M0.5          │
───┤ ├───────────┘
```

网络 7

```
   I1.4     M0.5      I0.1      M0.7      M0.6
───┤ ├──────┤ ├──┬───┤/├──────┤/├───────( )
                 │
   M0.6          │                      ┌─────────────┐
───┤ ├───────────┘                      │ T38         │
                                        │ IN      TON │
                                    280─┤ PT   100 ms │
                                        └─────────────┘
```

图 4-64 电镀生产线的自动操作程序

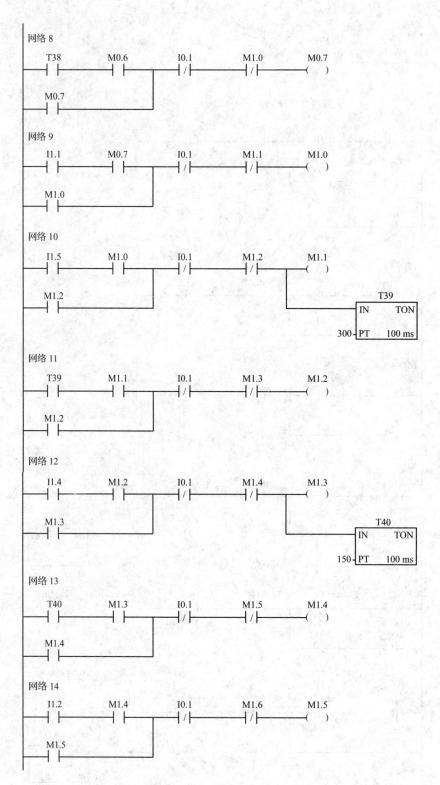

图 4-64　电镀生产线的自动操作程序（续图 1）

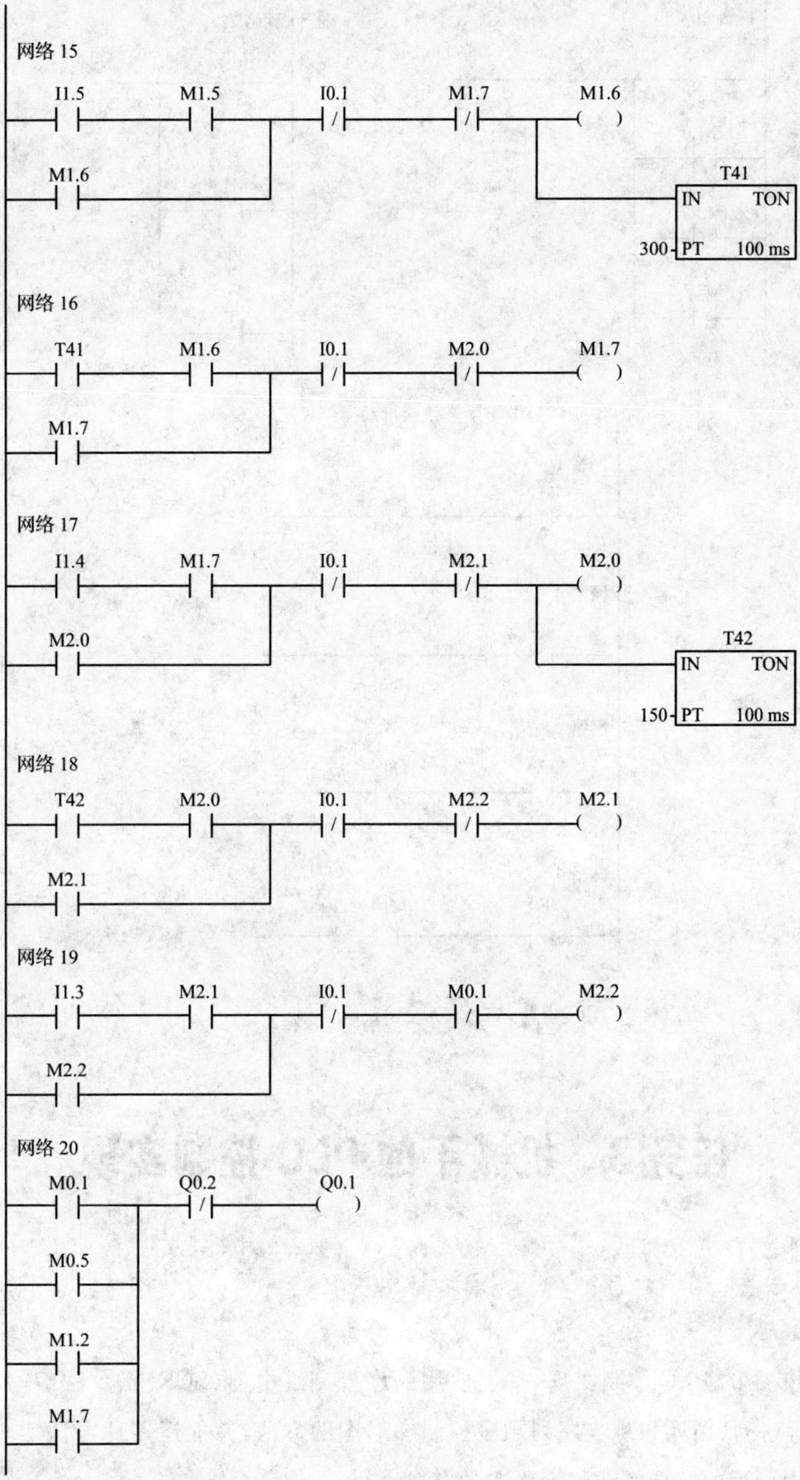

网络 15

网络 16

网络 17

网络 18

网络 19

网络 20

图 4-64 电镀生产线的自动操作程序(续图 2)

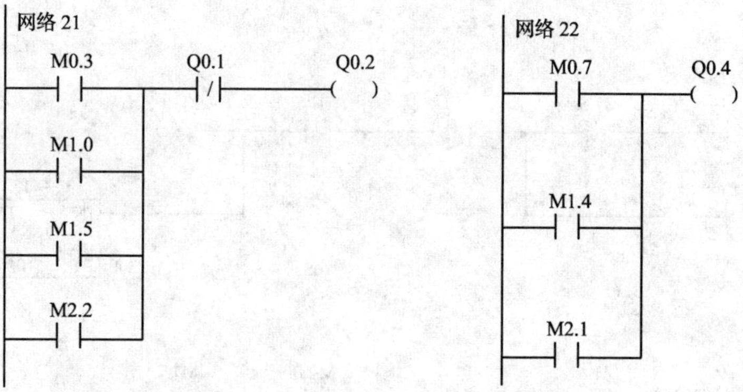

网络 21

M0.3   Q0.1   Q0.2

M1.0

M1.5

M2.2

网络 22

M0.7   Q0.4

M1.4

M2.1

图 4-64 电镀生产线的自动操作程序（续图 3）

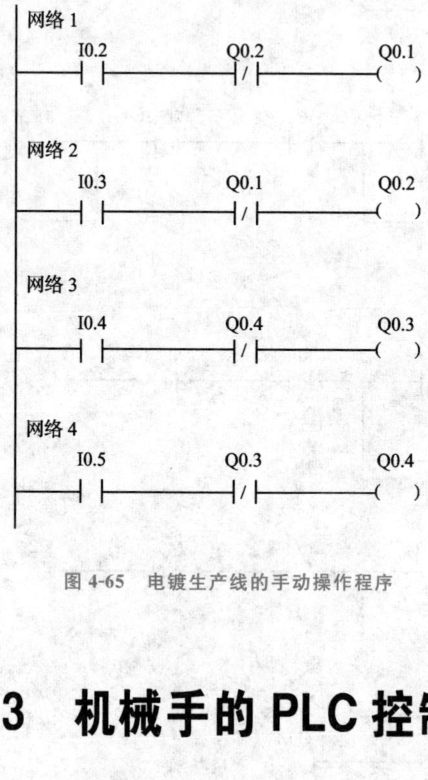

网络 1

I0.2   Q0.2   Q0.1

网络 2

I0.3   Q0.1   Q0.2

网络 3

I0.4   Q0.4   Q0.3

网络 4

I0.5   Q0.3   Q0.4

图 4-65 电镀生产线的手动操作程序

任务 3 机械手的 PLC 控制实现

任务目标

通过机械手的 PLC 控制实现，掌握使用顺序控制继电器（SCR）指令法编写单序列、选择序列、并行序列、循环和跳步序列顺序控制梯形图的方法，并能运用此方法实现机械手的 PLC 控制，为以后的社会实践打下坚实的基础。

图 4-66 是搬运机械手的工作。该机械手的主要任务是将工件从传送带 A 转移至传送带 B 上。机械手的初始位置是在原点，按下启动按钮后，机械手将依次完成：手臂上升→手

臂左旋→手臂下降→手爪抓紧→手臂上升→手臂右旋→手臂下降→手爪放松这 8 个动作，实现一个周期的自动循环工作。现要求用 PLC 设计该机械手的电气控制系统。

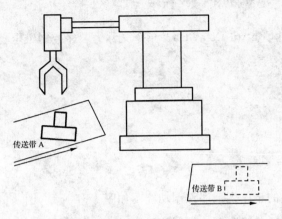

传送带 A

传送带 B

图 4-66 搬运机械手的工作

知识梳理

1. SCR 指令

顺序控制继电器指令即 SCR 指令又称为步进顺控指令。西门子 S7-200 系列 PLC 中的顺序控制继电器 S 专门用于编制顺序控制程序。

SCR 指令包括 LSCR（程序段开始）指令、SCRT（程序段转换）指令、SCRE（程序段结束）指令。一个程序段从 LSCR 指令开始到 SCRE 指令结束。一个 SCR 程序段对应于顺序控制功能图中的一步。

（1）LSCR（程序段开始）指令

LSCR（Load Sequential Control Relay）指令又称为装载顺序控制继电器指令。指令 LSCR n 用来表示一个 SCR 段，即顺序控制功能图中的步的开始。指令中的操作数 n 为顺序控制继电器 S（BOOL 型）的地址，顺序控制继电器为 1 状态时，对应的 SCR 段中的程序被执行，反之不被执行。

（2）SCRT（程序段转换）指令

SCRT（Sequential Control Relay Transition）指令又称为顺序控制继电器转换指令。指令 SCRT n 用来表示 SCR 段的转换，即步的活动状态的转换。当 SCRT 线圈通电时，SCRT 中指定的顺序控制功能图中的后续步对应的顺序控制继电器 n 变为 1 状态，同时当前活动步对应的顺序控制继电器变为 0 状态,当前步变为不活动步。

（3）SCRE（程序段结束）指令

SCRE（Sequential Control Relay End）指令又称为顺序控制继电器结束指令。SCRE 指令用来表示 SCR 段的结束。

2. SCR 指令的应用

（1）单序列顺序控制程序

用 SCR 指令画出的单序列顺序控制功能图如图 4-67 所示,图 4-68 是与图 4-69 相对应的用 SCR 指令法编写的单序列顺序控制梯形图。

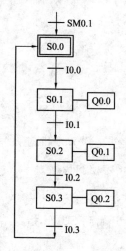

图 4-67　单序列顺序控制功能图（SCR 指令法）

（2）选择序列顺序控制程序

选择序列顺序控制功能图如图 4-69 所示,程序运行到步 S0.1 时,若触点 I0.1 导通,则程序沿步 S0.2、S0.3 支路运行;若触点 I0.4 导通,则程序沿步 S0.4、S0.5 支路运行,同理若触点 I0.7 导通,则程序沿步 S0.6、S07 支路运行。不管按哪条支路运行,最后都汇合到步 S1.0 一条支路上。与图 4-69 相对应的选择序列顺序控制梯形图如图 4-70 所示,图中的网络 7、8、9 是选择序列分支的程序,网络 17、25、33 是选择序列合并的程序。

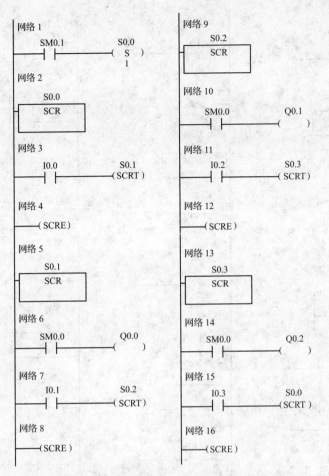

图 4-68 单序列顺序控制梯形图(SCR 指令法)

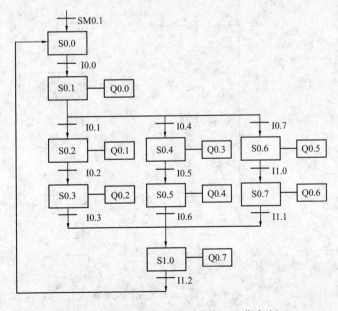

图 4-69 选择序列顺序控制功能图(SCR 指令法)

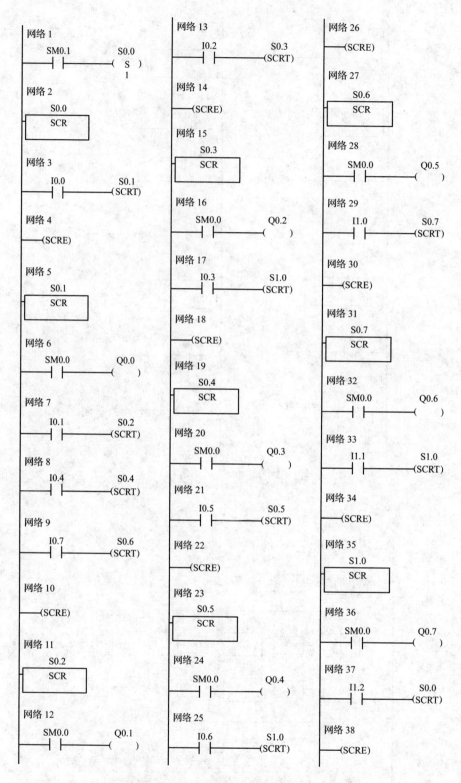

图 4-70　选择序列顺序控制梯形图(SCR 指令法)

(3)并行序列顺序控制程序

并行序列顺序控制功能图如图 4-71 所示。在图 4-71 中,当触点 I0.1 闭合时,由步 S0.1 同时转移到步 S0.2、S0.4、S0.6 三条支路,即输出继电器 Q0.1、Q0.3、Q0.5 同时导通。当步 S0.3、S0.5、S0.7 都为活动步且触点 I0.5 闭合,程序最后同时汇合到步 S1.0。

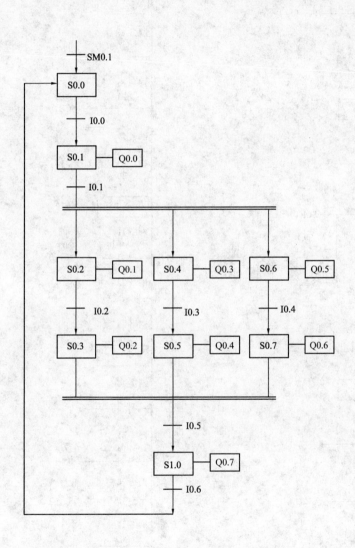

图 4-71　并行序列顺序控制功能图(SCR 指令法)

图 4-72 是根据图 4-71 所示的并行序列顺序控制功能图编写的梯形图。图中的网络 7 是并行序列分支程序,而网络 30 是并行序列汇合程序。

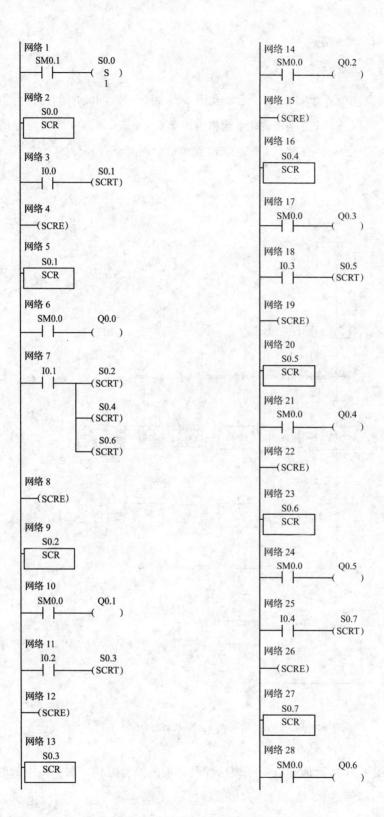

图 4-72　并行序列顺序控制梯形图（SCR 指令法）

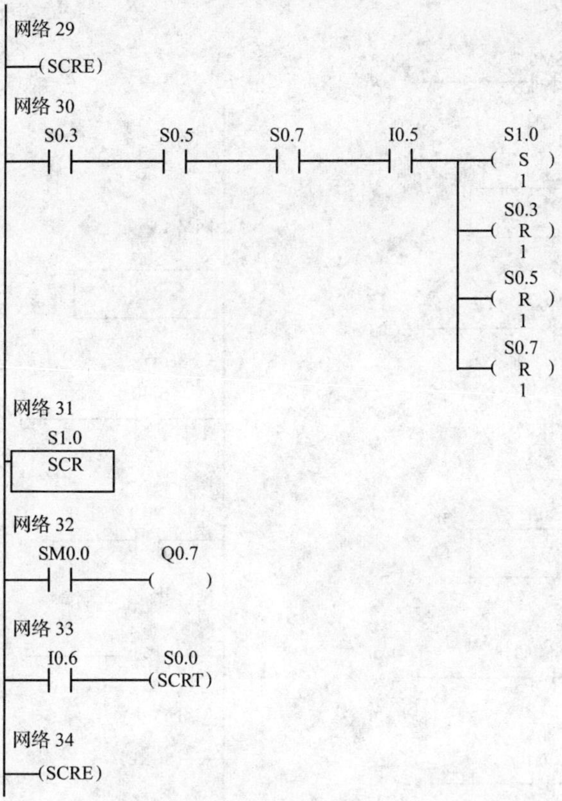

网络 29
(SCRE)
网络 30
S0.3
S0.5
S0.7
I0.5
S1.0
S
1
S0.3
R
1
S0.5
R
1
S0.7
R
1
网络 31
S1.0
SCR
网络 32
SM0.0
Q0.7
网络 33
I0.6
S0.0
(SCRT)
网络 34
(SCRE)

图 4-72　并行序列顺序控制梯形图(SCR 指令法)(续图)

(4)循环序列顺序控制程序

循环序列顺序控制功能图如图4-73所示。当程序运行到步 S0.3 时,若触点 I0.3 断开而触点 I0.4 闭合,重复执行步 S0.1 至步 S0.3 段程序;若触点 I0.3 闭合且触点 I0.4 断开,执行步S0.4 及后续各步。与图 4-73 相对应的循环序列顺序控制梯形图如图 4-74 所示。

SM0.1
S0.0
I0.0
S0.1
Q0.0
I0.1
S0.2
Q0.1
I0.4
I0.2
S0.3
Q0.2
I0.3
S0.4
Q0.3
I0.5

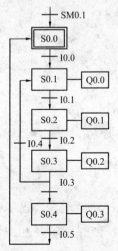

图 4-73　循环序列顺序控制功能图(SCR 指令法)

PLC 程序设计与调试——项目化教程

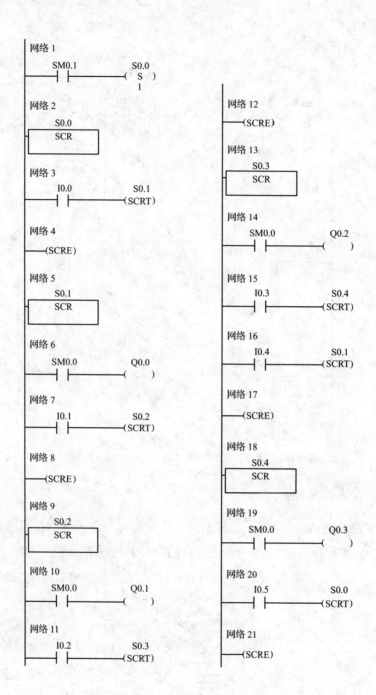

图 4-74　循环序列顺序控制梯形图(SCR 指令法)

(5)跳步序列顺序控制程序

跳步序列顺序控制功能图如图 4-75 所示。当程序运行到步 S0.1 时,若触点 I0.1 闭合,程序按正常顺序执行;若触点 I0.1 断开而触点 I0.2 闭合,程序由步 S0.1 跳到步 S0.4 开始执行。与图 4-75 相对应的跳步序列顺序控制梯形图如图 4-76 所示。

SM0.1
S0.0
I0.0
S0.1
Q0.0
I0.1
I0.2
S0.2
Q0.1
I0.3
S0.3
Q0.2
I0.4
S0.4
Q0.3
I0.5
S0.5
Q0.4
I0.6

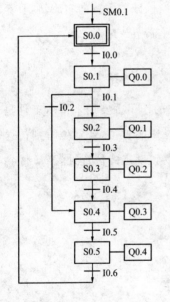

图 4-75 跳步序列顺序控制功能图(SCR 指令法)

网络 1
SM0.1
S0.0
S
1
网络 2
S0.0
SCR
网络 3
I0.0
S0.1
(SCRT)
网络 4
(SCRE)
网络 5
S0.1
SCR
网络 6
SM0.0
Q0.0
网络 7
I0.1
S0.2
(SCRT)
网络 8
I0.2
S0.4
(SCRT)
网络 9
(SCRE)
网络 10
S0.2
SCR
网络 11
SM0.0
Q0.1
网络 12
I0.3
S0.3
(SCRT)
网络 13
(SCRE)
网络 14
S0.3
SCR
网络 15
SM0.0
Q0.2
网络 16
I0.4
S0.4
(SCRT)
网络 17
(SCRE)
网络 18
S0.4
SCR
网络 19
SM0.0
Q0.3
网络 20
I0.5
S0.5
(SCRT)
网络 21
(SCRE)
网络 22
S0.5
SCR
网络 23
SM0.0
Q0.4
网络 24
I0.6
S0.0
(SCRT)
网络 25
(SCRE)

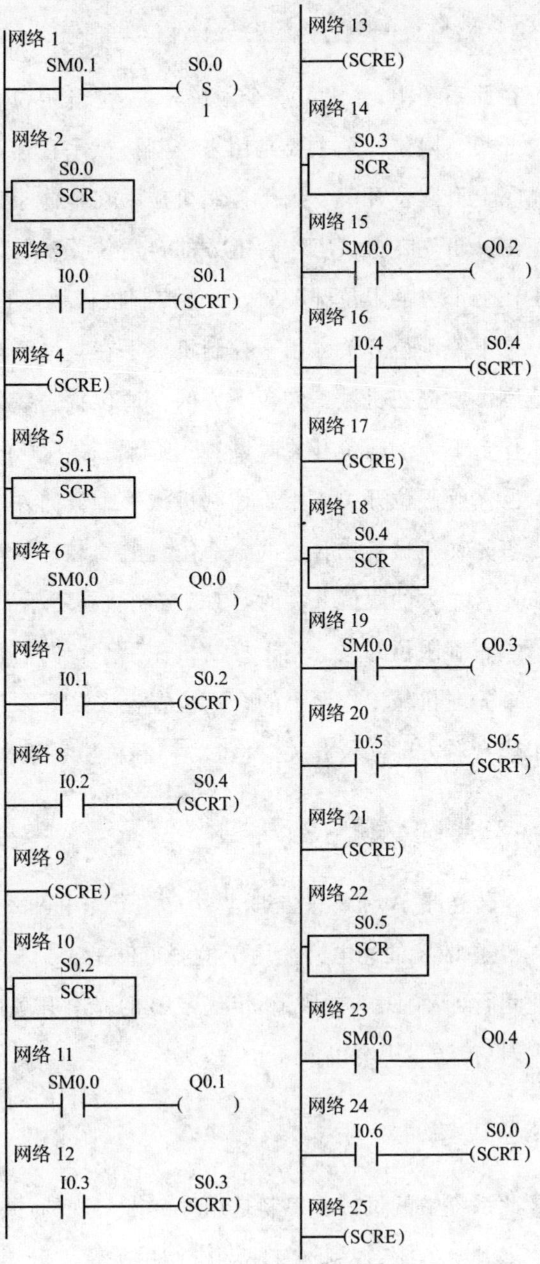

图 4-76 跳步序列顺序控制梯形图(SCR 指令法)

3. 硬件结构

要完成机械手的控制功能，除了 PLC 外，还需要各种限位开关、光电开关、电磁阀、继电器等设备。

（1）各种限位开关

在此系统中，共用了 4 个限位开关：上升限位开关、下降限位开关、左旋限位开关和右旋限位开关。限位开关主要是用来控制机械手在运动过程中停止时刻的位置。

①上升限位开关　用于控制机械手在整体上升时的位置，防止机械手在向上运动时超出范围。事先在机械工作台上方的合适位置安装好限位开关，当机械手逐渐上升，直至接触到工作台上方的限位开关时，PLC 控制机械手停止上升。

②下降限位开关　用于控制机械手在整体下降时的位置，防止机械手在向下运动时超出范围。事先在机械工作台下方的合适位置安装好限位开关，当机械手逐渐下降，直至接触到工作台下方的限位开关时，PLC 控制机械手停止下降。

③左旋限位开关　用于控制机械手手臂向左旋转时的位置，防止机械手旋转到位后过冲。事先在机械工作台上的合适位置上安装好限位开关，当机械手手臂向左旋转，直至接触到工作台左方的限位开关时，PLC 控制机械手手臂停止向左旋转。

④右旋限位开关　用于控制机械手手臂向右旋转时的位置，防止机械手旋转到位后过冲。事先在机械工作台上的合适位置上安装好限位开关，当机械手手臂向右旋转，直至接触到工作台右方的限位开关时，PLC 控制机械手手臂停止向右旋转。

（2）光电开关

在传送带 A 和传送带 B 上各有一个光电开关，此开关的作用主要用来指示工件是否到位。传送带 A 的光电开关用于检测工件是否到机械手可操作的工位，若到位时则传送带 A 停止运行，等待工件被取走；传送带 B 的光电开关则置于事先设定的位置处，当工件到达此位置时，传送带 B 停止运行。

（3）各种电磁阀

此系统中的机械手控制是用气缸来实现的，共用了六个电磁阀。

上升电磁阀：控制气缸驱动机械手手臂上升至设定位置。

下降电磁阀：控制气缸驱动机械手手臂下降至设定位置。

抓紧电磁阀：控制气缸驱动机械手手爪做抓紧动作。

松开电磁阀：控制气缸驱动机械手手爪做松开动作。

左旋电磁阀：控制气缸驱动机械手手臂左旋至设定位置

右旋电磁阀：控制气缸驱动机械手手臂右旋至设定位置

(4)各种继电器

此系统中,传送带 A、B 并不需要时刻连续地运转传送,并且也不可能一直连续地传送工件,而是根据机械手的当前工作情况由控制机械手的控制系统来控制传送带 A、B 的运行与否,该在什么时候启动传送,该在什么时候停止传送。因此,就必须要在传送带 A、B 的电动机部分装一个可以控制电动机运转和停止的继电器,再连接到 PLC 以控制接触器,最后达到控制目的。

任务实施

1. 任务分析

该机械手采用气动控制装置,各动作的转换靠限位开关来控制,而机械手手爪夹紧与放松动作的转换由时间继电器来控制。另外安装了光电开关,负责监测传送带 A、B 上的工件是否已到位或已移走。

根据系统的控制要求,此机械手工作时的动作有以下几个步骤:

(1)按下启动按钮,机械手开始工作。

(2)机械手手臂在气缸驱动下上升至设定位置。

(3)机械手手臂在到达设定的高度后,开始左旋至设定位置。

(4)机械手手臂左旋至设定位置后,传送带 A 开始运行,传送带 A 上的光电开关检测工件是否到位。

(5)若传送带 A 上的工件到位,则机械手手臂在气缸的驱动下下降至设定位置;如果工件未到位,则机械手手臂在上限位置等待工件到位。

(6)工件到位后,机械手手臂下降至设定位置后,机械手手爪开始抓紧工件。

(7)机械手手爪抓紧工件后,机械手手臂上升至设定位置。

(8)机械手手臂上升到位后,开始右旋至设定位置。

(9)机械手手臂右旋到位后,开始下降至设定位置。

(10)机械手手臂下降到位后,机械手手爪松开,放下工件,同时开始计时,时间为 5 s。

(11)定时时间到,传送带 B 启动,将工件传送到事先设定的位置。

(12)工件传送到位后,则机械手手臂上升,继续重复上述过程。

根据以上的机械手动作和要实现的功能,设计出如图 4-77 所示的机械手顺序控制功能图。

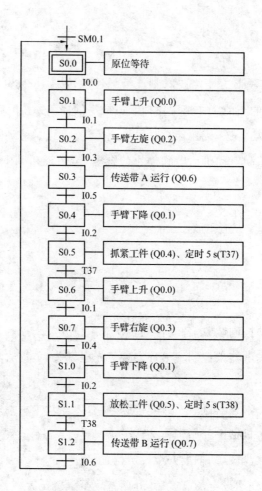

图 4-77 机械手顺序控制功能图

2. 编程实现

根据系统的控制要求,从经济性和可靠性等方面考虑,选择西门子 S7-200 系列 PLC 中的 CPU 222 作为此机械手控制系统的控制设备。

(1) 数字量输入部分

在这个控制系统中,要求数字输入的有启动按钮,上升、下降、左旋、右旋限位开关、光电开关等。具体分配见表 4-9。

表 4-9   机械手控制数字输入 I/O 分配

外接元件符号	I/O 地址	注 释
SB1	I0.0	启动按钮
SQ1	I0.1	上升限位开关
SQ2	I0.2	下降限位开关
SQ3	I0.3	左旋限位开关
SQ4	I0.4	右旋限位开关
SP1	I0.5	传送带 A 光电开关
SP2	I0.6	传送带 B 光电开关

(2)数字量输出部分

这个控制系统中的外部设备主要有上升、下降、左旋、右旋、抓紧、放松电磁阀以及控制传送带 A 和 B 启动和停止的继电器,共 8 个数字量输出点,具体分配见表 4-10。

表 4-10   机械手控制数字量输出 I/O 分配

外接元件符号	I/O 地址	注 释
YV1	Q0.0	执行上升电磁阀
YV2	Q0.1	执行下降电磁阀
YV3	Q0.2	执行左旋电磁阀
YV4	Q0.3	执行右旋电磁阀
YV5	Q0.4	执行抓紧电磁阀
YV6	Q0.5	执行放松电磁阀
KM1	Q0.6	传送带 A 接触器
KM2	Q0.7	传送带 B 接触器

(3)梯形图程序设计

机械手控制应设有手动工作方式、单步工作方式和自动工作方式等,本任务只给出自动工作方式的梯形图程序。

根据图 4-77 所给出的机械手顺序控制功能图,可以编写出如图 4-78 所示的用 SCR 指令法编写的梯形图程序。

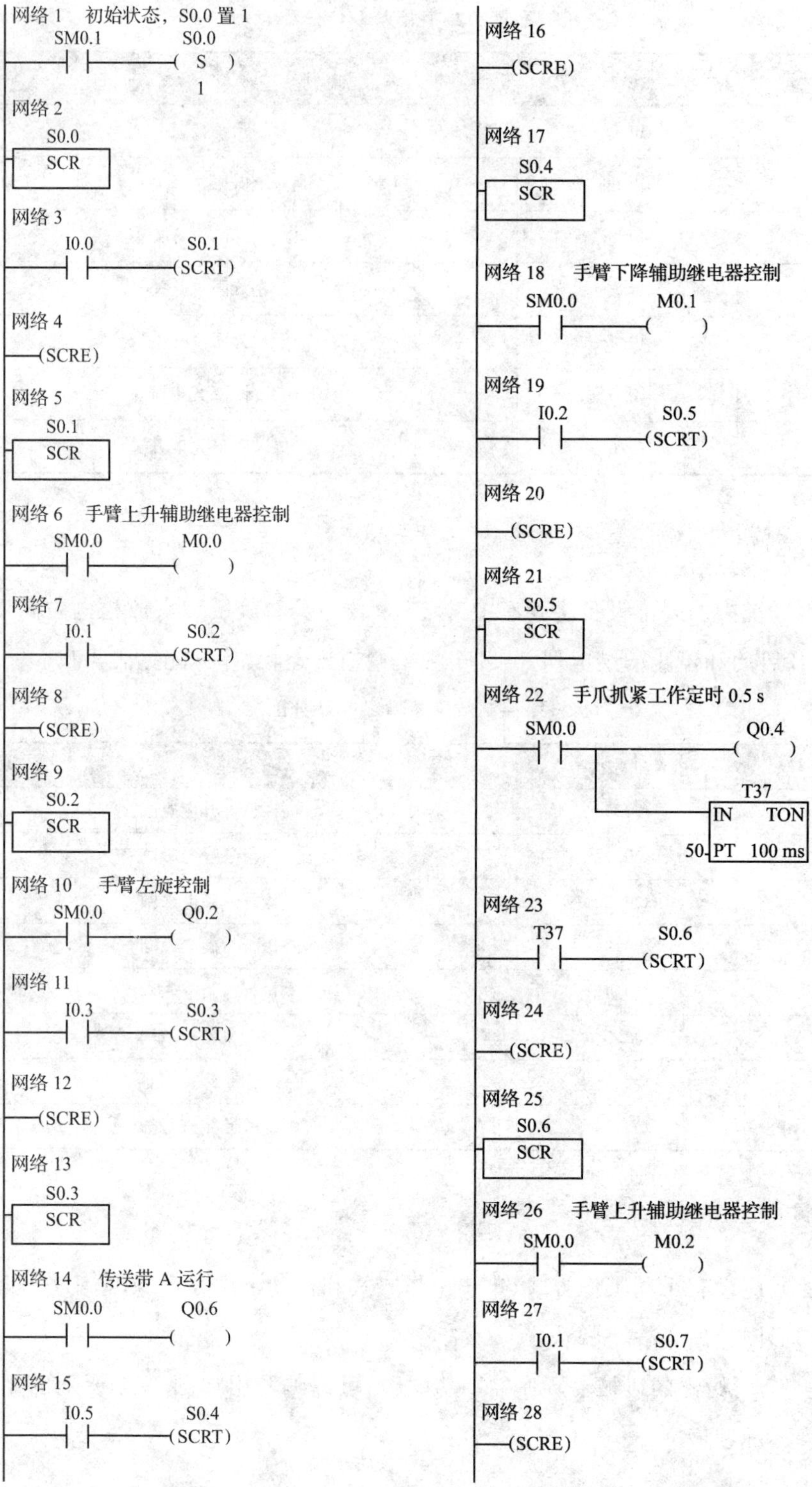

PLC 程序设计与调试——项目化教程

网络 1 初始状态，S0.0 置 1
```
SM0.1        S0.0
 ┤├         ( S )
              1
```

网络 2
```
S0.0
SCR
```

网络 3
```
I0.0         S0.1
 ┤├         (SCRT)
```

网络 4
```
(SCRE)
```

网络 5
```
S0.1
SCR
```

网络 6 手臂上升辅助继电器控制
```
SM0.0        M0.0
 ┤├         ( )
```

网络 7
```
I0.1         S0.2
 ┤├         (SCRT)
```

网络 8
```
(SCRE)
```

网络 9
```
S0.2
SCR
```

网络 10 手臂左旋控制
```
SM0.0        Q0.2
 ┤├         ( )
```

网络 11
```
I0.3         S0.3
 ┤├         (SCRT)
```

网络 12
```
(SCRE)
```

网络 13
```
S0.3
SCR
```

网络 14 传送带 A 运行
```
SM0.0        Q0.6
 ┤├         ( )
```

网络 15
```
I0.5         S0.4
 ┤├         (SCRT)
```

网络 16
```
(SCRE)
```

网络 17
```
S0.4
SCR
```

网络 18 手臂下降辅助继电器控制
```
SM0.0        M0.1
 ┤├         ( )
```

网络 19
```
I0.2         S0.5
 ┤├         (SCRT)
```

网络 20
```
(SCRE)
```

网络 21
```
S0.5
SCR
```

网络 22 手爪抓紧工作定时 0.5 s
```
SM0.0                    Q0.4
 ┤├                     ( )
                    T37
                  IN    TON
              50-PT   100 ms
```

网络 23
```
T37          S0.6
 ┤├         (SCRT)
```

网络 24
```
(SCRE)
```

网络 25
```
S0.6
SCR
```

网络 26 手臂上升辅助继电器控制
```
SM0.0        M0.2
 ┤├         ( )
```

网络 27
```
I0.1         S0.7
 ┤├         (SCRT)
```

网络 28
```
(SCRE)
```

图 4-78 机械手控制梯形图

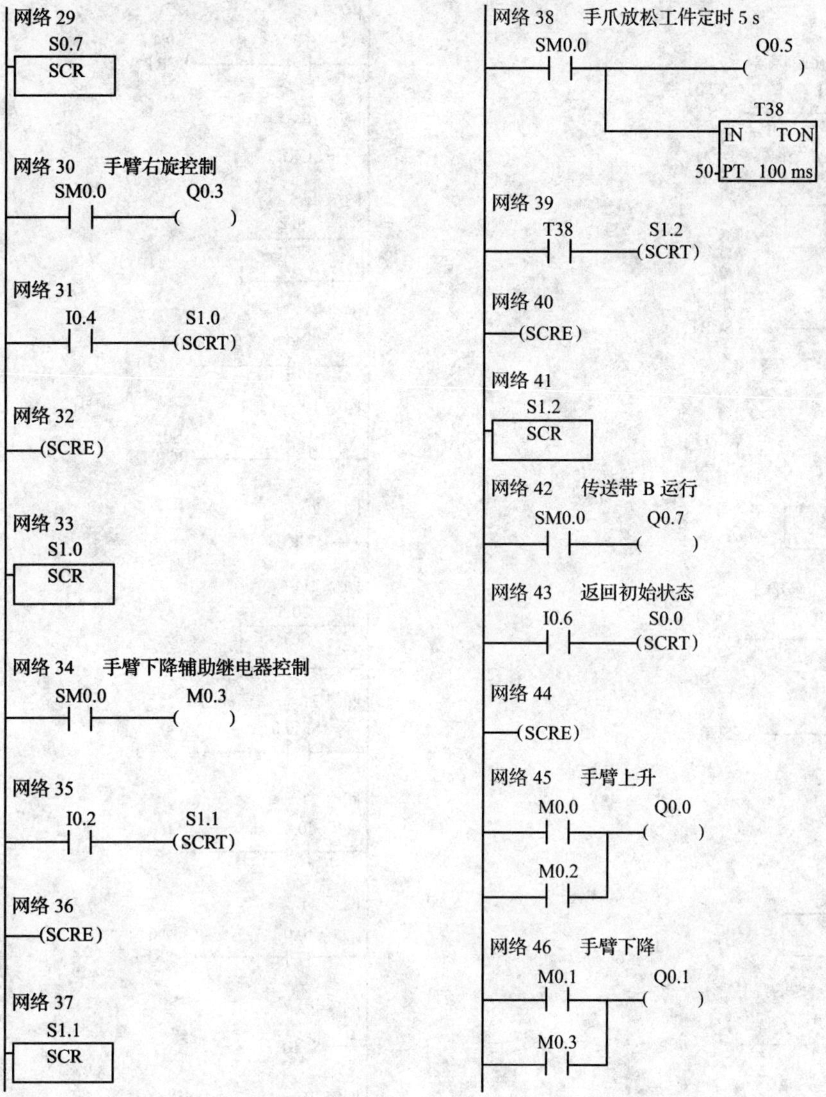

网络 29
S0.7
SCR

网络 30　手臂右旋控制
SM0.0　Q0.3
├─┤ ├──( )

网络 31
I0.4　S1.0
├─┤ ├──(SCRT)

网络 32
─(SCRE)

网络 33
S1.0
SCR

网络 34　手臂下降辅助继电器控制
SM0.0　M0.3
├─┤ ├──( )

网络 35
I0.2　S1.1
├─┤ ├──(SCRT)

网络 36
─(SCRE)

网络 37
S1.1
SCR

网络 38　手爪放松工件定时 5 s
SM0.0　Q0.5
├─┤ ├──( )
　　　T38
　　　IN　TON
　50─PT　100 ms

网络 39
T38　S1.2
├─┤ ├──(SCRT)

网络 40
─(SCRE)

网络 41
S1.2
SCR

网络 42　传送带 B 运行
SM0.0　Q0.7
├─┤ ├──( )

网络 43　返回初始状态
I0.6　S0.0
├─┤ ├──(SCRT)

网络 44
─(SCRE)

网络 45　手臂上升
M0.0　Q0.0
├─┤ ├──( )
M0.2

网络 46　手臂下降
M0.1　Q0.1
├─┤ ├──( )
M0.3

图 4-78　机械手控制梯形图(续图)

任务拓展

利用 SCR 指令法编写如图 4-65 所示的自动门控制系统的顺序控制功能图的梯形图，如图 4-79 所示。

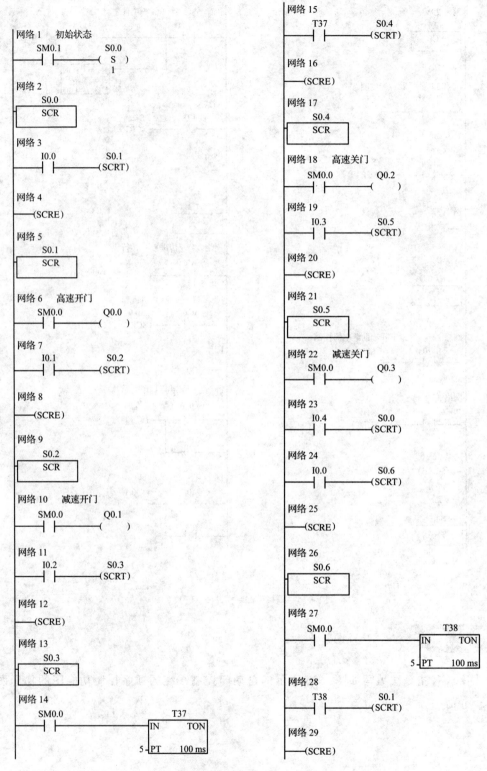

图 4-79 利用 SCR 指令法编写的自动门控制系统梯形图

计划总结

计划总结内容同本项目任务 1。

巩固练习

利用 SCR 指令法编写图 4-61 所示的电镀生产线自动操作的顺序控制功能图的梯形图程序。

项目 5
四层楼电梯控制实现

项目描述

本项目先介绍四层楼电梯的基本结构、工作原理、硬件控制系统,进而详细介绍基于西门子 S7-200 系列 PLC 的电梯软件控制系统。

项目目标

■ 能力目标

● 熟悉电梯的基本结构;

● 了解电梯的工作过程及工作原理;

● 了解电梯的硬件控制系统;

● 掌握电梯的软件控制系统。

■ 知识目标

● 电梯的硬件控制原理;

● 电梯控制系统的流程图绘制方法;

● 电梯控制系统的梯形图编制方法。

■ 素质目标

● 具备载人电梯维修工作人员应具备的基本工作素质;

● 具备电梯软件阅读及简单调试的素质;

● 具备相关工作人员应具备的基本素质。

任务 1 分析四层楼电梯的基本结构及工作原理

任务目标

熟悉四层楼电梯的基本结构,主要包括整个厢体的设计,电动机的位置,动、定滑轮的位置,电气控制柜的位置,各种传感器的位置以及电气线路的位置;分析电梯控制系统功能要求及工作原理。

知识梳理

近年来,电梯生产和控制技术迅速发展使电梯的设计、制造、维修都得到较大的改进,甚至出现了新型电梯,同时电梯的控制方式也得到了飞速的发展。一些自动化、高智能化的电梯控制方式的出现,既提高了电梯乘坐的舒适性,又减少了人的参与,操控也更加简单、方便。

1. 电梯分类

根据电梯用途、载重、运行速度、传动机构和控制方式等基本规格的要求,电梯可按多种方式进行分类,其中包括以下几个方面。

(1)按照电梯用途分类:分为客梯、货梯、住宅梯、观光梯和自动扶梯,以及其他特种电梯等。

(2)按照电梯运行速度分类:分为低速、快速、高速和超高速电梯。速度在 1 m/s 以下为低速电梯;1~2 m/s 为快速电梯;2~5 m/s 为高速电梯;5 m/s 以上为超高速电梯。

(3)按电梯操纵方式分类:分为按钮控制电梯、信号控制电梯、集选控制电梯、并联控制电梯和智能控制电梯等。

(4)按电梯电动机种类分类:分为交流电梯和直流电梯两种。一般来说,直流电动机拖动电梯的运行性能要好于交流电动机拖动的电梯,但是由于交流电动机的结构和使用价值都强于直流电动机,对其进行改进后,其性能与直流电动机相当,因此在现代电梯中大多使用交流电动机。

随着电子技术和自动控制技术的发展,电梯的控制技术逐渐成熟,电梯制造业也迅速发展起来,出现了交流调压调速电梯、变压变频调速电梯和交流双速电梯。

2. 电梯基本结构

　　电梯基本结构按照其所在的位置分为四部分：电梯机房、电梯井道、电梯轿厢、电梯层站，如图 5-1 所示。

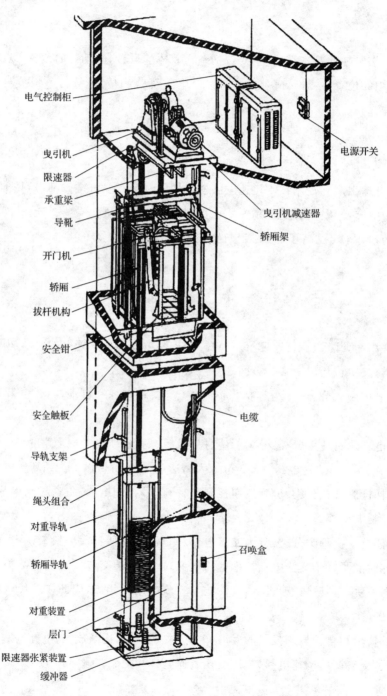

电气控制柜
曳引机
限速器
承重梁
导靴
开门机
轿厢
拔杆机构
安全钳
安全触板
导轨支架
绳头组合
对重导轨
轿厢导轨
对重装置
层门
限速器张紧装置
缓冲器

电源开关
曳引机减速器
轿厢架
电缆
召唤盒

图 5-1　电梯基本结构

电梯机房部分——包括电源开关、电气控制柜、曳引机、导向轮、限速器。

电梯井道部分——包括导轨、导轨支架、对重、缓冲器、限速器张紧装置、补偿链、随行电缆、底坑、井道照明。

电梯轿厢部分——包括轿厢、轿厢门、安全钳装置、平层装置、安全窗、导靴、开门机、轿内操纵箱、指层灯、通信报警装置。

电梯层站部分——包括层门(厅门)、呼梯装置(召唤盒)、门锁装置、层站开关门装置、层楼显示装置。

任务实施

1. 分析电梯控制系统的功能要求

以四层楼电梯的 PLC 控制方式为例,电梯的主要任务是通过响应外界的输入,经过 PLC 的运算后决定电梯的运行方式。其工作过程如图 5-2 所示。

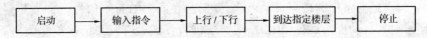

图 5-2 电梯工作过程

电梯控制系统的功能要求是根据轿厢内外的控制指令,将电梯运行到指定楼层,同时,根据每个楼层的控制命令开、闭门,以实现各个楼层的要求。主要工作步骤有:接收轿厢内、外指令,判断电梯是上行还是下行,检测到达目标楼层前在其他楼层是否有开门指令,到达目标楼层后是否又有新的指令,根据这一新的指令再次判断是上行还是下行。如此循环,如果没有指令,就停止在上一个指令的目标楼层。

根据以上电梯控制的功能要求,设计出如图 5-3 所示的四层楼电梯控制系统的功能框图。

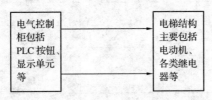

图 5-3 四层楼电梯控制系统的功能框图

在电气控制柜中,主要分为两部分,一部分在轿厢内,主要包括楼层数字按钮、各类继电器、传感器显示单元等;另外一部分是在每个楼层的上行和下行按钮,各个楼层正在运行的楼层显示单元,同时还包括一些接近传感器等,其结构如图 5-4 所示。

在电气控制柜内主要是通过 PLC 输出的信号控制各类继电器,通过切换不同的继电器完成速度的变化。PLC 根据所接收到的指令和电梯所在的楼层,经过内部运算后,完成用户的控制要求。

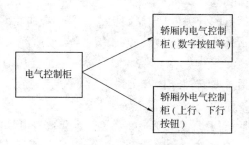

图 5-4　电气控制柜(轿厢内外)的结构

2. 分析四层楼电梯控制系统的工作原理

当电梯停在某一楼层后,乘客进入电梯轿厢内,只需要按下欲前往的楼层数字按钮,电梯在 PLC 的控制下延时一段时间,之后自动关门,待轿厢门关闭后,自动启动电动机,根据电梯当前所在的楼层和目标楼层决定电梯是上行还是下行。电梯自动运行后,根据通道内的各种传感器进行加速、减速和稳定运行等控制,同时根据各个楼层的召唤信号对电梯进行启停控制,在符合运行条件的楼层自动停靠、开门。在同向的召唤信号全部满足后,如果有反向召唤信号电梯自动反向运行,在相应的楼层进行停靠、开门等处理,如果没有召唤信号时,电梯则自动关门并处于最后停靠的楼层等待召唤信号。

计划总结

1. 工作计划(表 5-1)

表 5-1　　　　　　　　　　　　　工作计划

序　号	工作内容	计划完成时间	实际完成情况自评	教师评价

2. 材料领用清算(表 5-2)

表 5-2　　　　　　　　　　　　　材料领用清算

序　号	元器件名称	数　量	设备故障记录	负责人签字

_____

_____

_____

巩固练习

分析自动扶梯结构及工作过程。

任务2　设计电梯硬件控制系统

任务目标

实现电梯电气部分设计,主要包括各种输入/输出信号的线路排列、PLC 主机和其他模块的位置、线路的保护设计、其他相关器件的位置及布线、配置该系统所需的硬件设备等。

知识梳理

PLC 选型(具体可参考项目 1)。

任务实施

1. 设计调速控制电路

四层楼电梯调速控制电路如图 5-5 所示。电梯启动时,首先接通上行或下行的接触器(SKM 或 XKM),同时也接通快速接触器 KKM,这样就接通了快速绕组,电梯快速启动,为了减小电梯启动的加速度,提高乘坐的舒适感,接触器 KM_2 断开,将电抗接入电路,当电动机的转速达到一定数值后,闭合接触器 KM_2,将电抗短路,电动机逐步加速至额定速度,电梯最后稳定运行。当电梯需要减速时,先断开快速接触器 KKM,闭合慢速接触器 MKM,此时接通了慢速绕组,电动机开始减速。为了降低在减速过程中的加速度,接触器 KM_1 断开电路中接入了电抗器,在电动机的转速降到一定程度后,将接触器 KM_1 闭合,将电抗器短路使电动机逐步减速至停止。

2. 硬件配置框架

如图 5-6 所示的是电梯控制系统的硬件框图。此系统中的核心控制器是 PLC,根据功能要求还扩展了一个模拟量输入/输出模块和数字量模块,以及一些其他的相关硬件设备。

在电梯控制系统的硬件电路图中,控制面板包括两部分:一部分安置于电梯轿厢内,用

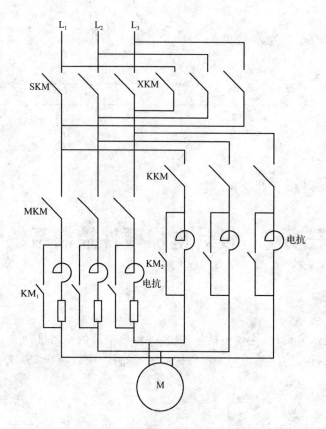

图 5-5　四层楼电梯调速控制电路

于乘客选择所要到达的楼层;另外一部分安置于每个楼层,用于呼叫电梯,如图 5-7 所示。

在图 5-7 所示的面板示意图中,每个楼层的控制按钮只有两个,即上行按钮和下行按钮,以及相关的显示单元,在底楼只有一个上行按钮,在顶楼只有一个下行按钮;在电梯轿厢内有楼层选择按钮、开门按钮、关门按钮以及相关的显示单元。

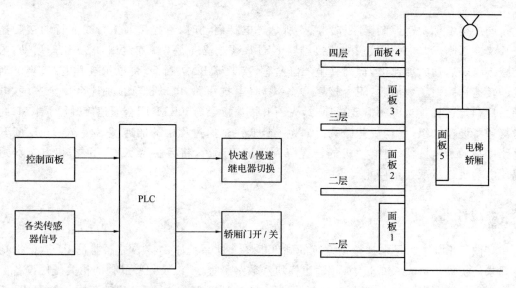

图 5-6　电梯控制系统的硬件框图　　　　　图 5-7　电梯控制系统面板

根据四层楼电梯控制系统的功能要求，对 PLC 进行 I/O 分配，具体分配如下所述。

（1）数字量输入部分

在这个控制系统中，要求输入的有运行/维修、上行/下行、开/关门、楼层选择按钮以及各种传感器和限位器输入等，一共 24 个输入点。具体分配见表 5-3。

表 5-3　　　　　　　　　　　　　数字量输入地址分配

输入地址	输入设备	输入地址	输入设备
I0.0	运行/维修旋钮	I1.4	楼层 4 下层限位器
I0.1	楼层 1 上行按钮	I1.5	上平层限位器
I0.2	楼层 2 上行按钮	I2.0	下平层限位器
I0.3	楼层 2 下行按钮	I2.1	门区限位器
I0.4	楼层 3 上行按钮	I2.2	开门到位限位器
I0.5	楼层 3 下行按钮	I2.3	关门到位限位器
I0.6	楼层 4 下行按钮	I2.4	楼层 1 选择按钮
I0.7	楼层 1 上层限位器	I2.5	楼层 2 选择按钮
I1.0	楼层 2 上层限位器	I2.6	楼层 3 选择按钮
I1.1	楼层 2 下层限位器	I2.7	楼层 4 选择按钮
I1.2	楼层 3 上层限位器	I3.0	开门按钮
I1.3	楼层 3 下层限位器	I3.1	关门按钮

输入点主要按照按钮置于轿厢内、外和楼层位置的不同进行分类，I0.1 至 I0.6 为每个楼层的控制按钮，I0.7 至 I1.4 为电梯运行通道内安置的限位开关输入，剩下的输入都是电梯轿厢内的控制按钮。

（2）模拟量输入部分

在控制系统中，由于需要测量电梯轿厢内的重量是否超过限定范围，因此增加了模拟量输入模块采集重量。具体分配见表 5-4。

表 5-4　　　　　　　　　　　　　模拟量输入地址分配

输入地址	输入设备
AIW0	压力传感器

在这个控制系统中，主要输出控制的设备有各种继电器、电动机和一些指示灯等，共有 14 个输出点，具体分配见表 5-5。

表 5-5　　　　　　　　　　　　　数字量输出地址分配

输出地址	输出设备	输出地址	输出设备
Q0.0	上行继电器	Q0.7	楼层 4 指示灯
Q0.1	下行继电器	Q1.0	上行指示灯
Q0.2	快速运行继电器	Q1.1	下行指示灯
Q0.3	慢速运行继电器	Q2.0	轿厢开门
Q0.4	楼层 1 指示灯	Q2.1	轿厢关门
Q0.5	楼层 2 指示灯	Q2.2	抱闸停止
Q0.6	楼层 3 指示灯	Q2.3	超重报警

输出主要控制电梯的慢速/快速运行切换、运行情况的显示、电梯门电动机的正反转以

及对于危险情况的报警。

　　根据电梯控制系统的功能要求和上述 I/O 分配的情况,设计出四层楼电梯控制系统 PLC 控制部分的硬件接线,如图 5-8 所示。

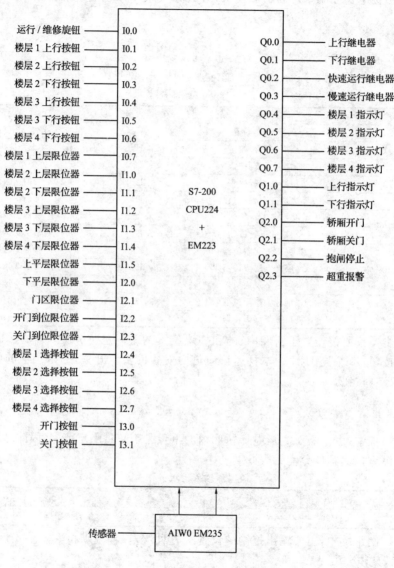

图 5-8　四层楼电梯控制硬件接线

4. 其他资源配置

　　在控制系统中 PLC 是核心设备,除此之外,还需要其他一些设备作为输入和输出控制,以完成整个系统的控制要求。例如,限位开关、按钮、指示灯以及继电器和电动机等设备。

(1)限位开关

　　在这个控制系统中,使用了众多限位开关,其主要作用是对轿厢的运行情况进行控制,并对其进行定位,同时还对轿厢门的开关进行控制。

①楼层上/下层限位开关　楼层上/下层限位开关一共包括 6 个限位器:楼层 1 上层限位器、楼层 2 上层限位器、楼层 3 上层限位器、楼层 2 下层限位器、楼层 3 下层限位器、楼层 4 下层限位器。由于楼层 1 和楼层 4 分别为楼的底层和顶层,因此只需要一个限位器即可。限位器的作用是控制电梯在运行过程中的速度。在上行过程中,如果在楼层 2 电梯需要停止,在轿厢接触到楼层 2 的下层限位器后,电梯由高速切换至低速运行,实现电梯的平稳启停,继续向上运行时,当接触到楼层 2 的上层限位器后,电梯由低速切换到高速运行。

事先在电梯安装调试时,将每个限位开关安装在适当的位置,当电梯运行到适当位置的时候,限位开关被接通,通过 PLC 的控制,完成电梯速度的切换,实现双速控制。

②门层限位开关　门层限位开关主要包括三个放置于不同位置的限位器:上平层限位器、门区限位器和下平层限位器。这三个限位器的作用是确保在电梯停止后,轿厢门处于正确位置,实现准确定位的功能。当三个限位器同时接通后,表示门的位置已定位完毕,可进行开关门操作。

事先在电梯安装调试时,将每个限位器安装在适当的位置,由于需要比较准确的定位,因此在电梯正式运行前要不断调整限位开关的位置,以达到较好的定位效果。

③开/关门限位开关　开/关门限位开关主要包括两个限位器:开门限位器和关门限位器,其主要作用是检测门的状态。开门限位器置于门在打开状态时的位置,当门完全打开后,限位器接通;关门限位器置于门在闭合状态时的位置,当门完全闭合后,限位器接通,电梯可进行上行/下行运行。

(2)按钮

在控制系统的面板上主要使用了两种按钮,一种是旋钮,另一种是非自锁式按钮。旋钮用于运行状态的选择,在此系统中,主要有两种运行状态:运行和维修。剩下的所有按钮均采用非自锁式按钮,即按下就接通,松开就复位。

(3)传感器

传感器的使用主要是为了保证电梯的安全运行,防止超重而设置的。通过不断地调试,将传感器安装在适当的位置,使其能准确地判断出轿厢内重量是否超标,从而达到保护电梯安全运行的目的。如果轿厢内重量超过标准,则无法关门,电梯无法上行/下行运行。

(4)继电器

在这个系统中,对各种继电器的通断控制就实现了对电梯双速运行、上行/下行等的控制。

①上行继电器　通过接通上行继电器,使其线圈得电,从而使对应的触点闭合,使电动机正向转动带动电梯向上运行。

②下行继电器　通过接通下行继电器,使其线圈得电,从而使对应的触点闭合,使电动机反向转动带动电梯向下运行。

③快速运行继电器　通过接通快速运行继电器,使其线圈得电,从而使对应的触点闭合,使电动机按照正常转速转动带动电梯快速运行。

④慢速运行继电器　通过接通慢速运行继电器,使其线圈得电,从而使对应的触点闭合,使电动机以较低转速转动,从而带动电梯慢速运行。

(5)指示灯

指示灯可采用数码管显示,也可采用高亮的二极管灯,两者的区别是当要显示的单元较多时,可采用数码管显示,可减少输出点数;如果显示单元不多,可采用二极管灯显示,编程和接线都比较简单。

在这个控制系统中,采用了二极管灯作为显示单元,可显示所在楼层以及电梯的运行状态(上行/下行)。

超重报警采用声光报警,选用既可发出闪烁信号,又可发出蜂鸣声的指示灯。

(6)电动机

电动机是这个控制系统主要的被控设备,主要作用是拖动电梯运行,并且控制门的打开和关闭。电动机的选择要根据所拖动的负载大小,选择适当的容量和功率。

计划总结

计划总结内容同本项目任务 1。

巩固练习

查阅电梯使用手册和电气系统说明书,详细分析曳引系统的工作过程。

任务3　设计电梯软件控制系统

任务目标

设计实现电梯软件控制系统,按照功能要求绘制流程框图,根据不同的功能编写相应的子程序,要求方便编写,易于调试。

知识梳理

软件编程设计一般根据系统的控制要求、硬件部分设计以及 PLC 控制系统 I/O 的分配情况进行,详细要求可参考项目二、三、四。

任务实施

1.　总体流程图设计

根据控制系统的功能要求,交流双速电梯工作时主要有两种状态:一是维修状态;二是正常运行状态。

当运行/维修旋钮置于维修状态时，不论电梯处于何种位置，都将直接运行到楼层底部，忽略用户的其他指令。其工作流程如图 5-9 所示。

当运行/维修旋钮置于正常运行状态时，可根据电梯内、外及各个楼层之间的用户指令，以及电梯当前所处的位置，自动判断电梯的运行方向，根据 PLC 接收到的其他外围设备的控制信号，自动完成速度切换，完成用户的控制要求，运行至指定的楼层。四层楼电梯控制系统流程图如图 5-10 所示。

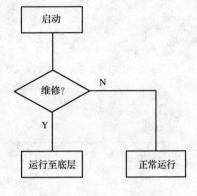

图 5-9　维修状态工作流程

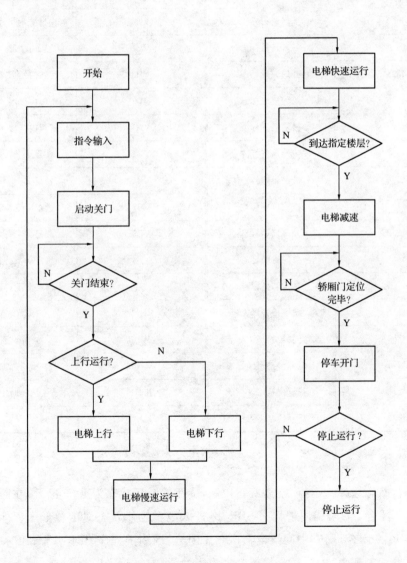

图 5-10　四层楼电梯控制系统流程

2. 主程序及各个子程序梯形图设计

根据图 5-10 所示的流程图,采用主程序与子程序设计方法,四层交流双速电梯控制程序由 1 个主程序和 13 个子程序组成,为了便于程序设计以及程序修改和完善,先建立元件设置表,具体见表 5-6。

表 5-6　　　　　　　　　　　　　　元件设置

元　件	意　义	元　件	意　义
M0.0	维修状态标志	M2.4	下行复位楼层 3 标志
M0.1	正常运行标志	M2.5	下行复位楼层 2 标志
M0.2	上行运行标志	VB0	电梯当前所在楼层寄存器
M0.3	下行运行标志	VB1	轿厢内楼层 1 寄存器
M0.4	开门完成标志	VB2	轿厢内楼层 2 寄存器
M0.5	关门完成标志	VB3	轿厢内楼层 3 寄存器
M0.6	楼层到达标志	VB4	轿厢内楼层 4 寄存器
M0.7	快速运行标志	VB5	楼层 1 上行寄存器
M1.0	慢速运行标志	VB6	楼层 2 上行寄存器
M1.1	抱闸停车标志	VB7	楼层 2 下行寄存器
M1.2	开门启动标志	VB8	楼层 3 上行寄存器
M1.3	关门启动标志	VB9	楼层 3 下行寄存器
M1.4	速度切换标志	VB10	楼层 4 下行寄存器
M1.5	超重报警标志	VB11	目标楼层寄存器
M2.0	上行复位楼层 1 标志	VW100	传感器返回值
M2.1	上行复位楼层 2 标志	VW102	重量标准值
M2.2	上行复位楼层 3 标志	T37	关门延时定时器
M2.3	下行复位楼层 4 标志	T38	开门延时定时器

(1)主程序

电梯运行状态选择由运行/维修旋钮控制,旋钮的默认状态为 I0.0 断开,在断开时中间继电器 M0.0 闭合,同时调用子程序 SBR_0,进入电梯维修状态时的梯形图程序。旋钮的工作状态为 I0.0 闭合,同时中间继电器 M0.1 闭合,调用子程序 SBR_1~SBR_12,完成电梯正常运行的控制任务,四层楼电梯控制主程序如图 5-11 所示。

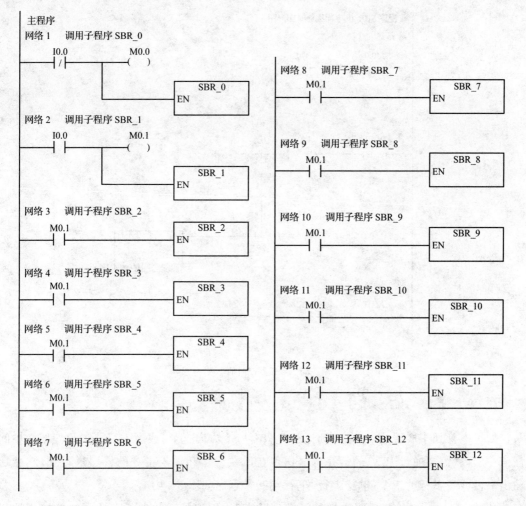

图 5-11　四层楼电梯控制主程序

（2）电梯维修子程序

当运行/维修旋钮置于电梯维修状态时，不论电梯处于什么位置，电梯都直接下行到底层，如果电梯就在底层，则轿厢门上的限位器传送信号到 PLC 中，表示电梯已到达目标位置，延时一段时间后，轿厢门开启进行维修维护工作，其维修状态时的子程序如图 5-12 所示。

（3）楼层指令输入子程序

在正常运行状态时，接收每个楼层的上行/下行指令和轿厢内控制按钮的指令。在此程序中，先将收到的楼层指令存储到对应的寄存器中，然后电梯以此为目标，在楼层间运行，如果在运行过程中有其他楼层的按钮被按下，则经过 PLC 的运算，按照输入的指令停止在指定的楼层上，其楼层指令输入子程序如图 5-13 所示。

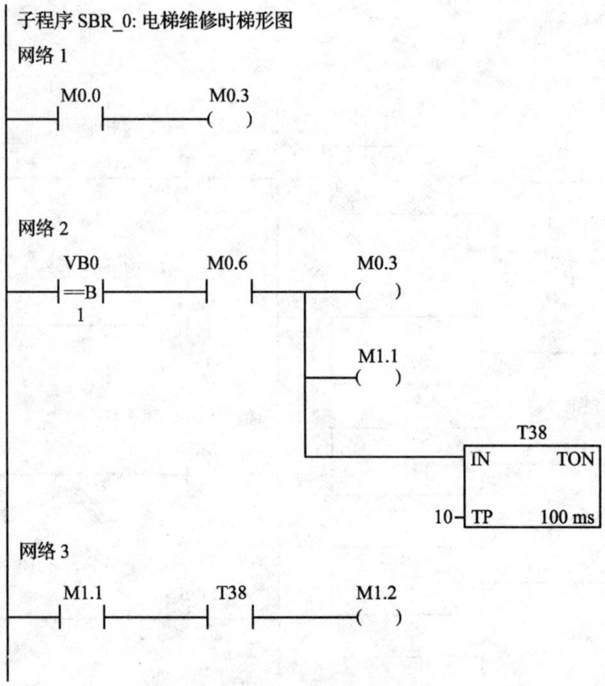

图 5-12　维修状态时的子程序

（4）电梯上行/下行判断子程序

如果电梯处于底层或者顶层，则运行时只有一个方向，上行或者下行。如果停留在中间任何一层，就需要通过 PLC 的运算将电梯现在所在楼层和输入指令的楼层进行比较，然后输出上行或者下行的指令，电梯上行/下行判断子程序如图 5-14 所示。

从图 5-14 中可以看出，当电梯处于空闲状态时，不论是轿厢内还是轿厢外的控制按钮被按下后，所对应的楼层寄存器都和电梯现在所在楼层的寄存器进行比较，如果大于电梯所在楼层，则上行；如果小于电梯所在楼层，则下行。同时在运行过程中，不断比较目标楼层与电梯当前所在楼层，用来确定电梯的上行和下行工作状态。

（5）最近上行目标楼层确定子程序

当电梯已经接收到目标楼层指令且正在开始移动时，在还没到达目标楼层之前，例如，正在 1 层开始向上运动，有人在 2 层按下了上行的按钮，则电梯的最近上行目标楼层应立刻更新为 2，而如果此时 1 层按下上行按钮，则不会影响电梯上行的运动状态，最近上行目标楼层确定子程序如图 5-15 所示。每个扫描周期 PLC 都检测轿厢内和每个楼层的按钮状态，若有按钮被按下，且所在楼层高于之前的目标楼层数，则更改目标楼层数。

子程序 SBR_1: 楼层指令输入梯形图

网络 1　　楼层指令输入

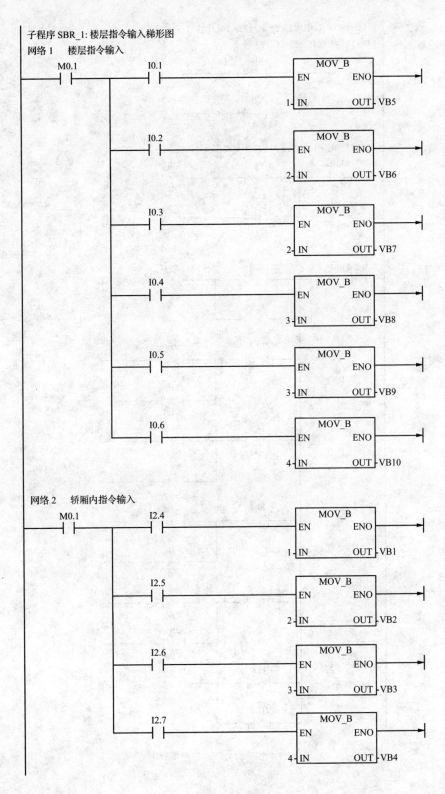

网络 2　　轿厢内指令输入

图 5-13　楼层指令输入子程序

PLC 程序设计与调试——项目化教程

子程序 SBR_2: 电梯上行/下行判断梯形图

网络 1　　电梯在一楼或四楼上或下

```
M0.1         VB0            M0.2
─┤ ├─────────┤==B├──────────( )
             1
             VB0            M0.3
             ┤==B├──────────( )
             4
```

网络 2　　电梯目标楼层大于或小于现在所处楼层上或下

```
M0.1         VB11           M0.2
─┤ ├─────────┤>=B├──────────( )
             VB0
             VB11           M0.3
             ┤<B├───────────( )
             VB0
```

网络 3

```
M0.1         I0.1           M0.3
─┤ ├─────────┤ ├────────────( )
             I2.4
             ┤ ├

             I0.2           VB6            M0.2
             ┤ ├────────────┤>B├──────────( )
                            VB0
                            VB6            M0.3
                            ┤<B├──────────( )
                            VB0

             I0.3           VB7            M0.2
             ┤ ├────────────┤>B├──────────( )
                            VB0
                            VB7            M0.3
                            ┤<B├──────────( )
                            VB0

             I0.4           VB8            M0.2
             ┤ ├────────────┤>B├──────────( )
                            VB0
                            VB8            M0.3
                            ┤<B├──────────( )
                            VB0

             I0.5           VB9            M0.2
             ┤ ├────────────┤>B├──────────( )
                            VB0
                            VB9            M0.3
                            ┤<B├──────────( )
                            VB0

             I0.6           M0.2
             ┤ ├────────────( )
             I2.7
             ┤ ├
```

图 5-14　电梯上行/下行判断子程序

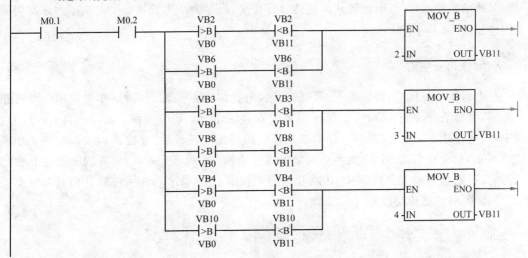

子程序 SBR_3: 最近上行目标楼层确定梯形图

网络 1　当轿厢内及楼层上行或顶层按钮被按下时，目标楼层与之相对应

网络 2　当按下的按钮所处楼层高于电梯现在所处楼层且低于之前的目标楼层时，将按钮所处的楼层设置为
最近的目标楼层

图 5-15　最近上行目标楼层确定子程序

(6)最近下行目标楼层确定子程序

当电梯接收到目标楼层指令且正在向下开始移动时,在还没到达目标楼层之前,例如,正在从 3 层开始向下运动,有人在 2 层按下了下行的按钮,则电梯的最近下行目标楼层应立刻更新为 2,而如果此时在 3 层按下行按钮,则不会影响电梯下行的运动状态,其最近下行目标楼层确定子程序如图 5-16 所示。每个扫描周期 PLC 都检测轿厢内和每个楼层的按钮状态,若有按钮被按下,且所在楼层低于之前的目标楼层数,则更改目标楼层数。

(7)上行运行子程序

在确定了最近的目标楼层后,由 PLC 输出的指令控制电梯向上运动,接近目标楼层后,通过目标楼层的下层限位器输入的信号,输入 PLC 中,然后调用速度切换子程序。上行运行子程序如图 5-17 所示。

(8)下行运行子程序

在确定了最近的目标楼层后,由 PLC 输出的指令控制电梯向下运动,接近目标楼层后,通过目标楼层的上层限位器输入的信号,输入 PLC 中,然后调用速度切换子程序。下行运行子程序如图 5-18 所示。

(9)速度切换子程序

为了保证电梯的快速稳定运行,而且能提供给乘客一个舒适的乘坐环境,该控制系统采用双速运行方式,在电梯启动阶段,速度较低,然后增加到快速运行阶段,当快要到达目标数层时又转换为慢速运行,既能较快地到达目标楼层,也不会产生较强的不舒适感。速度切换子程序如图 5-19 所示。

(10)开门子程序

在电梯运行过程中,即使按下开门的按钮,电梯门也不会打开;同样如果电梯门没有完全关闭,电梯不进行上下运行,以保证乘客的安全。开门子程序如图 5-20 所示。在开门过程中,当电梯处于正在开门的状态时,必须等轿厢门完全打开后,才能执行关门程序。如图 5-20 所示,只有在 I2.2 闭合后,手动关门才能开始操作;而反过来,当电梯门处于正在关门状态时,可通过手动开门按钮 I3.0 断开关门自锁继电器 M1.3,然后接通开门自锁继电器 M1.2,将关门状态转换为开门状态。

(11)关门子程序

在关门子程序中,当电梯门处于正在开门的状态时,必须等轿厢门完全打开后,才能执行关门子程序。如图 5-21 所示,只有在 I3.1 闭合后,手动关门才能开始操作。

子程序 SBR_4: 最近下行目标楼层确定梯形图

网络 1   当轿厢内及楼层下行或底层按钮被按下时, 目标楼层与之相对应

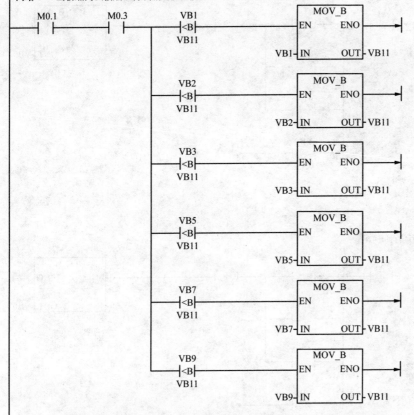

网络 2   当按下的按钮所处楼层低于电梯现在所处楼层且高于之前的目标楼层时, 将按钮所处的楼层设置为最近的目标楼层

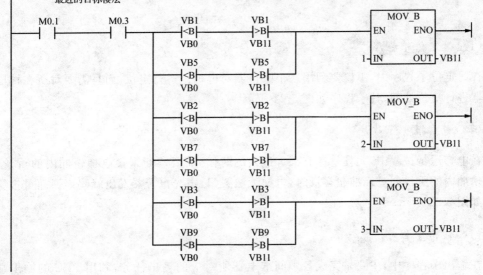

图 5-16   最近下行目标楼层确定子程序

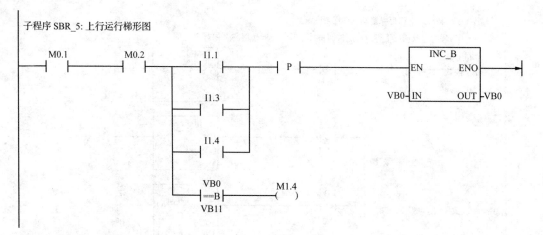

图 5-17　上行运行子程序

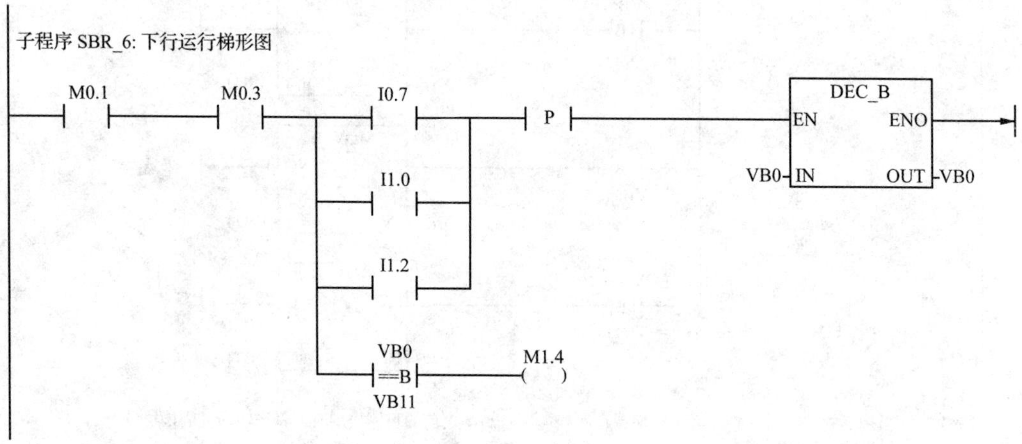

图 5-18　下行运行子程序

(12)门定位子程序

在门定位子程序中,不仅要利用三个限位器对电梯门进行定位,而且需要对所在楼层的寄存器进行复位处理,其子程序如图 5-22 所示。

(13)超重报警子程序

在电梯运行过程中,尤其是在有乘客进入的时候,需要不断采集电梯轿厢内的重量,当电梯轿厢内的重量超过标准载客量时,电梯无法关门,声光报警器发出蜂鸣声。超重报警子程序如图 5-23 所示。

(14)输出子程序

在输出子程序中,主要是完成各中间继电器所对应的输出任务,利用 PLC 的输出端口驱动外部设备达到控制电梯的目的。输出子程序如图 5-24 所示。

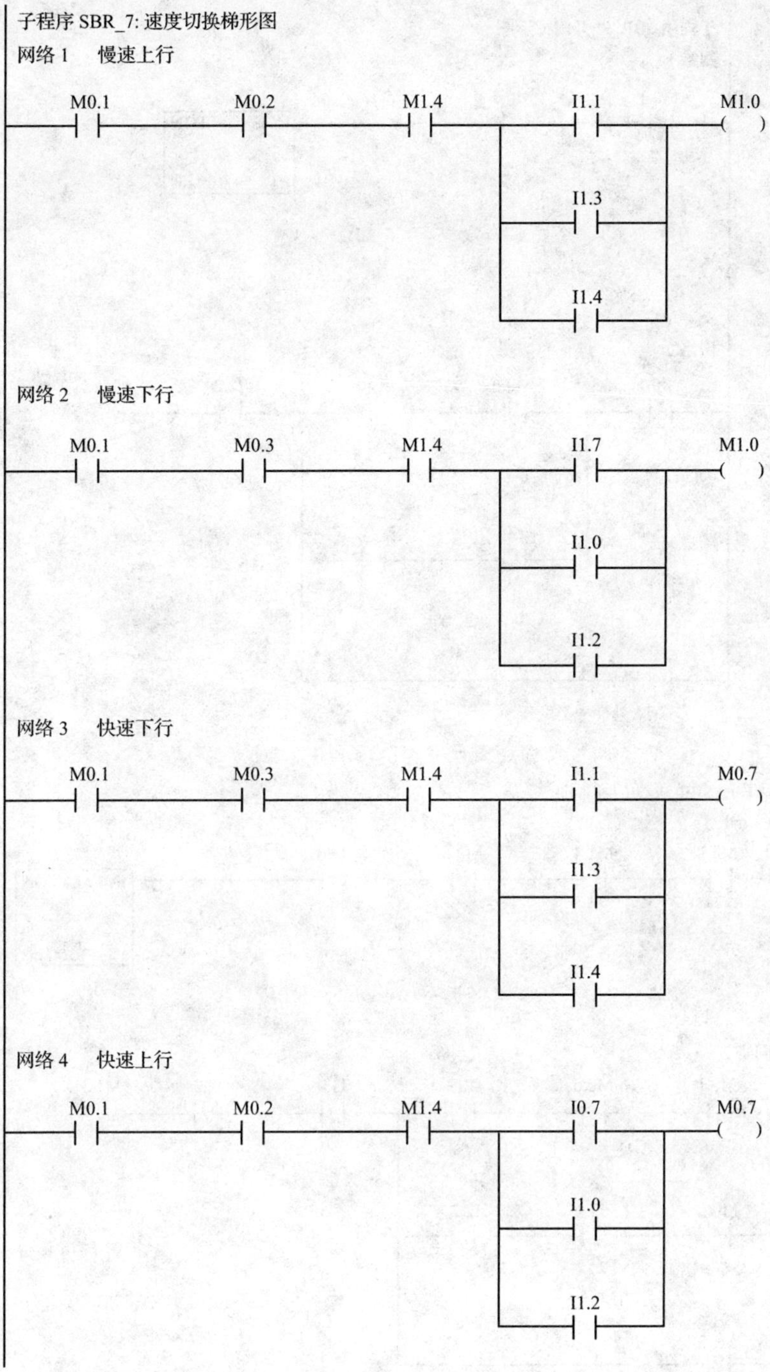

子程序 SBR_7: 速度切换梯形图

网络 1   慢速上行

```
 M0.1      M0.2      M1.4      I1.1              M1.0
──┤ ├──────┤ ├──────┤ ├───┬───┤ ├───┬──────( )
                          │            │
                          │    I1.3    │
                          ├───┤ ├───┤
                          │            │
                          │    I1.4    │
                          └───┤ ├───┘
```

网络 2   慢速下行

```
 M0.1      M0.3      M1.4      I1.7              M1.0
──┤ ├──────┤ ├──────┤ ├───┬───┤ ├───┬──────( )
                          │            │
                          │    I1.0    │
                          ├───┤ ├───┤
                          │            │
                          │    I1.2    │
                          └───┤ ├───┘
```

网络 3   快速下行

```
 M0.1      M0.3      M1.4      I1.1              M0.7
──┤ ├──────┤ ├──────┤ ├───┬───┤ ├───┬──────( )
                          │            │
                          │    I1.3    │
                          ├───┤ ├───┤
                          │            │
                          │    I1.4    │
                          └───┤ ├───┘
```

网络 4   快速上行

```
 M0.1      M0.2      M1.4      I0.7              M0.7
──┤ ├──────┤ ├──────┤ ├───┬───┤ ├───┬──────( )
                          │            │
                          │    I1.0    │
                          ├───┤ ├───┤
                          │            │
                          │    I1.2    │
                          └───┤ ├───┘
```

图 5-19   速度切换子程序

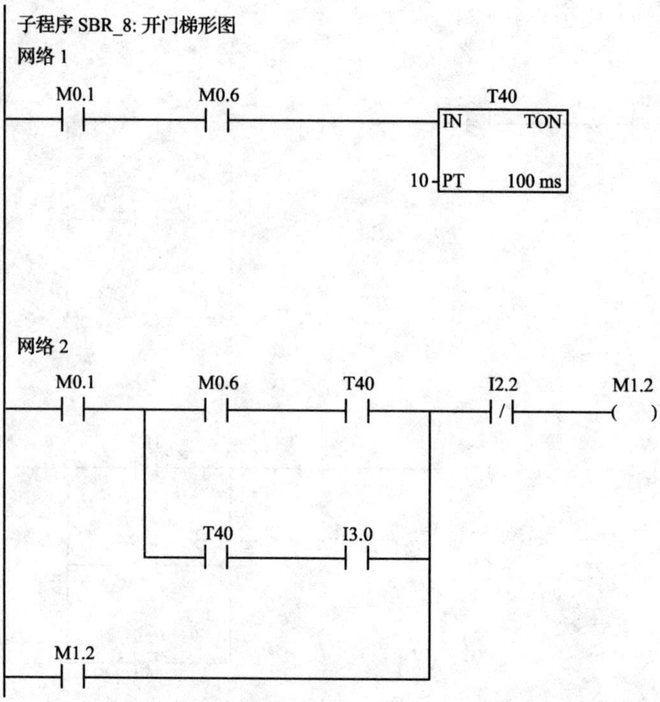

图 5-20　开门子程序

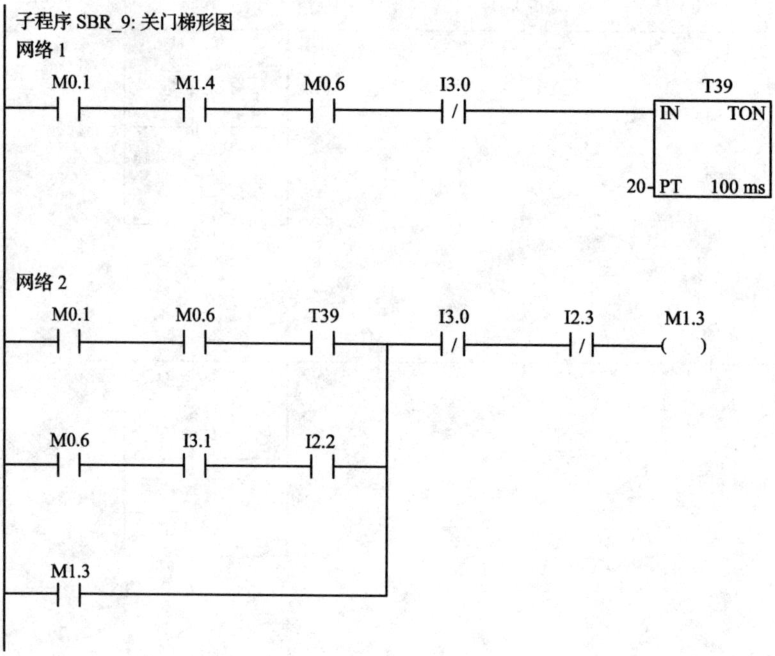

图 5-21　关门子程序

PLC 程序设计与调试——项目化教程

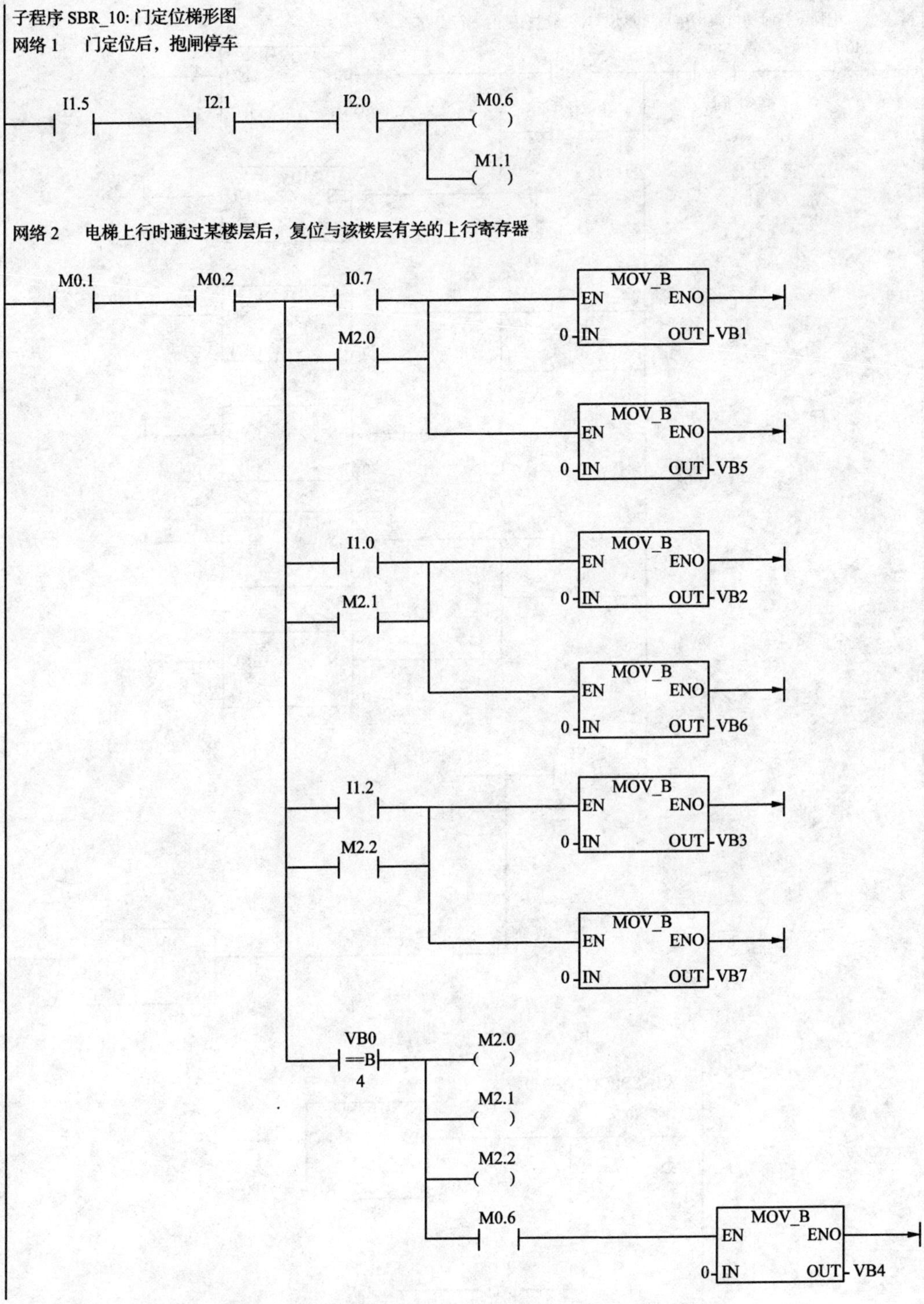
子程序 SBR_10: 门定位梯形图
网络 1 门定位后，抱闸停车
I1.5
I2.1
I2.0
M0.6
M1.1
网络 2 电梯上行时通过某楼层后，复位与该楼层有关的上行寄存器
M0.1
M0.2
I0.7
M2.0
I1.0
M2.1
I1.2
M2.2
VB0
==B
4
M2.0
M2.1
M2.2
M0.6
MOV_B
EN
ENO
IN
OUT
0
VB1
VB5
VB2
VB6
VB3
VB7
VB4

图 5-22 门定位子程序

网络3　电梯下行时通过某楼层后，复位与该楼层有关的下行寄存器

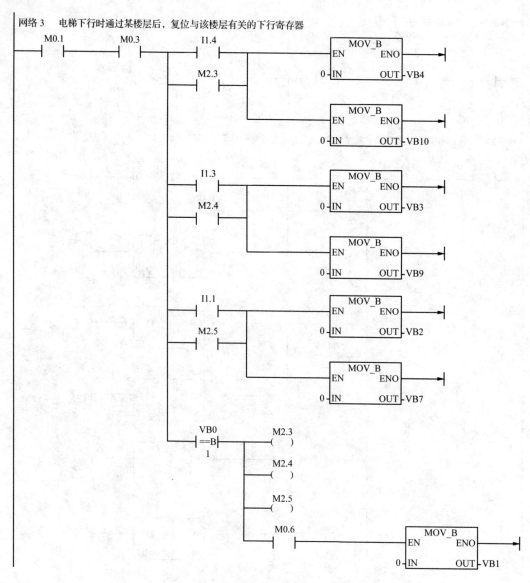

图 5-22　门定位子程序(续图)

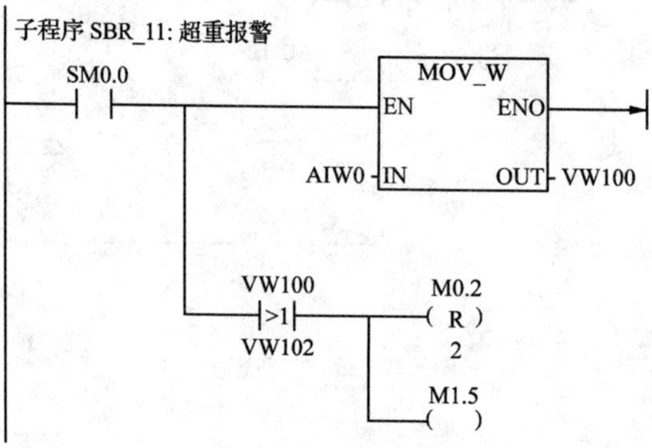

子程序 SBR_11: 超重报警

图 5-23　超重报警子程序

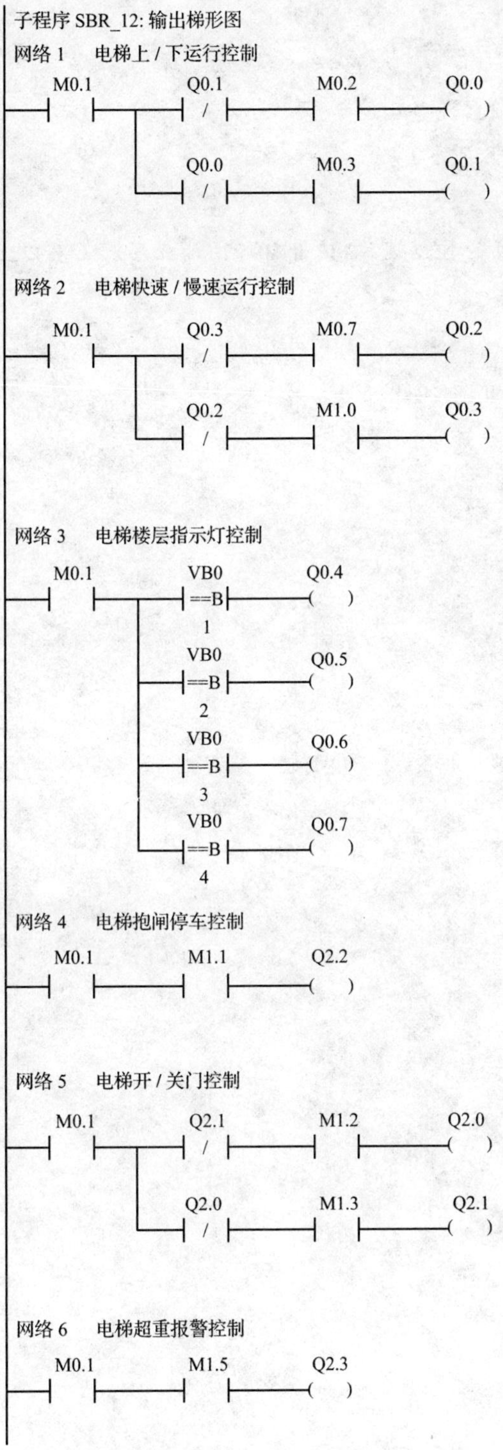

子程序 SBR_12: 输出梯形图

网络 1 电梯上 / 下运行控制

```
M0.1      Q0.1      M0.2      Q0.0
─┤ ├──┬──┤/├──────┤ ├──────( )
       │
       │   Q0.0      M0.3      Q0.1
       └──┤/├──────┤ ├──────( )
```

网络 2 电梯快速 / 慢速运行控制

```
M0.1      Q0.3      M0.7      Q0.2
─┤ ├──┬──┤/├──────┤ ├──────( )
       │
       │   Q0.2      M1.0      Q0.3
       └──┤/├──────┤ ├──────( )
```

网络 3 电梯楼层指示灯控制

```
M0.1      VB0       Q0.4
─┤ ├──┬──┤==B├──────( )
       │    1
       │   VB0       Q0.5
       ├──┤==B├──────( )
       │    2
       │   VB0       Q0.6
       ├──┤==B├──────( )
       │    3
       │   VB0       Q0.7
       └──┤==B├──────( )
            4
```

网络 4 电梯抱闸停车控制

```
M0.1      M1.1      Q2.2
─┤ ├──────┤ ├──────( )
```

网络 5 电梯开 / 关门控制

```
M0.1      Q2.1      M1.2      Q2.0
─┤ ├──┬──┤/├──────┤ ├──────( )
       │
       │   Q2.0      M1.3      Q2.1
       └──┤/├──────┤ ├──────( )
```

网络 6 电梯超重报警控制

```
M0.1      M1.5      Q2.3
─┤ ├──────┤ ├──────( )
```

图 5-24 输出子程序

计划总结

计划总结内容同本项目任务 1。

巩固练习

根据上述四层楼电梯的控制规律，读者自行设计五层及五层以上电梯的控制程序。

项目 6
组合机床PLC控制实现

项目描述

组合机床是一种可以同时进行多种类或多处加工的机床，它的加工程序通常按预定的步骤进行，可实现多种程序步进的控制要求。这里主要介绍一个在双面单工位液压传动组合机床的继电器控制转换为 PLC 控制的应用实例。

项目目标

■ 能力目标

● 掌握组合机床的基本功能；
● 能够绘制出组合机床的继电器控制电路图；
● 具有将继电器控制的电路图转换为 PLC 控制的梯形图的能力。

■ 知识目标

● 双面单工位液压传动组合机床工作过程；
● 组合机床电气控制原理；
● 继电器控制的电路图转换为 PLC 梯形图的方法。

■ 素质目标

● 培养团队协作能力、交流沟通能力；
● 培养实训室 5S 操作素养；
● 培养自学能力及独立工作能力；
● 培养工作责任感；
● 培养文献检索能力。

任务 1　分析双面单工位液压传动组合机床继电器控制系统

任务目标

掌握双面单工位液压传动组合机床控制系统工作原理。

知识梳理

液压传动是指用液体作为工作介质,借助液体的压力能进行能量传递和控制的一种传动形式。利用各种元件可组成不同功能的基本控制回路,若干基本控制回路再经过有机组合,就可以构成具有一定控制机能的液压传动系统。

液压传动的工作原理可用图 6-1 所示的液压千斤顶的工作原理来说明。

图 6-1 中的大液压缸 6 和活塞 7 为执行元件,小液压缸 3 和活塞 2 为动力元件,活塞与缸体保持非常良好的配合。活塞能在缸内自由滑动,配合面之间又能实现可靠的密封。单向阀 4、5 保证油液在管路中单向流动,截止阀 9 控制所在管路的通断状态。

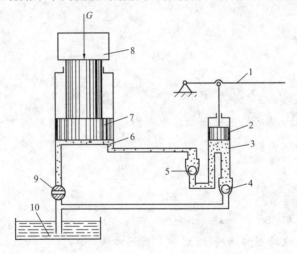

图 6-1　液压千斤顶的工作原理

1—杠杆;2、7—活塞;3—小液压缸;4、5—单向阀;6—大液压缸;8—重物;9—截止阀;10—油箱

千斤顶的工作原理如下:截止阀 9 关闭、上提杠杆 1 时,活塞 2 就被带动向上移动。活塞下端密封腔容积增大,造成腔内压力下降,形成局部负压(真空)。此时单向阀 5 将所在管路阻断,油箱 10 中的油液在大气压力作用下推开单向阀 4 沿吸油管进入小液压缸 3 下腔,吸油过程完成。接着下压杠杆 1,活塞 2 向下移动,活塞下端密封腔容积减小,造成腔内压力升高。此时单向阀 4 将吸油管路阻断,单向阀 5 则被正向推开,小液压缸 3 下腔的压力油经连通管路挤入大液压缸 6 的下腔,迫使活塞 7 向上移动,从而推动重物 8 上行。如此反复提压杠杆 1,就能不断地将油液压入大液压缸 6 的下腔,迫使活塞 7 不断向上移动,使重物逐渐升起,达到起重的目的。

如果打开截止阀 9,大液压缸 6 下腔将通过回油管与油箱 10 连通,活塞 7 在重物 8 和自重作用下迅速向下移动,液压油直接流回油箱。

液压千斤顶在工作时由小液压缸 3 将外部输入的机械能转换为液体的压力能,再由大液压缸 6 将液体的压力能转换为机械能向外输出,以推动负载。由此可知液压传动的过程就是机械能→液压能→机械能的能量转换过程。液压传动装置本质上是一种能量转换装置。液压传动的工作原理就是利用液体在密封容积发生变化时产生的压力能来实现运动和动力的传递。

由上述例子可以看出,液压传动系统除了工作介质外,主要由四大部分组成:

(1)动力元件——液压泵。它将机械能转换成压力能,向系统提供压力油。

(2)执行元件——液压缸或液压马达。它将压力能转换成机械能,推动负载做功。

(3)控制元件——液压阀(流量、压力、方向控制阀等)。它们对系统中油液的压力、流量和流向进行控制和调节。

(4)辅助元件——系统中除上述三部分以外的其他元件,如油箱、管路、滤油器、蓄能器、管接头、压力表开关等。由这些元件把各部分连接起来,以支持系统的正常工作。

任务实施

1. 分析双面单工位液压传动组合机床的工作状况

双面单工位液压传动组合机床左、右动力头的循环工作如图 6-2 所示,两动力头左右对称,每个动力头有快进、工进和快退三种运动状态,由行程开关发出转换信号。组合机床的液压执行元件状态见表 6-1。

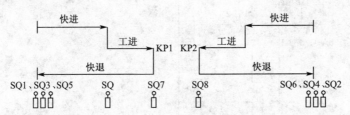

图 6-2 双面单工位液压传动组合机床左、右动力头的循环工作

表 6-1　　　　　　　　　　组合机床的液压执行元件状态

工步	YV1	YV2	YV3	YV4	KP1	KP2
原位停止	-	-	-	-	-	-
快进	+	-	+	-	-	-
工进	+	-	+	-	-	-
死挡铁停留	+	-	+	-	+	+
快退	-	+	-	+	-	-

注:1. 表中 YV 表示电磁阀,KP 表示压力继电器。

　　2. +表示电磁阀通电或压力继电器工作;-表示电磁阀断电或压力继电器复位。

2. 分析双面单工位液压传动组合机床控制电路

双面单工位液压传动组合机床的主电路如图 6-3 所示。组合机床有三台电动机：M1、M2 分别为左、右动力头电动机，M3 为冷却泵电动机。这三台电动机分别由接触器 KM1、KM2 和 KM3 控制。

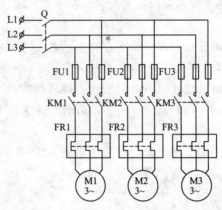

图 6-3　双面单工位液压传动组合机床的主电路

双面单工位液压传动组合机床的继电器控制电路如图 6-4 所示。图中 SA1、SA2 为左、右动力头单独调整开关，通过它们可实现对左、右动力头的单独调整；SA3 为冷却泵电动机工作选择开关。

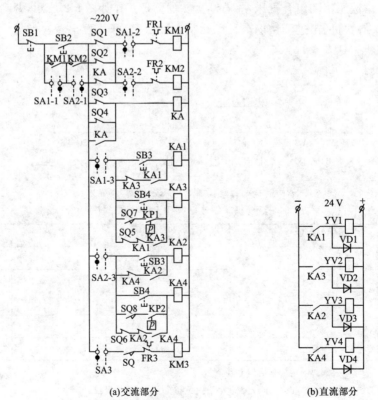

(a)交流部分　　　　　　　　(b)直流部分

图 6-4　双面单工位液压传动组合机床的继电器控制电路

自动循环的工作过程如下：SA1、SA2 处于自动循环位置，按下启动按钮 SB2，接触器 KM1、KM2 线圈通电并自锁，左、右动力头电动机同时启动旋转。按下前进按钮 SB3，中间继电器 KA1、KA2 通电并自锁，电磁阀 YV1、YV3 通电，左、右动力头快速进给并离开原位，行程开关 SQ1、SQ2、SQ5、SQ6 先复位，行程开关 SQ3、SQ4 后复位，并使 KA 通电自锁。在动力头进给过程中，由各自的行程阀自动将快进变为工进，同时压下行程开关 SQ，接触器 KM3 线圈通电，冷却泵电动机 M3 工作，供给冷却液。左动力头加工完毕后压下 SQ7 并顶在死挡铁上，使其油路油压升高，KP1 动作，使 KA3 通电并自锁；右动力头加工完毕后压下 SQ8 并使 KP2 动作，KA4 将接通并自锁，同时 KA1、KA2 将失电，YV1、YV3 也将失电，而 YV2、YV4 将通电，使左、右动力头快退。当左动力头使 SQ 复位后，KM3 将失电，冷却泵电动机将停转。左、右动力头快退至原位时，先压下 SQ3、SQ4，再压下 SQ1、SQ2、SQ5、SQ6，使 KM1、KM2 线圈断电，左、右动力头电动机 M1、M2 断电停转，同时 KA、KA3、KA4 线圈断电，YV2、YV4 断电，左、右动力头停止动作，机床循环结束。加工过程中，如果按下按钮 SB4，可随时使左、右动力头快退至原位停止。

计划总结

1. 工作计划（表 6-2）

表 6-2 工作计划

序 号	工作内容	计划完成时间	实际完成情况自评	教师评价

2. 材料领用清算（表 6-3）

表 6-3 材料领用清算

序 号	元器件名称	数 量	设备故障记录	负责人签字

3. 项目实施记录与改善意见

巩固练习

分析 YT4543 型组合机床动力滑台液压系统工作原理。

图 6-5 所示为 YT4543 型组合机床动力滑台的液压系统,其工作循环为:快进→一工进→二工进→死挡铁停留→快退→原位停止。

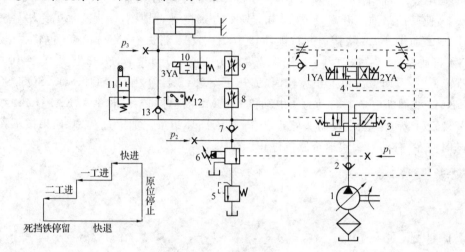

图 6-5 YT4543 型组合机床动力滑台的液压系统

1—单向变量泵;2、7、13—单向阀;3—液控换向阀;4、10—电磁换向阀;5—背压阀;

6—顺序阀;8、9—调速阀;11—行程阀;12—压力继电器

该液压系统采用限压式变量叶片泵供油,电磁换向阀换向,行程阀实现快慢速度转换,用电磁阀实现两个工作进给速度的变换。其电磁铁和行程阀动作顺序见表 6-4。

表 6-4　　　　　　　　　　　　　　电磁铁和行程阀动作顺序

动作顺序	电磁铁			行程阀 11
	1YA	2YA	3YA	
快进	+	−	−	−
一工进	+	−	−	+
二工进	+	−	+	+
死挡铁停留	+	−	+	+
快退	−	+		+/−
原位停止	−	−	−	−

注:"+"表示电磁铁通电或行程阀压下;"−"表示电磁铁断电或行程阀复位。

任务 2　双面单工位液压传动组合机床 PLC 控制实现

任务目标

用 PLC 实现对双面单工位液压传动组合机床的控制。

知识梳理

1. 将继电器控制电路转换为功能相同的 PLC 梯形图

继电器电路是一个纯粹的硬件电路，将它改为 PLC 控制时，需要用 PLC 的外部接线图和梯形图来等效继电器电路图。可以将 PLC 想象成是一个控制箱，其外部接线图描述了这个控制箱的外部接线，梯形图是这个控制箱的内部"线路图"。梯形图中的输入位(I)和输出位(Q)是这个控制箱与外界联系的"接口继电器"，这样就可以用分析继电器电路图的方法来分析 PLC 控制系统。在分析梯形图时可以将输入位的触点想象成对应的外部输入器件的触点，将输出位的线圈想象成对应的外部负载的线圈。外部负载的线圈除了受梯形图控制外，还可能受外部触点的控制。将继电器控制电路图转换为功能相同的 PLC 梯形图的步骤如下：

(1)了解和熟悉被控设备的工作原理、工艺过程和机械的动作情况，根据继电器电路图分析和掌握控制系统的工作原理。

(2)确定 PLC 的输入信号和输出负载。继电器电路图中的交流接触器和电磁阀等执行机构如果用 PLC 的输出位来控制，它们的线圈接在 PLC 的输出端。按钮、操作开关和行程开关、接近开关、压力继电器等提供 PLC 的数字量输入信号。

(3)选择 PLC 的型号，根据系统所需的功能和规模选择 CPU 模块、电源模块和数字量输入/输出模块。

(4)确定 PLC 各数字量，画出 PLC 的外部接线图。各输入量和输出量在梯形图中的地址取决于它们所在的模块的起始地址和模块中的接线端子号。

(5)确定与继电器电路图中的中间继电器、时间继电器对应的梯形图中的存储器、定时器、计数器的地址。

(6)根据上述的对应关系画出梯形图，再由梯形图编写指令表。

2. 根据继电器电路图设计 PLC 的外部接线图和梯形图的注意事项

(1)应遵守梯形图语言中的语法规定

由于工作原理不同，梯形图不能照搬继电器电路图中某些处理方法。例如在继电器电路图中,触点可以放在线圈的两侧,但是在梯形图中,线圈必须放在电路的最左边。

(2)适当分离继电器电路图中的某些电路

设计继电器原理图时的一个基本原则是尽量减少图中使用的触点的个数,因为这意味着成本的节约,但是这往往会使某些线圈的控制电路交织在一起。在设计梯形图时,首要的问题是设计的思路要清楚,设计出的梯形图容易阅读和理解,并不特别在意是否多用几个触点,因为这不会增加硬件的成本,只是在输入程序时需要多花一点时间。

在将继电器电路图改画为梯形图时,如果完全"原封不动"地改画,这种梯形图读起来很费力,将它转换为语句表时,将会使用较多的局域数据变量。在将继电器电路图改画为梯形图时,最好将各线圈的控制电路分开。仔细观察继电器电路图中每个线圈受哪些触点控制,画出分离后的各线圈的控制电路。

3. PLC 系统的故障分析及处理的常识

(1)PLC 正常运行条件

工业控制现场环境条件比较恶劣,各种干扰强烈,有些往往是很难预计的。如大功率用电设备的启、停会引起电网电压的波动,形成低频干扰;电焊机、电动机的电刷、电火花加工机床都会产生高频干扰。虽然 PLC 在设计时已经采取了许多抗干扰措施,但为了确保 PLC 的正常运行,应满足下列运行条件:

①温度 PLC 要求环境温度为 0~55 ℃。安装时不能将散热量大的元件放在 PLC 的下面,PLC 四周通风散热空间应足够大,开关柜上、下部应有足够的百叶窗。

②湿度 为了保证 PLC 的绝缘性能,空气的相对湿度一般应小于 85%(无凝露)。

③振动 应使 PLC 远离强烈的振动源,可以用减振橡胶来减轻柜内和柜外产生的振动影响。

④空气 如果空气中有较浓的粉尘、腐蚀性气体和烟雾,在温度允许时可以将 PLC 封闭,或者将 PLC 安装在密闭性较好的控制室内,并安装空气净化装置。

⑤电源 电源是干扰进入 PLC 的主要途径之一。在干扰较强或可靠性要求很高的场合,可以加接带屏蔽层的隔离变压器,还可以串接 LC 滤波电路。

动力部分、控制部分、PLC、I/O 电源应分别配线,隔离变压器与 PLC 和 I/O 电源之间应采用双绞线连接。系统的动力线应足够粗,以防止大容量异步电动机启动时线路电压的降低。

(2)PLC 系统的故障分析

随着 PLC 在工业生产中的广泛应用,其可靠性、稳定性问题显得更加突出,也使人们对整个系统的要求越来越高。一方面人们希望 PLC 组成的控制系统尽量少出故障;另一方面希望系统一旦出现故障,能尽快诊断出故障部位并尽快修复,使系统重新工作。由此可见故障分析的重要性。

为了尽快找出系统故障的部分,可将故障大体分类如下:

①外部设备故障 外部设备就是与实际过程直接联系的各种开关、传感器、执行机构和负载等。这部分设备发生故障，直接影响系统的控制功能。这类故障一般由设备本身的质量和寿命所致。

②系统故障 这是影响系统运行的全局性故障。系统故障可分为固定性故障和偶然性故障。如果故障发生后，可重新启动使系统恢复正常，则可认为是偶然性故障。相反，若重新启动不能恢复而需要更换硬件或软件，系统才能恢复正常，则可认为是固定性故障。这种故障一般是由系统设计不当或系统运行年限较长所致。

③硬件故障 这类故障主要指系统中的模块（特别是 I/O 模块）损坏而造成的故障。这类故障一般比较明显，且影响也是局部的，它们主要是由使用不当或使用时间较长，模块内元件老化所致。

④软件故障 这类故障是软件本身所包含的错误引起的，主要是软件设计考虑不周，在执行中一旦条件满足就会引发。在实际工程应用中，由于软件工作复杂、工作量大，因此软件错误几乎难以避免，这就提出了软件的可靠性问题。

上述的四类故障分析并不全面，但对于可编程序控制器组成的系统而言，绝大部分故障属于上述四类故障。根据这一故障分类，可以帮助分析故障发生的部位和产生的原因。

（3）系统设计中防范故障的措施

PLC 是一种用于工业生产自动化控制的设备，一般不需要采取什么措施，就可以直接在工业环境中使用。然而，尽管 PLC 可靠性高，抗干扰能力较强，但当生产环境过于恶劣，电磁干扰特别强烈，或安装使用不当，就可能造成程序错误或运算错误，从而产生误输入并引起误输出，这将会造成设备的失控和误动作，从而不能保证 PLC 的正常运行。要提高 PLC 控制系统可靠性，一方面要求 PLC 生产厂家提高设备的抗干扰能力；另一方面，要求在设计、安装和使用、维护中高度重视，多方配合，才能有效地完善防范故障的措施。

①电源的合理处理 对于电源引入的电网干扰可以安装一台带屏蔽层的变比为 1：1 的隔离变压器，以减少设备与地之间的干扰，还可以在电源输入端串接 LC 滤波电路。

②安装与布线的合理分配 将 PLC 的 I/O 线和大功率线分开走线，如果必须在同一线槽内，分开捆扎交流线、直流线。若条件允许，分槽走线最好，这不仅能使其有尽可能大的空间距离，并能将干扰降到最低限度。

PLC 应远离强干扰源，如电焊机、大功率硅整流装置和大型动力设备，不能与高压电器安装在同一个开关柜内。在柜内 PLC 应远离动力线（两者之间距离应大于200 mm）。与 PLC 装在同一个柜子内的电感性负载，如功率较大的继电器、接触器的线圈，应并联 RC 消弧电路。

PLC 的输入与输出最好分开走线，开关量与模拟量也要分开敷设。模拟量信号的传送应采用屏蔽层，屏蔽层应一端或两端接地，接地电阻应小于屏蔽层电阻的 1/10。

交流输出线和直流输出线不要用同一根电缆，输出线应尽量远离高压线和动力线，避免并行。

③输入/输出(I/O)端接线的正确安排

● 输入接线 输入接线一般不要太长。但如果环境干扰较小、电压降不大时，输入接线可适当长些。输入/输出线不能用同一根电缆，输入/输出线要分开。尽可能采用常开触点形式连接到输入端,使编制的梯形图与继电器原理图一致,便于阅读。

● 输出接线 输出接线分为独立输出和公共输出。在不同组中,可采用不同类型和电压等级的输出电压。但在同一组中的输出只能用同一类型、同一电压等级的电源。由于 PLC 的输出元件被封装在印制电路板上,并且连接至端子板,若将连接输出元件的负载短路,将烧毁印制电路板。采用继电器输出时,所承受的电感性负载的大小,会影响到继电器的使用寿命,因此,使用电感性负载时应合理选择,或加隔离继电器。PLC 的输出负载可能产生干扰,因此要采取措施加以控制,如直流输出的续流管保护、交流输出的阻容吸收电路保护、晶体管及双向晶闸管输出的旁路电阻保护等。

④接地点的正确选择 良好的接地是保证 PLC 可靠工作的重要条件,可以避免偶然发生的电压冲击危害。接地的目的通常有两个,其一是为了安全,其二是为了抑制干扰。完善的接地系统是 PLC 控制系统抗电磁干扰的重要措施之一。

PLC 控制系统的地线包括系统地、屏蔽地、交流地和保护地等。接地系统混乱对 PLC 系统的干扰主要是各个接地点电位分布不均,不同接地点间存在地电位差,引起地环路电流,影响系统正常工作。例如电缆屏蔽层必须一点接地,如果电缆屏蔽层两端 A、B 都接地,就存在地电位差,有电流流过屏蔽层,当发生异常状态如雷击时,地线电流将更大。

此外,屏蔽层、接地线和大地有可能构成闭合环路,在变化磁场的作用下,屏蔽层内又会出现感应电流,通过屏蔽层与芯线之间的耦合,干扰信号回路。若系统地与其他接地处理混乱,所产生的地环路电流就可能在地线上产生不等电位分布,影响 PLC 内逻辑电路和模拟电路的正常工作。PLC 工作的逻辑电压干扰容限较低,逻辑地电位的分布干扰容易影响 PLC 的逻辑运算和数据存储,造成数据混乱、程序跑飞或死机。模拟地电位的分布将导致测量精度下降,引起对信号测控的严重失真和误动作。

⑤对变频器干扰的处理 变频器的干扰处理一般有下面几种方式:

● 加隔离变压器 此方式主要是针对来自电源的传导干扰,可以将绝大部分的传导干扰阻隔在隔离变压器之前。

● 使用滤波器 滤波器具有较强的抗干扰能力,还具有防止将设备本身的干扰传导给电源的功能,有些还兼有尖峰电压吸收功能。

● 使用输出电抗器 在变频器到电动机之间增加交流电抗器,主要是为了减少变频器输出在能量传输过程中产生的电磁辐射,以免影响其他设备正常工作。

PLC 控制系统中的干扰是一个十分复杂的问题,因此在系统设计中应综合考虑各方面的因素,提高防范故障的措施,只有合理有效地抑制干扰,才能够使 PLC 控制系统正常工作。

(4)PLC 控制系统故障检测

在 PLC 控制系统中,需要检测和控制的设备都很多,种类繁杂,各不相同,各种设备或元件在生产过程中都可能产生故障或误动作,给生产造成损失,因此故障的自动检测与跟踪功能对及时发现和处理故障是十分必要的。故障的来源可能是检测设备,也可能是控制设备,还可能来自控制系统内部的逻辑错误,不论哪一种情况都可能给生产过程造成损害。故障的自动检测与跟踪就是要及时、准确地发现并告知故障的产生与根源,以便及时处理。在 PLC 构成的控制系统中,故障的检测有下列三种基本方法:直接检测法、判断检测法、自动跟踪检测法。

①直接检测法　故障的直接检测法就是根据有关设备或检测元件本身的信号之间的自相矛盾的逻辑关系来检测、判断其是否已处于故障状态。如开关元件的常开触点与常闭触点、运行指令的发出与反馈信号、设备的允许动作的时序信号等,这些都是一对相互联系或相互矛盾的信息,根据双方的逻辑就可以判断出相应设备是否处于故障状态。

例如,某系统中的一个接近开关,有两种输出触点:常开触点与常闭触点,分别接到 PLC 输入模板的 I0.0 和 I0.1 地址上,在正常情况下,两者不可能同时输出高电平或同时为低电平,否则为故障信号,程序设计如图 6-6 所示。

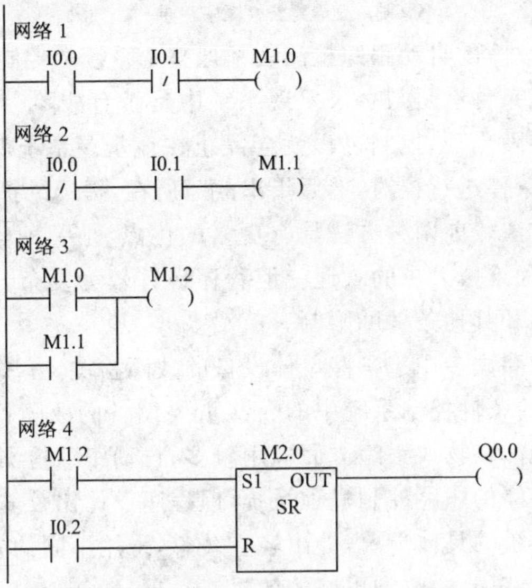

图 6-6　故障直接检测法程序

在图 6-6 所示的程序中,若输出 Q0.0 出现 ON 状态,则说明接近开关为故障状态。I0.2 是系统的复位信号,采用锁存(置位)的目的是保证故障信息能保持,以便查找故障及采取有效措施消除故障。

②判断检测法　故障的判断检测法是根据设备的状态与控制过程之间的逻辑关系来判断该设备的运行状况是否正常的一种方法。例如,某设备在控制过程的某一时刻应该到达相应位置,而实际上它并没有到位,则说明它处于故障状态。这种方法要先设计一虚拟传感器,使实际检测元件的状态与之比较,如果两者统一,判断为无故障;如果两者矛盾,就认为系统中存在故障。这是一种很有效而且常用的方法。

例如,某系统中某号气缸的输出控制线圈为 Q1.0,当命令发出后 5 s 的时间内应伸出到位,即位置传感器信号 I0.0 就接收到高电平信号置为 1。为判断气缸的故障状态,我们可设计一个 5.5 s 的定时器。由 Q1.0 启动,如果定时器发出时间到信号,气缸仍没有到位,就认为其处于故障状态。程序设计如图 6-7 所示。

图 6-7 中,如果 Q1.0(输出线圈)常开触点闭合,延时定时器 T37 启动,设置时间为 5.5 s,若运行时间到时,Q0.0 有输出,此时说明 Q1.0 触点状态仍为 1,位置传感器信号 I0.0 也还是接通的,该号气缸存在故障。其中 I0.2 为系统复位信号。根据辅助继电器 M2.0 的状态,再结合其他检测手段就能判断出故障存在于气缸本身,还是存在于到位检测元件(I0.0)。

网络 1

```
     Q1.0              T37
     ┤├          IN    TON

              55 ─ PT  100 ms
```

网络 2

```
     Q1.0      T37      I0.0         M2.0        Q0.0
     ┤├        ┤├       ┤├      ┌─S1    OUT─┐   ─( )
                                │       SR  │
     I0.2                       │           │
     ┤├─────────────────────────┘          │
                                └─R ────────┘
```

图 6-7 故障判断检测法程序

③自动跟踪检测法 故障的自动跟踪检测法是把整个系统的控制过程分成若干个控制步骤,根据每个步骤的联锁条件满足与否来发现系统中是否有故障存在的一种方法。在控制过程中,如果某一步有故障出现,控制过程就会停止在该步。系统就转入故障检测程序,自动对此步骤的所有联锁条件进行校对,然后指出故障所在,提示维护人员检修。故障排除后,系统继续运行。这种方法较前两种方法具有更多的优点,是一种比较完善的检测法,实际运用中也受到操作人员和维修人员的欢迎。但程序设计较为复杂,需要经过一番仔细琢磨,有时也会受到系统内存和其他条件的限制。

这三种方法中,直接检测法多用于一些单体设备的故障检测,方法简单,易于实现;判断检测法用于一般较为复杂的条件控制系统中的一些重要设备的故障检测,需要对整个系统的控制过程有较全面的了解,在物料跟踪方面应用较多;自动跟踪检测法一般用于某些运行步骤清晰、控制过程可以暂停的顺序控制过程系统,但程序设计比较复杂。

在系统设计中,可视系统的具体情况,分出轻重缓急,采用不同的方法,不要拘泥于某一种形式,有时三种方法结合使用,会收到更好的效果。

任务实施

1. 确定 PLC 机型

根据继电器控制电路中输入触点的数量,共计有 18 个输入信号,即 4 个按钮、9 个行程开关、2 个压力继电器触点、3 个热继电器动断触点,需要占用 18 个 PLC 输入点。在实际应用中,为节省点数,可适当改变输入信号的接线,如将 SQ8 与 KP2 串联后作为一个输入信号,可减少一个输入点。据此可得到 PLC 输入点的分配及接线,如图 6-8 所示。在图 6-8 中已将输入点由 18 个减至 13 个。

PLC 输出控制对象主要是控制电路中的执行元件,该机床的执行元件有接触器 KM1、KM2、KM3 和电磁阀 YV1、YV2、YV3、YV4。根据它们的工作电压,可画出 PLC 输出端口的接线图,如图 6-8 所示。

由于接触器与电磁阀线圈的电压不同,需要占用 PLC 的两组输出通道,要选择的 PLC 还必须是交、直流两用的继电器输出型。这里,选择 S7-200 系列 CPU224 型 PLC 作为该机床的控制器。

在继电器控制电路中的中间继电器 KA、KA1、KA2、KA3、KA4 转换到 PLC 控制后,可

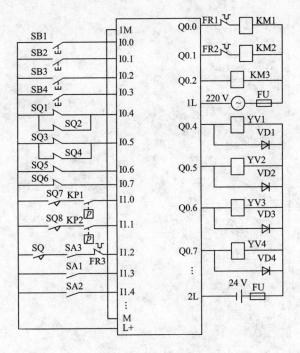

图 6-8　PLC 硬件接线

分别用 PLC 辅助继电器 M1.0、M1.1、M1.2、M1.3、M1.4 替代。可见,在继电器控制电路中,中间继电器使用得越多,采用 PLC 替代后的优越性越明显。

2. PLC 梯形图程序的设计

根据继电器控制电路的逻辑关系,按照一一对应的方式画出 PLC 梯形图,即按其电路组成形式进行逐条转换,再按梯形图编程规则进行规范和简化处理。

图 6-4(a)中的左段部分如图 6-9(a)所示,是所有电路的公共部分,为了简化 PLC 的梯形图,先用它去控制一个辅助继电器 M1.5,即用 M1.5 代替这段电路,如图 6-9(b)所示。

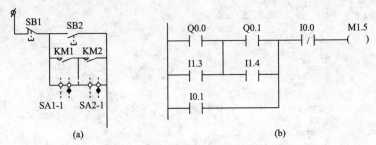

图 6-9　由继电器电路转化的梯形图

如图 6-10 所示是将全部继电器控制电路进行一一对应转换,并进行规范、简化处理后得到的该机床的 PLC 梯形图。

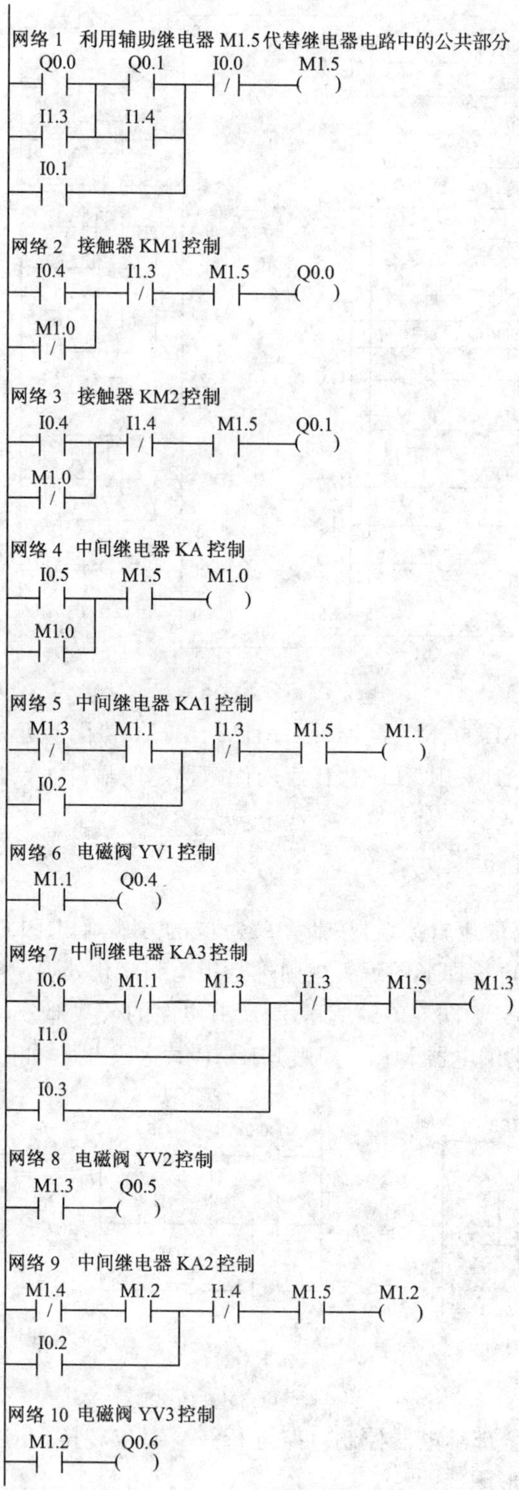

网络 1　利用辅助继电器 M1.5 代替继电器电路中的公共部分
```
  Q0.0    Q0.1    I0.0         M1.5
 ──┤├──┬──┤├──┬──┤/├──────────( )
       │        │
  I1.3 │  I1.4  │
 ──┤├──┤──┤├──┤
       │
  I0.1 │
 ──┤├──┘
```

网络 2　接触器 KM1 控制
```
  I0.4    I1.3    M1.5         Q0.0
 ──┤├──┬──┤/├──┤├──────────( )
       │
  M1.0 │
 ──┤/├─┘
```

网络 3　接触器 KM2 控制
```
  I0.4    I1.4    M1.5         Q0.1
 ──┤├──┬──┤/├──┤├──────────( )
       │
  M1.0 │
 ──┤├──┘
```

网络 4　中间继电器 KA 控制
```
  I0.5    M1.5    M1.0
 ──┤├──┬──┤├──┤├──────────( )
       │
  M1.0 │
 ──┤├──┘
```

网络 5　中间继电器 KA1 控制
```
  M1.3    M1.1    I1.3    M1.5         M1.1
 ──┤├──┬──┤├──┬──┤/├──┤├──────────( )
       │        │
  I0.2 │        │
 ──┤├──┘
```

网络 6　电磁阀 YV1 控制
```
  M1.1         Q0.4
 ──┤├──────────( )
```

网络 7　中间继电器 KA3 控制
```
  I0.6    M1.1    M1.3       I1.3    M1.5         M1.3
 ──┤├──┬──┤/├──┬──┤├────┤/├──┤├──────────( )
       │        │
  I1.0 │        │
 ──┤├──┤        │
       │        │
  I0.3 │        │
 ──┤├──┘
```

网络 8　电磁阀 YV2 控制
```
  M1.3         Q0.5
 ──┤├──────────( )
```

网络 9　中间继电器 KA2 控制
```
  M1.4    M1.2    I1.4    M1.5         M1.2
 ──┤/├──┬──┤├──┬──┤/├──┤├──────────( )
        │
  I0.2  │
 ──┤├───┘
```

网络 10　电磁阀 YV3 控制
```
  M1.2         Q0.6
 ──┤├──────────( )
```

图 6-10　双面单工位液压传动组合机床的 PLC 梯形图

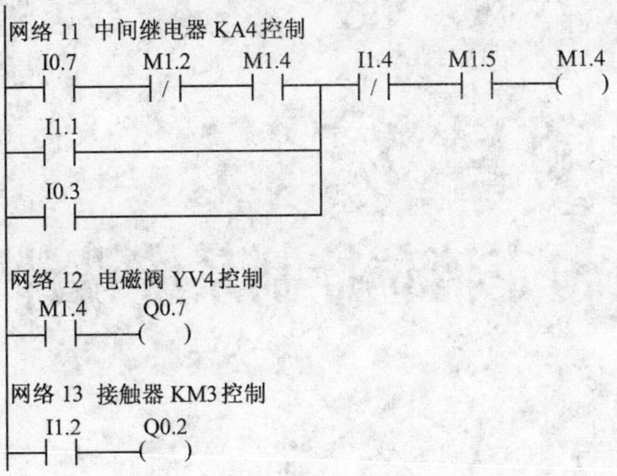

网络 11　中间继电器 KA4 控制

```
 I0.7    M1.2    M1.4    I1.4    M1.5    M1.4
──┤├──┤/├──┤├──┬──┤/├──┤├──( )
 I1.1                     │
──┤├─────────────────────┤
 I0.3                     │
──┤├─────────────────────┘
```

网络 12　电磁阀 YV4 控制

```
 M1.4    Q0.7
──┤├──( )
```

网络 13　接触器 KM3 控制

```
 I1.2    Q0.2
──┤├──( )
```

图 6-10　双面单工位液压传动组合机床的 PLC 梯形图(续图)

计划总结

计划总结内容同本项目任务 1。

巩固练习

考虑用 PLC 控制本项目任务 1 拓展练习中的 YT4543 型组合机床动力滑台的液压系统。

项目 7
恒定液位控制系统设计实现

项目描述

　　随着生产的发展,控制系统的规模不断扩大,相当多的企业使用可编程控制设备不仅要求实现数字量控制,还要求实现模拟量控制,本项目通过两个典型任务(S7-200 PLC 模拟量输入/输出模块安装、水箱水位控制系统编程与实现)的设计实施,实现对 S7-200 PLC 的网络系统的学习和应用。

项目目标

■ 能力目标

● 掌握 S7-200 PLC 模拟量输入/输出模块的功能;
● 掌握模拟量编程方法;
● 开发简单模拟量控制程序;
● 编写带有子程序的控制程序;
● 掌握 PID 指令向导的使用及参数整定。

■ 知识目标

● 数学运算指令的使用;
● 中断指令的使用;
● S7-200 PLC 扩展模块地址分配;
● 子程序调用指令功能及应用;
● 带参数调用子程序的设计方法。

■ 素质目标

● 培养团队协作能力、交流沟通能力;
● 培养实训室 5S 操作素养;
● 培养自学能力及独立工作能力;
● 培养工作责任感;
● 培养文献检索能力。

任务 1　S7-200 PLC 模拟量输入/输出模块安装

任务目标

熟悉模拟量扩展模块 EM231/EM232/EM235 技术性能并安装。

知识梳理

模拟量输入/输出模块为 PLC 主机提供了扩展功能。S7-200 PLC 的模拟量扩展模块具有较大的适应性,可以直接与传感器相连,并具有很大的灵活性,安装方便。

1. 模拟量输入模块 EM231

模拟量输入模块 EM231 具有 4 路模拟量输入,输入信号可以是电压也可以是电流,与 PLC 具有隔离措失,输入信号的范围可以由开关 SW1、SW2 和 SW3 设定,详见表 7-1。具体技术性能见表 7-2 所示。

表 7-1　输入信号的范围设定

单极性			满量程输入	分辨率
SW1	SW2	SW3		
ON	OFF	ON	0~10 V	2.5 mV
	ON	OFF	0~5 V	1.25 mV
			0~20 mA	5 μA
双极性			满量程输入	分辨率
SW1	SW2	SW3		
OFF	OFF	ON	±5 V	2.5 mV
	ON	OFF	±2.5 V	1.25 mV

表 7-2　模拟量扩展模块 EM231/EM232/EM235 技术性能

技术指标		EM231CN 4 输入	EM232CN 2 输出	EM235CN
尺寸($W \times H \times D$)/(mm×mm×mm)		71.2×80×62	46×80×62	71.2×80×62
质量/g		183	148	186
功耗/W		2	2	2
电源要求	DC 5 V	20 mA	20 mA	30 mA
	DC 24 V	60 mA	70 mA(带 2 路输出 20 mA)	60 mA(带输出 20 mA)
LED 指示器		DC 24 V 状态 亮=无故障 灭=无 DC 24 V 电源	DC 24 V 状态 亮=无故障 灭=无 DC 24 V 电源	DC 24 V 状态 亮=无故障 灭=无 DC 24 V 电源
输入类型		差分输入	—	差分输入

技术指标	EM231CN 4 输入	EM232CN 2 输出	EM235CN
分辨率	12 位 A/D 转换器	12 位 D/A 转换器（电压） 11 位 D/A 转换器（电流）	12 位 A/D(D/A)转换器（电压） 11 位 D/A 转换器（电流）
隔离（现场与逻辑电路）	无	无	无
输入电流分辨率/μA 输入电流范围/μA	5(0～20 mA 时) 0～20	— 	5(0～10 mA 时) 0～20
最大输入电压/V	30(DC)	—	30(DC)
模数转换时间/μs	<250	—	<250
模拟量输入响应	1.5 ms,95%	—	1.5 ms,95%
电压信号输出范围/V 电流信号输出范围/mA	— —	±10 0～20	±10 0～20
稳定电压输出时间/μs 稳定电流输出时间/ms	— 	100 2	100 2

如图 7-1 所示为 EM231 模拟量输入模块端子的接线,模块上部共有 12 个端子,每 3 个点为一组(如 RA、A＋、A－),可作为一路模拟量的输入通道,共 4 组,对应电压信号只用 2 个端子(A＋、A－),电流信号需用 3 个端子(RC、C＋、C－),其中 RC 与 C＋端子短接。对于未用的输入通道应短接(B＋、B－)。模块下部左端 M、L＋ 两端应接入 DC24 V 供电电源,右端分别是校准电位器和配置设定开关(DIP),具体设定参见表 7-1。

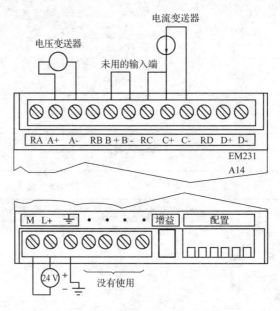

图 7-1　EM231 模拟量输入模块端子的接线

模拟量输入模块的分辨率通常以 A/D 转换后的二进制数数字量的位数来表示,模拟量输入模块的输入信号经 A/D 转换后的数字量数据值是 12 位二进制数。数据值的 12 位二进制数在 CPU 中的存放格式如图 7-2 所示。最高有效位是符号位:0 表示正值数据,1 表示负值数据。

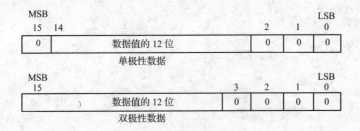

图 7-2　EM231、EM235 输入数据格式

(1)单极性数据格式

对于单极性数据,其两个字节的存储单元的低 3 位均为 0,数据值的 12 位(单极性数据)是存放在 3~14 位区域。这 12 位数据的最大值应为 $2^{15}-8=32760$。EM231 模拟量输入模块 A/D 转换后的单极性数据格式的全量程范围设置为 0~32000。差值 $32760-32000=760$ 则用于偏置/增益,由系统完成。第 15 位为 0,表示正值数据。

(2)双极性数据格式

对于双极性数据,存储单元(2 个字节)的低 4 位均为 0,数据值的 12 位(双极性数据)是存放在 4~15 位区域。最高有效位是符号位,双极性数据格式的全量程范围设置为 -32000~$+32000$。

2. 模拟量输出模块 EM232

模拟量输出模块 EM232 具有两个模拟量输出通道。每个输出通道占用存储器 AQ 区域 2 个字节。该模块输出的模拟量可以是电压信号,也可以是电流信号。其技术性能详见表 7-2。

如图 7-3 所示为 EM232 模拟量输出模块端子的接线。模块上部有 7 个端子,左端起的每 3 个端子为一组,作为一路模拟量输出,共两组:第一组 V0 端接电压负载,I0 端接电流负载,M0 端为公共端;第二组 V1、I1、M1 的接法与第一组类似。输出模块下部 M、L+两端接入 DC24 V 供电电源。

模拟量输出模块的分辨率通常以 D/A 转换前待转换的二进制数数字量的位数表示,PLC 运算处理后的 12 位数字量信号(BIN 数)在 CPU 中存放的格式如图 7-4 所示。最高有效位是符号位:0 表示正值数据,1 表示负值数据。

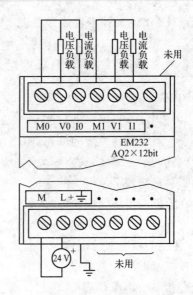

图 7-3　EM232 模拟量输出模块端子的接线

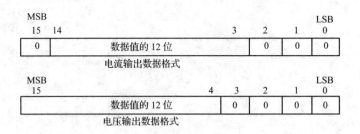

图 7-4　EM232、EM235 输出数据格式

（1）电流输出数据的格式

对于电流输出的数据，其 2 个字节的存储单元的低 3 位均为 0，数据值的 12 位是存放在 3～14 位区域。电流输出数据格式的全量程范围设置为 0～+32000。第 15 位为 0，表示正值数据。

（2）电压输出数据的格式

对于电压输出的数据，其 2 个字节的存储单元的低 4 位均为 0，数据值的 12 位是存放在 4～15 位区域。电压输出数据格式的全量程范围设置为 -32000～+32000。

3. 模拟量输入/输出模块 EM235

EM235 具有 4 路模拟量输入和 1 路模拟量输出，它的输入信号可以是不同量程的电压或电流。其电压、电流的量程由开关 SW1～SW6 设定。EM235 的输出可以是电压，也可以是电流，EM235 的技术性能详见表 7-2，其数据格式如图7-2和图 7-4 所示。

4. S7-200 PLC 扩展模块地址分配

CPU 提供的本地 I/O 具有固定的 I/O 地址。当 I/O 点数不够用，或需要使用模拟输入/输出信号时，可以将 I/O 扩展模块或模拟量输入/输出模块顺次连接到 CPU 的右侧进行扩展。对于同种类型的输入/输出模块而言，模块的 I/O 地址取决于 I/O 类型和模块的物理位置。举例来说，输出模块不会影响输入模块上的点地址，反之亦然。类似地，模拟量模块不会影响数字量模块的寻址。

在为扩展模块分配地址时，数字量模块总是以 8 位（1 个字节）的方式递增。如果扩展模块没有给每一位提供相应的物理连接点，那些未用位不能分配给后续模块。对于输入模块，未使用的位会在每个输入刷新周期中被清零。

模拟量 I/O 点总是以双字（32 位）递增的方式来分配空间。如果扩展模块没有给每个点分配相应的物理点，则这些 I/O 点会消失并且不能够分配给后续模块。

扩展模块地址分配示例见表 7-3。

表 7-3   扩展模块地址分配示例

主机	扩展模块				
CPU224	EM223(4DI/4DO)	EM221(8DI)	EM235(4AI/1AO)	EM222(8DO)	EM235(4AI/1AO)
I0.0 Q0.0	I2.0 Q2.0	I3.0	AIW0 AQW0	Q3.0	AIW8 AQW4
I0.1 Q0.1	I2.1 Q2.1	I3.1	AIW2 AQW2	Q3.1	AIW10 AQW6
I0.2 Q0.2	I2.2 Q2.2	I3.2	AIW4	Q3.2	AIW12
I0.3 Q0.3	I2.3 Q2.3	I3.3	AIW6	Q3.3	AIW14
I0.4 Q0.4	I2.4 Q2.4	I3.4		Q3.4	
I0.5 Q0.5	I2.5 Q2.5	I3.5		Q3.5	
I0.6 Q0.6	I2.6 Q2.6	I3.6		Q3.6	
I0.7 Q0.7	I2.7 Q2.7	I3.7		Q3.7	
I1.0 Q1.0					
I1.1 Q1.1					
I1.2 Q1.2					
I1.3 Q1.3					
I1.4 Q1.4					
I1.5 Q1.5					
I1.6 Q1.6					
I1.7 Q1.7					

注:框内的为分配给该模块但未被该模块物理点占用的地址,不能被其他模块使用。

任务实施

(1)扩展模块通过总线接口与主机相连(图 7-5),也可装于 DIN 导轨(图 7-6),振动较大场合考虑用螺钉安装。

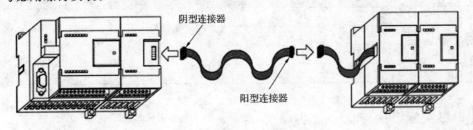

阴型连接器

阳型连接器

图 7-5 扩展模块与主机相连

(2)按照接线端子图(图 7-1 和图 7-3)所示在 L+和 M 端子接入 DC24 V 电源。

(3)按照接线端子图(图 7-1 和图 7-3)连接输入信号,空闲通道的端子应悬空,接地端子(EARTH)应按接地规范连接大地(单点接地)。

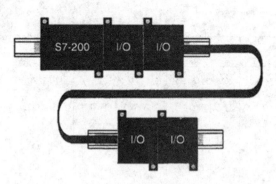

图 7-6　DIN 导轨安装

计划总结

1. 工作计划(表 7-4)

表 7-4　　　　　　　　　　　　　　工作计划

序　号	工作内容	计划完成时间	实际完成情况自评	教师评价

2. 材料领用清算(表 7-5)

表 7-5　　　　　　　　　　　　　　材料领用清算

序　号	元器件名称	数　量	设备故障记录	负责人签字

3. 项目实施记录与改善意见

巩固练习

某制冷系统使用两台压缩机组,系统要求温度在低于 12 ℃时不启动机组,在温度高于 12 ℃时两台机组顺序启动,温度降低到 12 ℃时停止其中一台机组。要求先启动的一台机组停止,温度降到 7.5 ℃时两台机组都停止,温度低于 5 ℃时,系统发出超低温报警。请进行硬件设计(选择主机和扩展模块)。

任务2　水箱水位控制系统编程与实现

任务目标

一台恒压供水水箱,通过变频器驱动的水泵供水,维持水位在满水位的 75％。过程变量 PV_n 为水箱的水位(由水位检测计提供),设定值为 75％,PLC 输出控制变频器,即控制水箱注水调速电动机的转速。要求开机后,先手动控制电动机,当水位上升到 75％时,转换到自动调节。

知识梳理

1. PID 回路指令

(1)PID 算法

在闭环控制系统中广泛应用 PID 控制(即比例-积分-微分控制)。PID 控制器调节回路输出,其控制原理基于下面的方程式:

$$M(t) = K_c e + K_c \int_0^t e \mathrm{d}t + M_{\mathrm{intial}} + K_c \frac{\mathrm{d}e}{\mathrm{d}t} \tag{7-1}$$

输出＝比例 ＋积分＋微分

式中　$M(t)$——PID 回路的输出,是时间函数;

K_c——PID 回路的增益;

e——PID 回路的偏差;

M_{intial}——PID 回路输出的初始值。

数字计算机处理这个函数关系式时,必须将连续函数离散化,对偏差周期采样后,计算输出值。式(7-2)是式(7-1)的离散形式。

$$M_n = K_c(SP_n - PV_n) + K_c \frac{T_s}{T_i}(SP_n - PV_n) + MX + K_c \frac{T_d}{T_s}(PV_{n-1} - PV_n) \tag{7-2}$$

输出＝比例＋积分＋微分

(2)PID 回路指令

PID 回路指令运用回路表中的输入信息和组态信息,进行 PID 运算,编程极其简便。该指令有两个操作数:TBL 和 LOOP(图 7-7)。其中 TBL 是回路表的起始地址,操作数限用 VB 区域(BYTE 型);LOOP 是回路号,可以是 0 到 7 的整数(BYTE 型)。进行 PID 运算的前提条件是逻辑堆栈栈顶值必须为 1。在程序中最多可以用 8 条 PID 回路指令。PID 回路指令不可重复使用同一个回路号(即使这些指令的回路表不

图 7-7　PID 回路指令

同），否则会产生不可预料的结果。

回路表包含 9 个参数，用来控制和监视 PID 运算。回路表的格式见表 7-6。

表 7-6   PID 回路

偏移地址	参 数	数据类型	变量类型	说 明
0	过程变量 PV_n	实数	输入	必须为 0.0～1.0
4	给定值 SP_n	实数	输入	必须为 0.0～1.0
8	输出值 M_n	实数	输入/输出	必须为 0.0～1.0
12	增益 K_c	实数	输入	比例常数，可正可负
16	采样时间 T_s	实数	输入	单位为 s，必须是正数
20	积分时间 T_i	实数	输入	单位为 min，必须是正数
24	微分时间 T_d	实数	输入	单位为 min，必须是正数
28	积分项前值 MX	实数	输入/输出	必须为 0.0～1.0
32	过程变量当前值 PV_{n-1}	实数	输入/输出	最近一次 PID 变量值

（3）控制方式

S7-200 PLC 执行 PID 回路指令时为"自动"方式。不执行 PID 回路指令时为"手动"方式。

PID 回路指令有一个允许输入端（EN）。当该输入端检测到一个正跳变（从 0 到 1）信号，PID 回路就从手动方式无扰动地切换到自动方式。无扰动切换时，系统把手动方式的当前输出值填入回路表中的 M_n，用来初始化输出值 M_n，且进行一系列的操作，对回路表中的值进行组态：

置给定值 SP_n＝过程变量 PV_n

置过程变量当前值 PV_{n-1}＝过程变量 PV_n

置积分项前值 MX＝输出值 M_n

梯形图中，若 PID 回路指令的允许输入端（EN）直接接至左母线，在启动 CPU 或 CPU 从停止（STOP）方式转换到运行（RUN）方式时，PID 使能位的默认值是 1，可以执行 PID 回路指令，但无正跳变信号，因而不能实现无扰动地切换。

（4）回路输入变量的转换和标准化

每个 PID 回路有两个输入变量，给定值 SP 和过程变量 PV。给定值通常是一个固定的值，如水箱水位的给定值。过程变量与 PID 回路输出有关，并反映了控制的效果。在水箱控制系统中，过程变量就是水位的测量值。

给定值和过程变量都是实际工程物理量，其数值大小、范围和测量单位都可能不一样。执行 PID 回路指令前必须把它们转换成标准的浮点型实数。

转换步骤如下：

①回路输入变量的数据转换 把 A/D 模拟量单元输出的整数值转换成浮点型实数值，程序如下：

```
XORD          AC0,AC0          //清空累加器
MOVW          AIW0,AC0         //把待变换的模拟量存入累加器
```

```
LDW>=        AC0,0                //如果模拟量为正
JMP          0                    //则直接转成实数
NOT                               //否则
ORD          16#FFFF0000,AC0      //先对 AC0 中的值进行符号扩展
LBL          0
ITD          AC0,AC0              //把整数转换成双字整数
DTR          AC0,AC0              //把双字整数转成实数
```

②实数值的标准化　把实数值进一步标准化为 0.0～1.0 的实数。实数值标准化的公式如下

$$R_{norm} = \frac{R_{raw}}{S_{pan}} + Off_{set}$$

式中　R_{norm}——标准化的实数值；

$\quad\quad R_{raw}$——未标准化的实数值；

$\quad\quad S_{pan}$——值域，即最大允许值减去最小允许值，单极性为 32000，双极性为 64000；

$\quad\quad Off_{set}$——值域，单极性为 0.0，双极性为 0.5。

双极性实数值标准化的程序如下：

```
/R           64000.0,AC0          //累加器中的实数值除以 64000.0
+R           0.5,AC0              //加上偏置，使其落在 0.0～1.0
MOVR         AC0,VD100            //标准化的实数值存入回路表
```

(5)回路输出变量的数据转换

回路输出变量是用来控制外部设备的，例如，控制水泵的速度。PID 运算的输出值是 0.0～1.0 标准化了的实数值，在输出变量传送给 D/A 模拟量单元之前，必须把回路输出变量转换成相应的整数。这一过程是实数值标准化的逆过程。

①回路输出变量的刻度化　把回路输出的标准化实数转换成实数，转换公式如下

$$R_{scal} = (M_n - Off_{set}) S_{pan}$$

式中　R_{scal}——回路输出的刻度实数值；

$\quad\quad M_n$——同路输出的标准化实数值；

$\quad\quad Off_{set}$——值域，单极性为 0.0，双极性为 0.5；

$\quad\quad S_{pan}$——值域，即最大允许值减去最小允许值，单极性为 32 000，双极性为 64 000。

回路输出变量的刻度化的程序如下：

```
MOVR         VD108,AC0            //把回路输出变量移入累加器
-R           0.5,AC0              //对双极性输出值减去 0.5
*R           64000.0,AC0          //得到回路输出变量的刻度值
```

②将实数转换为整数(INT)　把回路输出变量的刻度值转换成整数(INT)的程序为：

```
ROUND        AC0,AC0              //把实数转换为双字整数
DTI          AC0,AC0              //把双字整数转换为整数
MOVW         AC0,AQW0             //把整数写入模拟量输出寄存器
```

（6）出错条件

如果指令操作数超出范围，CPU 会产生编译错误，致使编译失败。PID 回路指令不检查回路表中的值是否在范围之内，必须确保过程变量、给定值、输出值、积分项前值、过程变量当前值为 0.0～1.0。

如果 PID 运算发生错误，那么特殊标志存储器位 SM1.1（溢出或非法值）会被置 1，并且中止 PID 回路指令的执行。要想消除这种错误，单靠改变回路表中的输出值是不够的，正确的方法是在执行 PID 运算之前，改变引起运算错误的输入值，而不是更新输出值。

2. 子程序

子程序在结构程序设计中是一种方便有效的工具。与子程序相关的操作有：建立子程序、子程序的调用和返回等。

（1）建立子程序

可用编程软件"编辑（Edit）"菜单中的"插入（Insert）"选项，选择"子程序（Subroutine）"选项，以建立或插入一个新的子程序，同时在指令树窗口可以看到新建的子程序图标，默认的程序名是 SBR_n，编号 n 从 0 开始按递增顺序生成，可以在图标上直接更改子程序的程序名。在指令树窗口双击子程序的图标就可对它进行编辑。

（2）子程序指令

主程序可以用子程序调用指令来调用一个子程序。子程序执行结束必须返回主程序。

①子程序调用指令　子程序调用（CALL）指令如图 7-8（a）所示。在使能输入有效时，主机把程序控制权交给子程序 name。子程序的调用可以带参数，也可以不带参数。在梯形图中以指令盒的形式编程，指令盒名为子程序名 name。

指令格式：CALL　　　　　name

例：CALL　　　　　SBR_0

②子程序条件返回指令　子程序条件返回（CRET）指令如图 7-8（b）所示。在使能输入有效时，结束子程序的执行，返回主程序中此子程序调用指令的下一条指令。梯形图中以线圈的形式编程，指令不带参数。

指令格式：CRET　　　　　（条件返回）

例：CRET　　　　　（条件返回）

```
   ┌──────────┐
   │   SBR_0   │                    ──────（RET）
──┤EN         │
   └──────────┘
 (a) 子程序调用指令              (b) 子程序条件返回指令
```

图 7-8　子程序指令

注意：

● 如果子程序的内部又有对另一子程序的调用指令，则这种调用结构称为子程序的嵌套。子程序的嵌套深度最多是 8 级。

● 当一个子程序被调用时,系统自动保存当前的堆栈数据,并把栈项置 1,堆栈中的其他值为 0,子程序占有控制权。子程序执行结束,通过返回指令自动恢复原来的逻辑堆栈值,调用程序又重新取得控制权。

● 累加器可在调用程序和被调用子程序之间自由传递,所以累加器的值在子程序调用时既不保存也不恢复。

(3)应用实例

【例 7-1】 如图 7-9 所示为无参数的子程序指令的使用举例。

(a) 梯形图	(b) 语句表
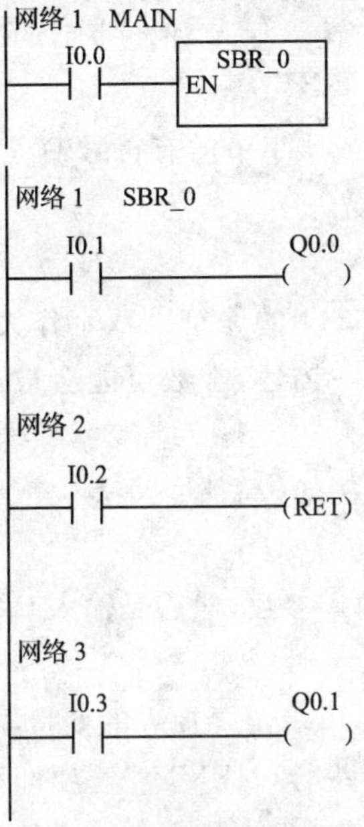 网络 1 MAIN I0.0 —[ ]— [SBR_0 EN]	网络 1 // MAIN LD I0.0 // 当 I0.0=1 时 CALL SBR_0 // 调用子程序 SBR_0
网络 1 SBR_0 I0.1 —[ ]— Q0.0 —( )—	网络 1 //SBR_0 LD I0.1 = Q0.0
网络 2 I0.2 —[ ]— (RET)	网络 2 LD I0.2 // 当 I0.2=1 时 CRET // 立即返回主程序
网络 3 I0.3 —[ ]— Q0.1 —( )—	网络 3 LD I0.3 = Q0.1

图 7-9 无参数的子程序指令的使用举例

(4)带参数的子程序调用

子程序的调用过程如果存在数据的传递,则调用指令中应包含相应参数。

①子程序参数 子程序最多可以传递 16 个参数。参数在子程序的局部变量表中定义。参数包含下列信息:变量名、变量类型和数据类型。

● 变量名:最多用 8 个字符表示,第一个字符不能是数字。

● 变量类型:按变量对应数据的传递方向来划分,可以是传入子程序(IN)、传入/传出子程序(IN/OUT)、传出子程序(OUT)、暂时变量(TEMP)四种类型,说明如下:

IN 类型:传入子程序参数。所接的参数可以是:直接寻址数据(如 VB100)、间接寻址数据(如 * AC1)、立即数(如 16 #2344)、数据的地址值(如 VB106)。

IN/OUT 类型:传入/传出子程序参数。调用时将指定参数位置的值传到子程序,返回时从子程序得到的结果值被返回到同一地址。参数可采用直接和间接寻址,但立即数和地址编号不能作为参数。

OUT 类型:传出子程序参数。将从子程序返回的结果值送到指定的参数位置。输出参数可以采用直接和间接寻址,但不能是立即数或地址编号。

TEMP 类型:暂时变量参数。在子程序内部暂时存储数据,但不能用来与调用程序传递参数。

● 数据类型:局部变量表中还要对数据类型进行声明。数据类型可以是:能流、布尔型、字节型、字型、双字型、整数型、双整数型和实型。

能流:仅允许对位输入操作,是位逻辑运算的结果。在局部变量表中布尔能流输入处于所有类型的最前面。

布尔型:布尔型用于单独的位输入和输出。

字节、字和双字型:这三种类型分别声明一个 1 字节、2 字节和 4 字节的无符号输入或输出参数。

整数、双整数型:这两种类型分别声明一个 2 字节或 4 字节的有符号输入或输出参数。

实型:该类型声明一个 IEEE 标准的 32 位浮点参数。

②参数子程序调用的规则

● 常数参数必须声明数据类型。例如,把值为 223344 的无符号双字作为参数传递时,必须用 DW #223344 来指明。如果缺少常数参数的这一描述,常数可能会被当作不同类型使用。

● 输入或输出参数没有自动数据类型转换功能。例如,局部变量表中声明一个参数类型为实型,而在调用时使用一个双字,则子程序中的值就是双字。

● 参数在调用时必须按照一定的顺序排列,先是输入参数,然后是输入/输出参数,最后是输出参数和暂时变量参数。

③变量表使用　在局部变量表中要加入一个参数,可单击要加入的变量类型区,得到一个"选择"菜单,选择"插入(Insert)"选项,然后选择"下一行(NEXT)"选项即可。局部变量表使用局部变量存储器。当局部变量表中要加入一个参数时,系统自动给各参数分配局部变量存储空间。

参数子程序调用指令格式:CALL　　　子程序号,参数 1,参数 2,…,参数 m

例:CALL　　　SBR0,I0.0,VB10,I0.1,&VB100,* AC1,VD200

④程序实例

【例 7-2】　以上面指令为例,局部变量分配见表 7-7,程序如图 7-10 所示。

表 7-7　　　　　　　　　　　　　　　　局部变量表例

L 地址	参数名	参数类型	数据类型	说　明
无	EN	IN	BOOL	指令使能输入参数
L0.0	IN1	IN	BOOL	第 1 个输入参数,布尔型
LB1	IN2	IN	BYTE	第 2 个输入参数,字节型
L2.0	IN3	IN	BOOL	第 3 个输入参数,布尔型
LD3	IN4	IN	DWORD	第 4 个输入参数,双字型
LW7	IN/OUT	IN/OUT	WORD	第 1 个输入/输出参数,字型
LD9	OUT1	OUT	DWORD	第 1 个输出参数,双字型

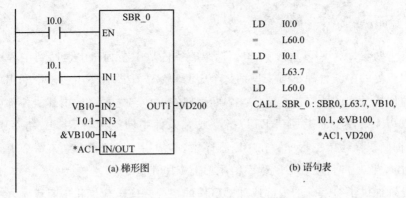

(a) 梯形图

```
LD    I0.0
=     L60.0
LD    I0.1
=     L63.7
LD    L60.0
CALL  SBR_0 : SBR0, L63.7, VB10,
              I0.1, &VB100,
              *AC1, VD200
```

(b) 语句表

图 7-10 带参数的子程序调用举例

3. 中断指令

中断指令使系统暂时中断正在执行的程序，而转到中断服务程序去处理那些急需处理的事件，处理后再返回原程序执行。中断指令对特定的内部和外部事件做快速响应。

(1)全局中断允许、全局中断禁止指令

全局中断允许(ENI)指令，全局地允许所有被连接的中断事件。

全局中断禁止(DISI)指令，全局地禁止处理所有中断事件。执行 DISI 指令后，出现的中断事件就进入中断队伍排队等候，直到 ENI 指令重新允许中断。

CPU 进入 RUN 模式时自动禁止了中断。在 RUN 模式执行 ENI 指令后，允许所有中断。

(2)中断连接指令、中断分离指令

中断连接(ATCH)指令(图 7-11)，用来建立某个中断事件(EVNT)和某个中断程序(INT)之间的联系，并允许这个中断事件。

在调用一个中断程序前，必须用中断连接指令，建立某中断事件与中断程序的连接。当把某个中断事件和中断程序建立连接后，该中断事件发生时会自动允许中断。多个中断事件可调用同一个中断程序，但一个中断事件不能同时与多个中断程序建立连接。否则，在中断允许且某个中断事件发生时，系统默认执行与该事件建立连接的最后一个中断程序。

中断分离(DTCH)指令(图 7-12)，用来解除某个中断事件(EVNT)和某个中断程序之间的联系，并禁止该中断事件。

可以用 DTCH 指令截断某中断事件和中断程序之间的联系，以单独禁止某中断事件。DTCH 指令使中断回到不激活或无效状态。

指令操作数 INT、EVNT 的数据类型均为字节型。

ATCH IN,EVNT

图 7-11 中断连接指令

DTCH EVNT

图 7-12 中断分离指令

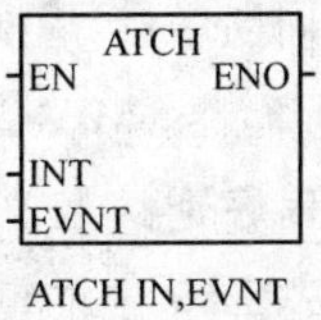

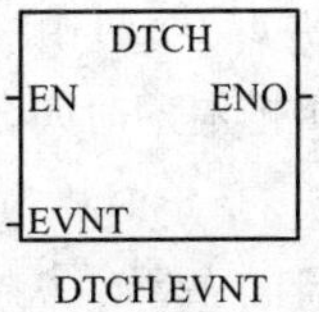

(3)中断返回指令

有条件中断返回(CRETI)指令,根据控制的条件从中断程序中返回到主程序。可用中断程序入口点处的中断程序标号来识别每个中断程序。中断程序由位于中断程序标号和无条件中断返回指令间的所有指令组成。中断程序在响应与之关联的内部或外部中断事件时执行。可以用无条件中断返回(RETI)指令或有条件中断返回(CRETI)指令退出中断程序,从而将控制权交还给主程序。在中断程序中,必须用 RETI 指令结束每个中断程序。程序编译时,由编程软件自动在中断程序结尾加上 RETI 指令。

中断处理提供了对特殊的内部或外部事件的快速响应。应优化中断程序,使其简短,在执行某特殊的任务后立即返回主程序。尽可能减少中断程序的执行时间,否则有可能引起主程序控制设备的异常操作。

所有的中断程序必须放在主程序的无条件结束指令之后。在中断程序中不能使用 DISI、ENI、HDEF、LSCR 和 END 指令。

中断前后,系统保存和恢复逻辑堆栈、累加寄存器、特殊标志存储器位,从而避免了中断程序返回后对主程序执行现场所造成的破坏。

(4)中断的分类

中断可分为三类:通信口中断、I/O 中断和时基中断。

①通信口中断 PLC 的串行通信口可由用户程序来控制。通信口的这种操作模式称为自由端口模式。在自由端口模式下,由用户程序定义波特率、每个字符位数、奇偶校验和通信协议。利用接收和发送中断可简化程序对通信的控制。

②I/O 中断 I/O 中断包含了上升沿或下降沿中断、高速计数器中断和脉冲串输出(PTO)中断。S7-200 CPU 可用输入点(I0.0~I0.3)的上升沿或下降沿产生中断,CPU 检测这些上升沿或下降沿事件,可用来指示某个事件发生时的故障状态。

高速计数器中断,允许响应诸如当前值等于预置值、轴转动方向变化的计数方向改变和计数器外部复位等事件而产生的中断。

脉冲串输出中断,允许对完成指定脉冲数输出的响应。

必须用 ATCH 指令将一个中断程序连接到相应的 I/O 中断事件上,以允许上述的中断。

③时基中断 时基中断包括定时中断和定时器 T32/T96 中断。

定时中断按指定的周期时间循环执行。以 1 ms 为周期增量,周期时间范围为1~255 ms。定时中断 0、定时中断 1 把周期时间分别写入特殊标志存储器 SMB34、SMB35。

用 ATCH 指令把一个定时中断事件与一个中断程序连接起来后,系统捕捉周期时间值。如果要改变周期时间,首先必须修改 SMB34 或 SMB35 中的值,然后重新建立中断程序与定时中断事件的连接。重新建立连接后,定时中断功能清除前一次连接时的周期时间值,并用新值重新开始计时。

当定时中断设定的周期时间到,定时中断事件把控制权交给相应的中断程序。定时中断一旦允许就连续地运行,按指定的时间间隔反复执行被连接的中断程序。常用定时中断以固定的时间间隔去控制模拟量的采集和执行 PID 回路程序。如果退出 RUN 模式或分离定时中断,则定时中断被禁止。执行了全局中断禁止指令后,定时中断事件仍会继续发生,并进入中断队列直到中断允许或队列排满为止。

定时器 T32/T96 中断,在给定时间间隔到达时及时地产生中断。这些中断只支持1 ms 分辨率的定时器(TON 和 TOF)T32 和 T96。T32 和 T96 定时器与其他定时器的功能相同。只是 T32、T96 在中断允许后,当定时器的当前值等于预置值时就产生中断。编程时应先建立 T32、T96 中断事件与某中断程序的连接。

(5)中断优先级

中断按以下固定的次序来决定优先级:通信口中断(最高优先级)、I/O 中断(中等优先级)、时基中断(最低优先级)在各个优先级范围内,CPU 按先来先服务的原则处理中断。任何时刻只能执行一个用户中断程序。一旦中断程序开始执行,它会一直执行到结束。而且不会被别的中断程序(甚至是更高优先级的中断程序)所打断。正在处理某中断程序时,新出现的中断事件需排队等待,以待处理。三个中断队列及其能保存的最大中断事件数见表 7-8。

表 7-8　　　　　　　　　三个中断队列及其能保存的最大中断事件数

CPU 中断队列种类	CPU221	CPU222	CPU2224	CPU226
通信口中断队列	4 个	4 个	4 个	8 个
I/O 中断队列	16 个	16 个	16 个	16 个
时基中断队列	8 个	8 个	8 个	8 个

在中断队列排满后,有时还可能出现中断事件。这时由中断队列溢出标志位表明丢失的中断事件的类型。通信口中断、I/O 中断、时基中断的中断队列溢出标志位分别是 SM4.0、SM4.1、SM4.2。中断队列溢出标志位只在中断程序中使用。因为在队列变空或返回到主程序时,这些标志位就会被复位。按优先级排列的中断事件见表 7-9。

表 7-9　　　　　　　　　　　按优先级排列的中断事件

组优先级	组内类型	中断事件号	中断事件描述	组内优先级
通信口中断 (最高级)	通信口 0	8	通信口 0:接收字符	0
		9	通信口 0:发送完成	0
		23	通信口 0:接收信息完成	0
	通信口 1	24	通信口 0:接收信息完成	1
		25	通信口 0:接收字符	1
		26	通信口 0:发送完成	1

PLC 程序设计与调试——项目化教程

组优先级	组内类型	中断事件号	中断事件描述	组内优先级
输入/输出中断 （次高级）	脉冲串输出	19	PTO0 脉冲串输出完成中断	0
		20	PTO1 脉冲串输出完成中断	1
	外部输出	0	I0.0 上升沿中断	2
		2	I0.1 上升沿中断	3
		4	I0.2 上升沿中断	4
		6	I0.3 上升沿中断	5
		1	I0.0 下降沿中断	6
		3	I0.1 下降沿中断	7
		5	I0.2 下降沿中断	8
		7	I0.3 下降沿中断	9
	高速计数器	12	HSC0 当前值等于预置值中断	10
		27	HSC0 输入方向改变中断	11
		28	HSC0 外部复位中断	12
		13	HSC1 当前值等于预置值中断	13
		14	HSC1 输入方向改变中断	14
		15	HSC1 外部复位中断	15
		16	HSC2 当前值等于预置值中断	16
		17	HSC2 输入方向改变中断	17
		18	HSC2 外部复位中断	18
		32	HSC3 当前值等于预置值中断	19
		29	HSC4 当前值等于预置值中断	20
		30	HSC4 输入方向改变中断	21
		31	HSC4 外部复位中断	22
		33	HSC5 当前值等于预置值中断	23
时基中断 （最低级）	定时	10	定时中断 0	0
		11	定时中断 1	1
	定时器	21	定时器 T32 当前值等于预置值中断	2
		22	定时器 T96 当前值等于预置值中断	3

【例 7-3】 用中断实现对 100 ms 定时计数,程序如图 7-13 所示。

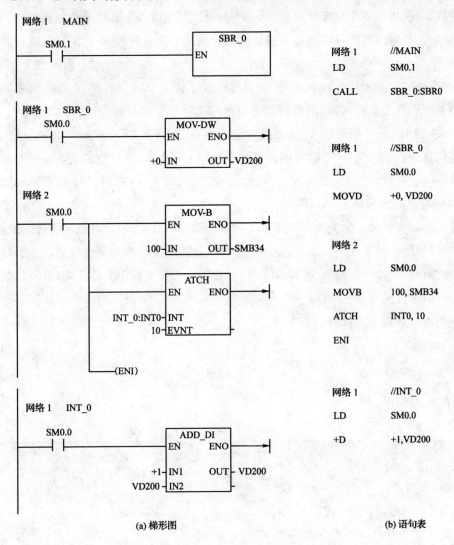

网络 1　　MAIN

网络 1　　//MAIN

LD　　　　SM0.1

CALL　　　SBR_0:SBR0

网络 1　　SBR_0

网络 1　　//SBR_0

LD　　　　SM0.0

MOVD　　　+0, VD200

网络 2

网络 2

LD　　　　SM0.0

MOVB　　　100, SMB34

ATCH　　　INT0, 10

ENI

网络 1　　INT_0

网络 1　　//INT_0

LD　　　　SM0.0

+D　　　　+1,VD200

(a) 梯形图　　　　　　　　　　　　　(b) 语句表

图 7-13　中断指令编程举例

任务实施

1. 根据任务要求进行分析

　　某水箱需要维持一定的水位,该水箱里的水以变化的速度流出,这就需要有一个水泵以变化的速度给水箱供水以维持水位(满水位的 75%)不变,这样才能使水箱不断水。本系统的给定值是水箱满水位的 75% 时的水位,过程变量由水位测量仪提供,输出值是水泵的速度,可以从允许最大值的 0% 变到 100%。

给定值可以预先设定后直接输入到回路表中,过程变量值是来自水位测量仪的单极性模拟量,回路输出值也是一个单极性模拟量,用来控制水泵速度。本系统中选择比例和积分控制,其回路增益和时间常数可以通过工程计算初步确定。但还需要进一步调整以达到最优控制效果。

由于 S7-200 PLC 的 CPU224 主机模块上只有数字输入/输出点,要完成模拟量的输入/输出,必须扩展模拟量输入/输出模块。本例使用 EM235(4AI/1AO)的模拟量输入/输出模块。S7-200 PLC 的模拟量输入/输出模块内部附有 A/D 及 D/A 转换环节,能够实现数字量与模拟量的自动转化,一个通道的模拟量被转化为一个 16 位的数字量,占用 16 位内存空间,因此模拟量将以字的长度编址,如本例 EM235 的输入通道编址为:AIW0、AIW2、AIW4、AIW6,输出通道编址为:AQW0。

系统处理连续变化量实际上是一种离散化的处理思路,即以一定的时间间隔连续取点、运算,只要时间间隔相对于变化来说足够小,就能反映出连续变化量的变化趋势。这个时间间隔称为采样周期。输入信号只在采样点上变化,在整个采样周期中维持不变,系统就只需要对新采样的值进行运算,产生维持一个采样周期的输出,剩下的时间系统可以处理其他任务。定时中断可以达到这一目的。

2. 根据任务要求进行 I/O 分配

I/O 分配见表 7-10。

表 7-10   I/O 分配

输入量		输出量	
元件名称	PLC 输入点	元件名称	PLC 输出点
启动开关 SB	I0.0	接触器 KM	Q0.0
水位检测计信号	AIW0	注水调速电动机控制信号	AQW0

3. 绘制 PLC 硬件接线图及连接硬件

根据控制要求及 I/O 分配,绘制 PLC 硬件接线图,如图 7-14 所示。项目实施过程中,按照此接线图连接硬件。

4. 设计梯形图程序

PID 控制参数(回路表)见表 7-11。

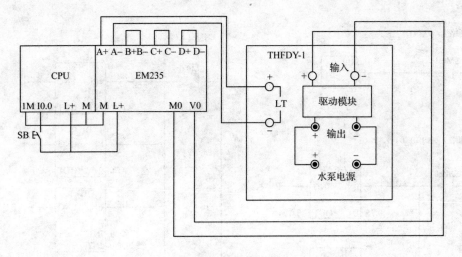

图 7-14　PLC 硬件接线图

表 7-11　　　　　　　　　　　　　　PID 控制参数

地　址	参　数	数　值
VD100	过程变量当前值 PV_n	水位检测计提供模拟量经 A/D 转换后的标准化数值
VD104	给定值 SP_n	0.75
VD108	输出值 M_n	PID 回路的输出值(标准化数值)
VD112	增益 K_c	0.8
VD116	采样时间 T_s	0.2
VD120	积分时间 T_i	0.1
VD124	微分时间 T_d	0.0(关闭微分作用)
VD128	上一次积分值 MX	根据 PID 运算结果更新
VD132	上一次过程变量 PV_{n-1}	最近一次 PID 的变量值

　　程序结构:由主程序、子程序和中断程序构成。主程序用来调用初始化子程序,子程序用来建立 PID 回路初始参数表和设置中断。由于定时采样,所以采用定时中断(中断事件号为 10),设置周期时间和采样时间相同(0.1 s),并写入 SMB34。中断程序用于执行 PID 运算,I0.0＝1 时,执行 PID 运算。

　　设计梯形图程序,如图 7-15 所示。

PLC 程序设计与调试——项目化教程

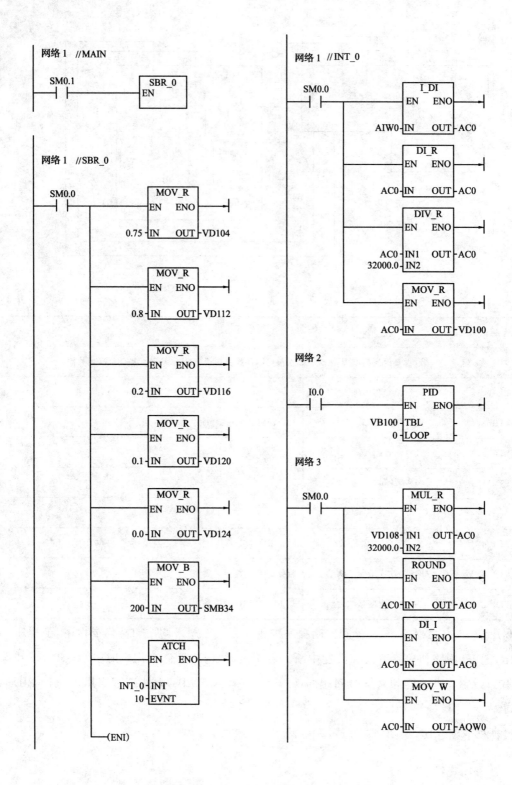

图 7-15 梯形图程序

（1）双击 STEP7-Micro/WIN 软件图标，启动该软件。系统自动创建一个名称为"项目 X"的新工程，可以重命名。

（2）输入程序。

①主程序输入。

②建立子程序。

可采用下列方法中的一种建立子程序：

● 从"编辑"菜单，选择"插入（Insert）"→"子程序（Subroutine）"选项。

● 从"指令树"，用鼠标右键单击"程序块"图标，并从弹出菜单中选择"插入（Insert）"→ "子程序（Subroutine）"选项。

● 从"程序编辑器"窗口，用鼠标右键单击，并从弹出菜单中选择"插入（Insert）"→"子程序（Subroutine）"选项。

程序编辑器从先前的主程序显示更改为新的子程序。程序编辑器底部会出现一个新标签，代表新的子程序。此时，可以对新的子程序编程。

用鼠标右键单击指令树中的子程序图标，在弹出的菜单中选择"重新命名"选项，可修改子程序的名称。如果为子程序指定一个符号名，例如 USR_NAME，该符号名会出现在指令树的"子例行程序"文件夹中。

子程序建立后，输入子程序。

③建立中断程序。

● 从"编辑"菜单，选择"插入（Insert）"→"中断（Interrupt）"选项。

● 从指令树，用鼠标右键单击"程序块"图标，并从弹出菜单中选择"插入（Insert）"→ "中断（Interrupt）"选项。

● 从"程序编辑器"窗口，用鼠标右键单击，并从弹出菜单中选择"插入（Insert）"→"中断（Interrupt）"选项。

程序编辑器从先前的主程序显示更改为新中断程序，在程序编辑器的底部会出现一个新标记，代表新的中断程序。

中断程序建立后，输入中断程序。

（3）建立 PLC 与上位机的通信联系，将程序下载到 PLC。

（4）运行程序。

（5）操作控制按钮，观察运行结果。

（6）分析程序运行结果，编写相关技术文件。

计划总结

计划总结内容同本项目任务 1。

巩固练习

1. PID 指令向导的使用

为了减少编写 PID 控制程序的难度,S7-200 的编程软件专门设置了 PID 指令向导。使用 PID 指令向导可以很方便地完成控制程序的编写与输入。

单击编程软件指令树中"向导"→"PID"图标,或执行菜单命令"工具"→"指令向导"→"PID",打开 PID 指令向导对话框,如图 7-16 所示,首先设置回路号。

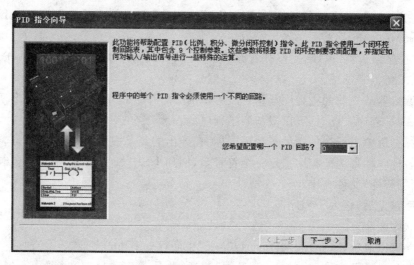

图 7-16 设置回路号

回路号设置之后,单击"下一步"按钮,打开图 7-17 所示对话框,设置回路表参数。

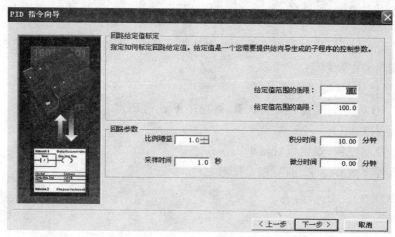

图 7-17 设置回路表参数

单击"下一步"按钮,打开图 7-18 所示对话框,设置回路输入/输出选项。根据现场变送器的量程范围,可选择单极性、双极性或使用 20%偏移量,后者适用于输出为 4~20 mA 的变送器。

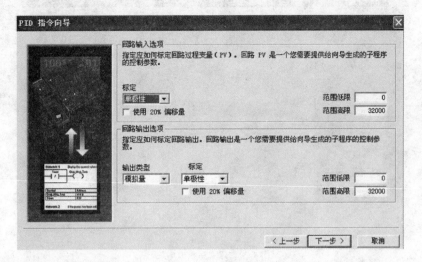

图 7-18 设置回路输入/输出选项

单击"下一步"按钮,打开图 7-19 所示对话框,设置回路报警选项。确定是否启用过程变量高、低限报警功能。若启用,需要设置相应的参数。

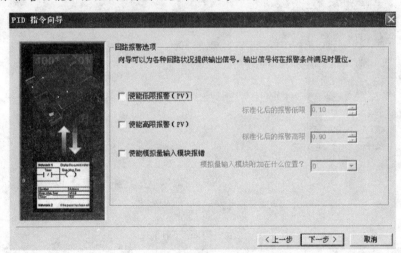

图 7-19 设置回路报警选项

单击"下一步"按钮,打开图 7-20 所示对话框,建立回路表地址。

单击"下一步"按钮,打开图 7-21 所示对话框,设置子程序与中断程序地址。

单击"下一步"按钮,确认之前的设置,再单击"完成"按钮。

完成设置后将会自动生成该回路的初始化子程序 PIDX-INIT(X 为回路号,图 7-21 中默认设置为 0)、中断程序 PID-EXE、符号表 PIDX-DATA。

在主程序中用 SM0.1 调用 PIDX-INIT(图 7-22),完成 PID 的初始化及中断的触发。PLC 会根据指令向导的设置,周期性地调用中断程序 PID-EXE 进行 PID 运算。

其中,PV_I 是模拟量输入地址,Setpoin 是以百分比表示的设定值,Output 是输出模拟量的地址。

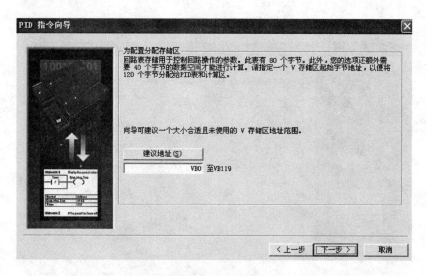

图 7-20   建立回路表地址

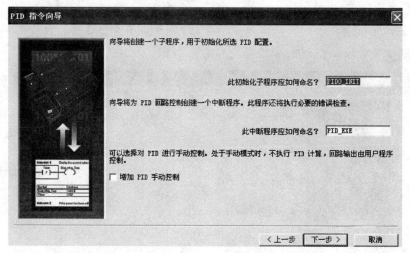

图 7-21   设置子程序与中断程序地址

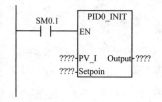

图 7-22   在主程序中用 SM0.1 调用 PIDX-INIT

2. PID 参数整定方法

PID 控制器有四个主要的参数 T_s、K_c、T_i、T_d 需要整定。若整定不好,系统动、静态性能达不到要求,甚至会使系统不能稳定运行。PID 控制器的参数与系统动、静态性能之间的关系是参数整定的基础。

编程软件 STEP7-Micro/WIN V4.0 内置了"PID 调节控制面板"工具,用于参数的调整,并可以同时显示给定值、过程变量和输出波形。

PID 参数的调整是一个综合的、相互影响的过程,实际调试过程中需要进行多次的调试,以达到最佳效果。

新一代 S7-200 PLC 具有参数自整定功能,可以向用户推荐接近最优的增益、积分时间、微分时间等参数,结合"PID 调节控制面板"功能,可以轻松地实现 PID 参数整定。

项目 8
S7-200 PLC的网络通信实现

项目描述

　　建立在通信基础上的工厂自动化网络系统是目前工厂中常见的 PLC 应用形式,通过两个典型任务(PPI 网络读写通信实现、三台 PLC 的网络通信)的设计实施,实现对 S7-200 PLC 的网络系统的学习和应用。

项目目标

■ 能力目标

- 掌握网络通信常识;
- 掌握 S7-200 PLC 的网络通信协议及通信所需设备;
- 能够进行通信设置,实现多台 PLC 之间的网络通信。

■ 知识目标

- 网络通信常识;
- 网络通信协议;
- 网路组成与通信设置方法。

■ 素质目标

- 培养团队协作能力、交流沟通能力;
- 培养实训室 5S 操作素养;
- 培养自学能力及独立工作能力;
- 培养工作责任感;
- 培养文献检索能力。

任务 1 PPI 网络读写通信实现

任务目标

两台 S7-200 PLC，一台 PLC 地址为 2，另一台 PLC 地址为 3，将地址为 2 的 PLC 中 VB100～VB109 的数据发送给地址为 3 的 PLC 中的 VB200～VB209。

知识梳理

1. 数据通信简介

数据通信就是将数据信息通过适当的传送线路从一台机器传送到另一台机器。这里的机器可以是计算机、PLC 或具有数据通信功能的其他数字设备。

数据通信系统的任务是把地理位置不同的计算机和 PLC 及其他数字设备连接起来，高效率地完成数据的传送、信息交换和通信处理三项任务。数据通信系统一般由传送设备、传送控制设备、传送协议及通信软件等组成。

(1)基本概念和术语

①并行传输和串行传输 若按照传输数据的时空顺序分类，数据通信的传输方式可以分为并行传输和串行传输两种。并行传输是指通信中同时传送构成一个字或字节的多位二进制数据。而串行传输是指通信中构成一个字或字节的多位二进制数据是一位一位被传送的。

②异步传输和同步传输 在异步传输中，信息以字符为单位进行传输。异步传输的优点就是收、发双方不需要严格的位同步，所谓"异步"是指字符与字符之间的异步，字符内部仍为同步。

在同步传输中，不仅字符内部为同步，字符与字符之间也要保持同步。同步传输的特点是可获得较高的传输速率，但实现起来较复杂。

③信号的调制和解调 串行通信通常传输的是数字量，这种信号包括从低频到高频极其丰富的谐波信号，要求传输线的频率很高。而远距离传输时，为降低成本，传输线频带不够宽，使信号严重失真、衰减，常采用的方法是调制解调技术。

(2)线路通信方式

①单工通信方式 单工通信是指信息的传送始终保持同一个方向，而不能进行反向传送，如图 8-1(a)所示。其中 A 端只能作为发送端，B 端只能作为接收端。

②半双工通信方式 半双工通信是指信息可以在两个方向上传送，但同一时刻只限于一个方向传送，如图 8-1(b)所示。

③全双工通信方式 全双工通信能在两个方向上同时发送和接收信息，如图 8-1(c)

所示。

(a) 单工示意图　　(b) 半双工示意图　　(c) 全双工示意图

图 8-1　线路通信方式

（3）传输介质

目前普遍使用的传输介质有同轴电缆、双绞线、光缆，其他介质如无线电、红外线、微波等在 PLC 网络中应用很少。其中双绞线（带屏蔽）成本低，安装简单；光缆尺寸小，质量轻，传输距离远，但成本高，安装维修需专用仪器。

（4）串行通信接口标准

串行通信的连接接口与连线电缆是直观可见的，它们的相互兼容是通信得以保证的第一要求，因此串行通信的实现方法发展迅速，形式繁多，这里主要介绍 RS-232C 串行接口标准。

RS-232C 的标准接插件是 25 针 D 型连接器，但实际应用中并未将 25 个引脚全部用满，最简单的通信只需 3 根引线，最多的也不过用到 22 根。RS-232C 采用负逻辑。

RS-232C 的不足主要表现在：传输速率不够快；传输距离不够远；电气性能不佳。

2. 工业局域网基础

局域网的拓扑结构指网络中的通信线路和节点间的几何连接结构，表示了网络的整体结构外貌。常用的连接方式有：星形网络、环形网络、总线型网络，如图 8-2 所示。

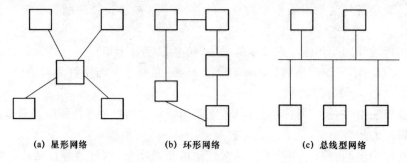

(a) 星形网络　　　　(b) 环形网络　　　　(c) 总线型网络

图 8-2　局域网的拓扑结构

3. 西门子 PLC 网络

现代大型工业企业中，一般采用多级网络的形式。西门子公司的控制网络可分为四个层次，如图 8-3 所示为西门子公司生产金字塔 ISO 网络模型。西门子公司的 PLC 网络是为满足不同控制需要而制定的，也为各个网络层次之间提供了互连模块或装置，利用它们可以设计出满足各种应用需求的控制管理网络。

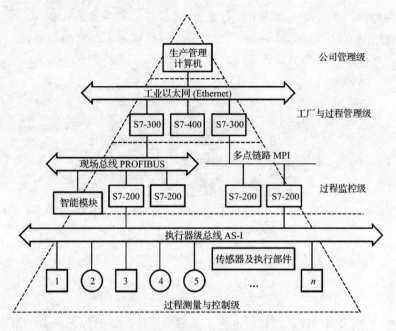

图 8-3　西门子公司生产金字塔 ISO 网络模型

4. S7-200 PLC 的通信

(1) 网络部件

①通信口　西门子公司 PLC 的 CPU 模块上的通信口是与 RS-485 兼容的 9 针 D 型连接器,外形如图 8-4 所示。

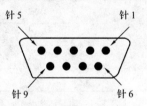

图 8-4　RS-485 串行接口外形

将 S7-200 接入网络时,该端口一般是作为端口 1 出现的,作为端口 1 时端口各个引脚的名称及其表示的意义见表 8-1。

表 8-1　　　　　　　　　　　　　　S7-200 通信口各引脚名称及其表示的意义

引脚	名称	端口 0/端口 1	引脚	名称	端口 0/端口 1
1	屏蔽	机壳地	6	+5 V	+5 V,100 Ω 串联电阻
2	24 V 返回	逻辑地	7	+24 V	+24 V
3	RS-485 信号 B	RS-485 信号 B	8	RS-485 信号 A	RS-485 信号 A
4	发送申请	RTS(TTL)	9	不用	10 位协议选择(输入)
5	5 V 返回	逻辑地	连接器外壳	屏蔽	机壳接地

②网络连接器　利用西门子公司提供的两种网络连接器可以把多个设备很容易地连接

到网络中。两种网络连接器都有两组螺钉端子,可以连接网络的输入和输出。一种网络连接器仅提供连接到 CPU 的接口,而另一种网络连接器增加了一个编程器接口。两种网络连接器还有网络偏置和终端偏置的选择开关,接在网络端部的连接器上的开关应放在 ON位置,如图 8-5 所示。

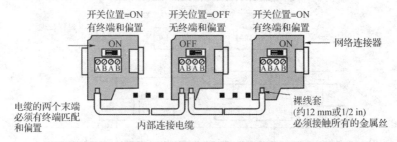

图 8-5　网络连接器

带有编程器接口的连接器可以把编程器或操作员面板连接到网络中,而不用改动现有的网络连接。

③通信电缆　通信电缆主要有网络电缆与 PC/PPI 电缆。

PROFIBUS 网络电缆的最大长度取决于通信的波特率和电缆的类型。网络电缆越长,传输速度越低。

PC/PPI 电缆的一端是 RS-485 端口,用来连接 PLC 主机;另一端是 RS-232 标准接口,用于连接计算机等设备。PC/PPI 电缆上的 DIP 开关用来设置波特率、传送字符数据格式和设备模式。DIP 开关设置与波特率的关系见表 8-2。

表 8-2　　　　　　　　　　　　　　DIP 开关设置与波特率的关系

开关 1、2、3	传输速率/(b·s⁻¹)	转换时间/μs	开关 1、2、3	传输速率/(b·s⁻¹)	转换时间/μs
000	38400	0.5	100	2400	7
001	19200	1	101	1200	14
010	9600	2	110	600	28
011	4800	4			

④网络中继器　网络中继器可以延长网络距离,增加接入网络的设备,并且提供了一个隔离不同网络段的方法。波特率为 9600 bit/s 时,PROFIBUS 允许一个网络段最多有 32个设备,最长距离是 1200 m,每个中继器允许给网络另外增加 32 个设备,可以把网络再延长 1200 m。最多可以使用 9 个中继器,但网络总长度不能超过 9600 m。每个中继器都为网络段提供偏置和终端匹配,如图 8-6 所示。

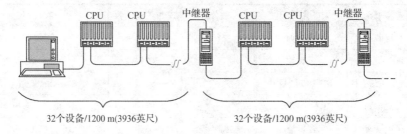

图 8-6　网络中继器

⑤EM277 PROFIBUS-DP 模块　EM277 PROFIBUS-DP 模块是专门用于 PROFI-BUS-DP 协议通信的智能扩展模块。它的外形如图 8-7 所示。

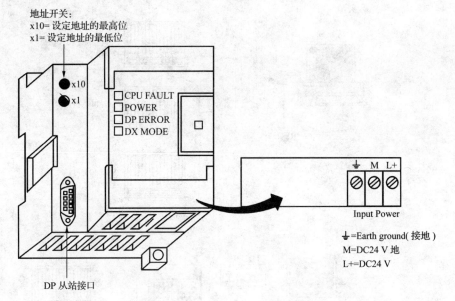

图 8-7　EM277 PROFIBUS-DP 模块

EM277 模块面板状态指示灯的作用见表 8-3。

表 8-3　　　　　　　　　　　EM277 模块面板状态指示灯的作用

LED 指示灯	熄灭	红灯	红灯灯烁	绿灯
CPU FAULT	正常	内部故障	—	—
POWER	没有电源	—	—	电源正常
DP ERROR	正常	脱离数据交换模式	参数化/组态错误	—
DX MOOE	不在数据交换模式	—	—	在数据交换模式

(2)S7-200 PLC 的通信方式

S7-200 PLC 的通信功能强大,有多种通信方式可供用户选择。

①单主站方式　单主站与一个或多个从站相连,如图 8-8 所示。

②多主站方式　多主站方式如图 8-9 所示。

(3)通信协议

S7-200 CPU 支持以下通信协议:

①PPI 通信协议　PPI 通信协议(点对点接口)是一种主-从协议:主站设备发送要求到从站,从站设备响应。PPI 通信协议用于 S7-200 CPU 与编程计算机之间的通信、S7-200 CPU 之间、S7-200 CPU 与 HMI(人机界面)之间的通信。在此模式下可以使用网络读、写指

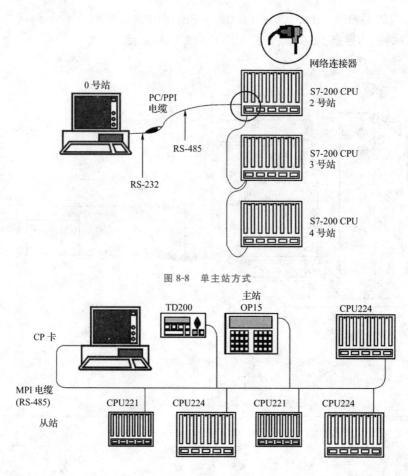

图 8-8　单主站方式

图 8-9　多主站方式

令读、写其他设备中的数据。

②MPI 通信协议　MPI 通信协议(多点接口)允许主-主和主-从两种通信方式。选择何种方式依赖于设备类型。S7-200 CPU 只能作 MPI 从站,而 S7-300/400 为主站。

③PROFIBUS 通信协议　PROFIBUS 通信协议通常用于实现与分布式 I/O 的高速通信。有一个主站和若干个 I/O 从站。S7-200 CPU 需通过 EM277 PROFIBUS-DP 模块接入 PROFIBUS 网络。

PROFIBUS 现场总线构成的系统,其基本特点如下:

● PLC、I/O 模板、智能仪表及设备可通过现场总线连接,特别是同厂家的产品提供通用的功能模块管理规范,通用性强,控制效果好。

● I/O 模板安装在现场设备(传感器、执行器等)附近,结构合理。

● 信号就地处理,在一定范围内可实现互操作。

● 编程仍采用组态方式,设有统一的设备描述语言。

● 传输速率可在 9.6 kbit/s～12 Mbit/s 间选择。

● 传输介质可以用金属双绞线或光纤。

④TCP/IP 通信协议　S7-200 PLC 配备了以太网模块,支持 TCP/IP 通信协议。

⑤用户定义的协议　在自由端口模式下,由用户自定义与其他串行通信设备的通信协

议。自由端口模式使用接收中断、发送中断、字符中断、发送指令和接收指令,实现 S7-200 CPU 通信口与其他设备的通信。当处于自由端口模式时,通信协议完全由梯形图程序控制。

(4)网络读/网络写指令

网络读/网络写指令用于 S7-200 PLC 之间的通信。网络读/网络写指令的格式见表 8-4。

表 8-4　　　　　　　　　　　　　　　网络读/网络写指令

指　令	梯形图	功　能
网络读指令	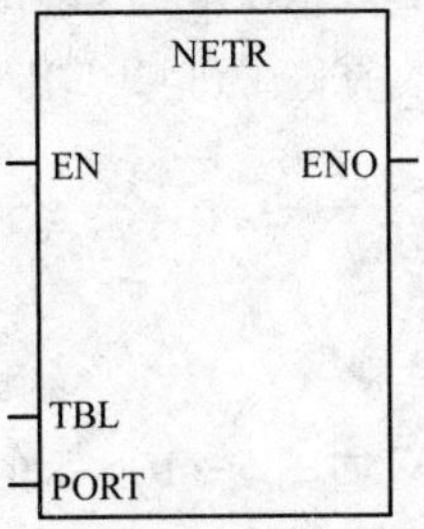 NETR EN　ENO TBL PORT	初始化通信操作,通过通信端口 PORT 接收远程设备的数据并保存在表 TBL 中
网络写指令	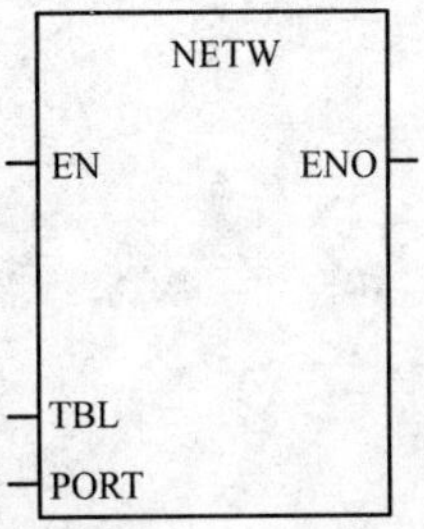 NETW EN　ENO TBL PORT	初始化通信操作,通过指定的端口 PORT 向远程设备写入表 TBL 中数据

TBL 表的参数定义如图 8-10 所示。

位	7	6	5	4	… 0
字节偏移量	D	A	E	0	错误代码
1	远程站地址				
2	指向远程站数据区指针				
3					
4					
5					
6	数据长度(1~16 字节)				
7	数据字节 0				
8	数据字节 1				
…	…				
22	数据字节 15				

D:0=未完成;1=完成

A:0=无效;1=有效

E:0=无错误;1=错误

远程站地址:被访问的 PLC 地址

远程站数据区指针:被访问数据区的间接指针

数据长度:远程被访问数据的字节数

接收和发送数据区(数据字节 0~数据字节 15)

图 8-10　TBL 表的参数定义

任务实施

1. 硬件构成

两台 S7-200 PLC 与装有编程软件的计算机通过 RS-485 通信接口和网络连接器组成一个使用 PPI 通信协议的单主站通信网络。用双绞线分别将连接器的两个 A 端子连在一起,两个 B 端子连在一起。其中一台连接器带有编程接口,连接 PC/PPI 电缆(若无网络连接器可使用普通的 9 针 D 型连接器来替代)。用 PC/PPI 电缆分别单独连接各台 PLC,在编程软件中通过"系统块"分别将地址设置为 2 和 3,并下载到 CPU。完成硬件连接与设置。

2. 软件操作

网络读/网络写指令的设置可以使用向导来完成。

(1)在向导里找到 NETR/NETW,双击后出现如图 8-11 所示的对话框。

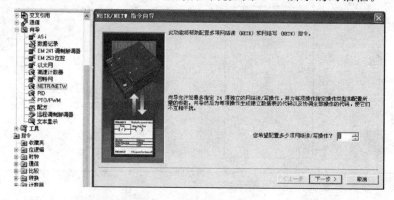

图 8-11 配置指令操作对话框 1

(2)在图 8-11 所示的对话框中单击"下一步"按钮,出现如图 8-12 所示的对话框。

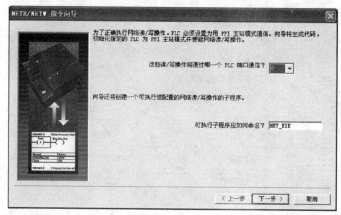

图 8-12 配置指令操作对话框 2

在图 8-12 所示的对话框中选择"端口 0"或"端口 1",另外也可以在下方重新命名子程序。

(3)在图 8-12 所示的对话框中单击"下一步"按钮,出现如图 8-13 所示的对话框。

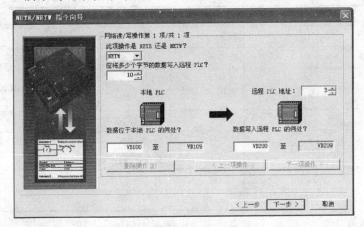

图 8-13 配置指令操作对话框 3

在图 8-13 所示的对话框中首先选择 NETW,然后输入 10(最多只能输入 16),之后再输入远程 PLC 地址,这里写 3,最后输入本地 PLC 的传送起始地址 VB100 和远程 PLC 的接收起始地址 VB200。

(4)在图 8-13 所示的对话框中单击"下一步"按钮,出现如图 8-14 所示的对话框,之后单击"完成"按钮。

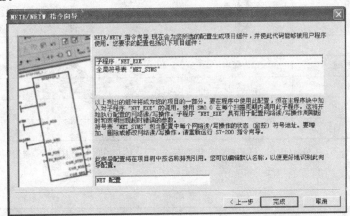

图 8-14 配置指令操作对话框 4

(5)在主程序中调用子程序,编译并下载程序,如图 8-15 所示。

```
网络 1
调用写子程序

   SM0.0           NET_EXE
 ──┤ ├──────────┤EN        │
                  │         │
                0─┤Timeout Cycle├─M0.0
                  │      Error├─M0.1
```

图 8-15 调用子程序

参数见表 8-5。

表 8-5 参数

	符 号	变量类型	数据类型	注 释
	EN	IN	BOOL	
LW0	Timeout	IN	INT	0＝不计时；1～32767＝计时值（秒）
		IN		
		IN_OUT		
L2.0	Cycle	OUT	BOOL	所有网络读/网络写操作每完成一次时切换状态
L2.1	Error	OUT	BOOL	0＝无错误；1＝出错(检查 NETR/NETW 指令缓冲区状态字节以获取错误代码)
		OUT		
		TEMP		

（6）连线地址为 2 的 PLC，打开状态表，并在 VB100～VB109 里写进 1～10，见表 8-6。

表 8-6 状态表 1

序 号	地 址	格 式	当前值	新 值
1	VB100	无符号	1	
2	VB101	无符号	2	
3	VB102	无符号	3	
4	VB103	无符号	4	
5	VB104	无符号	5	
6	VB105	无符号	6	
7	VB106	无符号	7	
8	VB107	无符号	8	
9	VB108	无符号	9	
10	VB109	无符号	10	

（7）连线地址为 3 的 PLC，打开状态表（表 8-7），并监视 VB200～VB209 的值，从表 8-7 可看出，通信是成功的。

表 8-7 状态表 2

序 号	地 址	格 式	当前值	新 值
1	VB200	无符号	1	
2	VB201	无符号	2	
3	VB202	无符号	3	
4	VB203	无符号	4	
5	VB204	无符号	5	
6	VB205	无符号	6	
7	VB206	无符号	7	
8	VB207	无符号	8	
9	VB208	无符号	9	
10	VB209	无符号	10	

计划总结

1. 工作计划（表 8-8）

表 8-8　　　　　　　　　　　　　　工作计划

序　号	工作内容	计划完成时间	实际完成情况自评	教师评价

2. 材料领用清算（表 8-9）

表 8-9　　　　　　　　　　　　　材料领用清算

序　号	元器件名称	数　量	设备故障记录	负责人签字

3. 项目实施记录与改善意见

_____

_____

_____

巩固练习

两台 S7-200 PLC 与上位机通过 RS-485 通信接口组成一个使用 PPI 通信协议的单主站通信网络。两台 S7-200 PLC 站地址设置为 2 与 3。2 号为主站，3 号为从站，编程计算机地址为 0。

要求：用 2 号站的 I0.0～I0.7 控制 3 号站的 Q0.0～Q0.7，用 3 号站的 I0.0～I0.7 控制 2 号站的 Q0.0～Q0.7。

任务 2 三台 PLC 的网络通信实现

任务目标

三台 PLC 甲、乙、丙与计算机组成一个使用 PPI 通信协议的单主站通信网络。甲为主站，乙、丙为从站。控制要求为：系统上电运行，甲 PLC 的 Q0.0～Q0.7 控制的 8 盏灯每隔 1 s 依次亮，接着乙 PLC 的 Q0.0～Q0.7 控制的 8 盏灯每隔 1 s 依次亮，然后丙 PLC 的 Q0.0～Q0.7 控制的 8 盏灯每隔 1 s 依次亮，之后再是甲 PLC 的 Q0.0～Q0.7 控制的 8 盏灯每隔 1 s 依次亮……如此循环。

知识梳理

(1) 移位寄存器指令(参考项目三)。
(2) 网络读/网络写指令(参考本项目的任务 1)。

任务实施

1. 设计思路

开机后，甲机 Q0.0～Q0.7 控制的 8 盏灯在移位寄存器指令的控制下以 1 s 为时间单位依次亮，当到最后一盏灯亮后，停止甲机 MB0 的位移位，并将 MB0 的状态通过 NETW 指令写入乙机的写缓冲器 VB110；这时乙机 Q0.0～Q0.7 控制的 8 盏灯在移位寄存器指令的控制下以 1 s 为时间单位依次亮。通过 NETR 指令将乙机 Q0.0～Q0.7 的状态读进乙机的读缓冲器 VB100，然后又通过 NETW 指令将 VB100 数据表的内容写入丙机的写缓冲器 VB130，当乙机的最后一盏灯亮以后，丙机 Q0.0～Q0.7 控制的 8 盏灯依次亮。通过 NETR 指令将丙机 QB0 的状态读进丙机的读缓冲器 VB120，当丙机的最后一盏灯亮以后，即 V127.7 得电，则重新启动甲机的灯并依次亮，如此循环就能实现 24 盏灯顺序循环亮。

2. 设计程序

根据控制要求，为甲机建立网络通信数据，见表 8-10。

表 8-10　　网络通信数据

通信对象	字节意义	状态字节	远程站地址	远程站数据区指针	被写的数据长度	数据字节
与乙机通信	NETR 缓冲区	VB100	VB101	VB102	VB106	VB107
	NETW 缓冲区	VB110	VB111	VB112	VB116	VB117
与丙机通信	NETR 缓冲区	VB120	VB121	VB122	VB126	VB127
	NETW 缓冲区	VB130	VB131	VB132	VB136	VB137

编写的程序如下：甲机的通信设置及存储器初始化程序如图 8-16 所示，甲机对乙机的读写操作主程序如图 8-17 所示，甲机对丙机的读写操作主程序如图 8-18 所示，甲机彩灯移位控制主程序如图 8-19 所示，乙机、丙机彩灯移位控制主程序如图 8-20 所示。

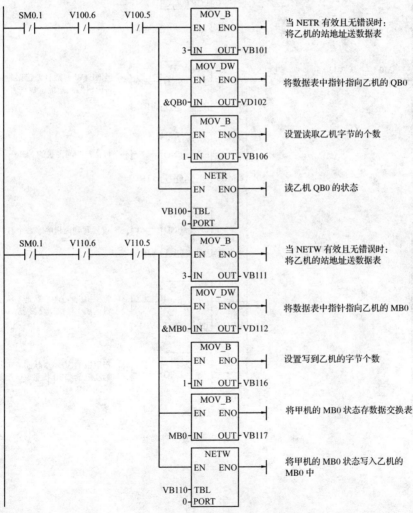

图 8-16 甲机的通信设置及存储器初始化程序

图 8-17 甲机对乙机的读写操作主程序

PLC 程序设计与调试——项目化教程

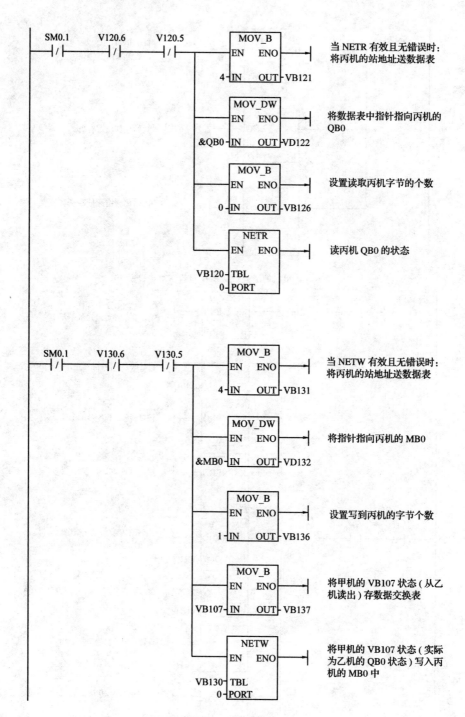

图 8-18　甲机对丙机的读写操作主程序

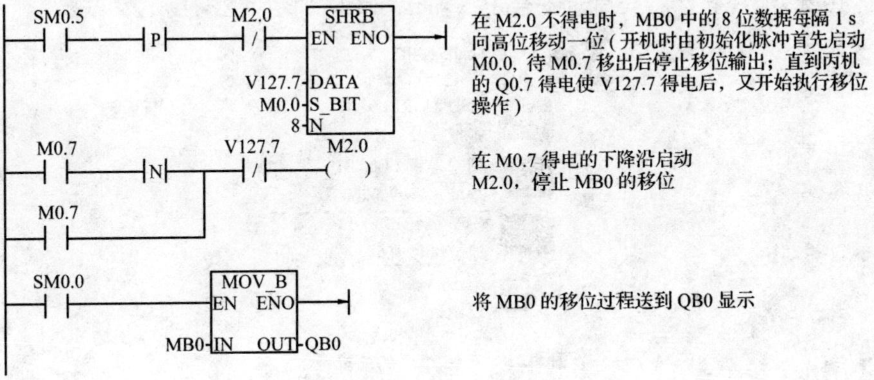

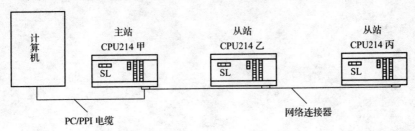

SM0.5
M2.0
SHRB
EN ENO
P
/
V127.7 DATA
M0.0 S_BIT
8 N
在 M2.0 不得电时，MB0 中的 8 位数据每隔 1 s 向高位移动一位（开机时由初始化脉冲首先启动 M0.0，待 M0.7 移出后停止移位输出；直到丙机的 Q0.7 得电使 V127.7 得电后，又开始执行移位操作）
M0.7
N
V127.7
M2.0
在 M0.7 得电的下降沿启动 M2.0，停止 MB0 的移位
M0.7
SM0.0
MOV_B
EN ENO
MB0 IN OUT QB0
将 MB0 的移位过程送到 QB0 显示

图 8-19　甲机彩灯移位控制主程序

M0.7
N
MOV_B
EN ENO
1 IN OUT QB0
在其上位机的最后一位得电结束时，预置 QB0
SM0.5
P
SHRB
EN ENO
每秒执行一次移位操作，不断进行
M2.0 DATA
Q0.0 S_BIT
8 N

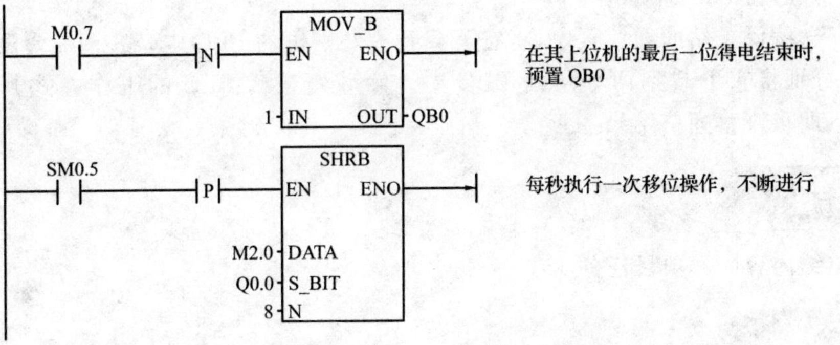

图 8-20　乙机、丙机彩灯移位控制主程序

3. 硬件连接

按图 8-5 和图 8-21 进行接线，构成三台 PLC 网络控制系统。

计算机
主站
CPU214 甲
SL
从站
CPU214 乙
SL
从站
CPU214 丙
SL
PC/PPI 电缆
网络连接器

图 8-21　硬件接线图

4. 调试运行

（1）通过 STEP 7-Micro/WIN 编程软件在“系统块”中分别将甲、乙、丙三台 PLC 的站地址设为 2、3 和 4，并下载到相应的 PLC 中。

（2）采用网络连接器及 PC/PPI 电缆将三台 PLC 连接起来。接电后在 STEP 7-Micro/WIN 编程软件的浏览条中单击“通信”图标，打开通信设置界面，双击“通信”窗口右侧的“双

击以刷新"图标,编程软件将会显示三台 PLC 的站地址,如图 8-22 所示。

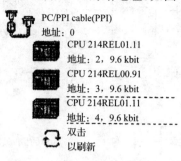

PC/PPI cable(PPI)
地址:0
CPU 214REL01.11
地址:2, 9.6 kbit
CPU 214REL00.91
地址:3, 9.6 kbit
CPU 214REL01.11
地址:4, 9.6 kbit
双击
以刷新

图 8-22 三台 PLC 的站地址

(3)双击某一个 PLC 图标,编程软件将和该 PLC 建立连接,就可以对它的控制程序进行下载、上传和监视等通信操作。

(4)输入、编译主站的通信程序,将它下载到主站甲机的 PLC 中,输入、编译两个从站的控制程序,分别将它下载到两个从站 PLC 中。然后将三台 PLC 的工作方式开关设置于 RUN 位置,即可观察通信结果。

计划总结

计划总结内容同本项目任务 1。

巩固练习

有两台 PLC 采用主-从通信方式,要求在主站中用 I0.1 作为输入信号建立一个字节加 1 指令,送给从站的输出口显示出来,同时在主站中也累计变化过程,当累加到 6 时,主站再给从站一个信号,从站接到这个信号后用自己的输入信号 I0.0 发给主站输出口点动信号。

参考文献

[1] 张永飞. PLC 及其应用[M]. 大连：大连理工大学出版社，2009

[2] 陈丽. PLC 控制系统编程与实现[M]. 北京：中国铁道出版社，2010

[3] 张运刚，宋小春，郭武强. 西门子 S7-300/400 PLC 技术与应用[M]. 北京：人民邮电出版社，2007

[4] 秦益霖. 西门子 S7-300 PLC 应用技术[M]. 北京：电子工业出版社，2007

[5] 汤自春. PLC 原理及应用技术[M]. 北京：高等教育出版社，2006

[6] 何献忠，李卫萍，刘颖慧，彭华厦. 可编程序控制器应用技术[M]. 北京：清华大学出版社，2007

[7] 晁阳，胡军，熊伟. 可编程序控制器原理应用与实例解析[M]. 北京：清华大学出版社，2007

[8] 刘永华. 电气控制与 PLC[M]. 北京：北京航空航天大学出版社，2007

[9] 常斗南. 可编程序控制器器原理·应用·实验. 北京：机械工业出版社，2002